"十二五"职业教育国家规划教材

经全国职业教育教材审定委员会审定

高职高专焊接专业工学结合系列规划教材

焊接结构制造工艺及实施

第2版

主　编　朱小兵
副主编　张祥生（企业）
参　编　蔡志伟　陶迤淳（企业）　张书权
　　　　王德伟（企业）　窦红强　侯　勇
　　　　刘太华（企业）　黄公望　郜建中
　　　　王　东（企业）
主　审　许　健（企业）　杨　跃

机械工业出版社

本书为"十二五"职业教育国家规划教材，经全国职业教育教材审定委员会审定。

本书以校企合作制订的《焊接制造岗位职业标准》为依据，针对高职高专焊接专业培养学生焊接结构制造工艺编制与实施能力的需要，由全国机械职业教育材料工程类专业教学指导委员会组织，通过校企合作、校校合作编写而成。

本书按照制造业焊接产品的实际生产过程，以典型的焊接结构为载体，以焊接结构加工工艺流程为主线进行编写。全书分两篇共九章内容，包括焊接结构概述、焊接应力与变形、焊接接头及结构强度、焊接结构工艺概述、典型焊接结构制造工艺流程、备料工艺编制及实施、装配—焊接工艺装备、装配—焊接工艺编制与实施、焊接结构生产的组织。附录提供了几个焊接结构的制造工艺案例和企业通用焊接技术文件样本，供学习时参考。

本书在编写过程中广泛吸纳了国内企业焊接结构制造的成熟技术和生产实际经验，贴近生产，贴近工程实践。通过学习，使学生初步掌握现代化焊接结构生产工艺流程，明确工艺工作的内容及工艺人员的职责，熟悉焊接结构的备料与装配—焊接工艺编制方法，为以后走上工作岗位打下良好的基础。

本书是高职高专院校焊接专业教材，也可作为企业有关焊接人员的参考书。

本书配套有电子课件，凡选用本书作为教材的教师可登录机械工业出版社教育服务网 www.cmpedu.com 注册后免费下载。咨询电话：010-88379375。咨询邮箱：cmpgaozhi@sina.com。

图书在版编目（CIP）数据

焊接结构制造工艺及实施/朱小兵主编. —2版. —北京：机械工业出版社，2016.11（2022.1重印）

"十二五"职业教育国家规划教材　经全国职业教育教材审定委员会审定　高职高专焊接专业工学结合系列规划教材

ISBN 978-7-111-55226-0

Ⅰ.①焊… Ⅱ.①朱… Ⅲ.①焊接结构-焊接工艺-高等职业教育-教材 Ⅳ.①TG404

中国版本图书馆CIP数据核字（2016）第249524号

机械工业出版社（北京市百万庄大街22号　邮政编码100037）
策划编辑：于奇慧　责任编辑：于奇慧　责任校对：张　征
封面设计：马精明　责任印制：张　博
涿州市般润文化传播有限公司印刷
2022年1月第2版第4次印刷
184mm×260mm・17印张・2插页・415千字
标准书号：ISBN 978-7-111-55226-0
定价：44.00元

电话服务	网络服务
客服电话：010-88361066	机　工　官　网：www.cmpbook.com
010-88379833	机　工　官　博：weibo.com/cmp1952
010-68326294	金　书　网：www.golden-book.com
封底无防伪标均为盗版	机工教育服务网：www.cmpedu.com

全国机械职业教育材料工程类专业教学指导委员会

教材编审委员会

主　　任　孙长庆

副 主 任　管　平　杨　跃

委　　员　戴建树　曹朝霞　陈长江　王小平　王海峰

企业顾问　高凤林　张祥生　许　建

秘 书 长　陈云祥

前言

本教材为"十二五"职业教育国家规划教材，经全国职业教育教材审定委员会审定。

本教材为高职院校焊接技术与自动化专业工学结合规划教材，是针对高职高专焊接专业培养学生焊接结构制造工艺编制与实施能力的需要，以行业主导、校企合作制订的《焊接制造岗位职业标准》为依据，由全国机械职业教育材料工程类专业教学指导委员会组织国家示范性高职院校教师和企业专家共同编写的。

"焊接结构制造工艺及实施"是一门涉及多种焊接相关知识及多种工程技术、理论与实际结合极为紧密的课程。所以，本教材按照制造业焊接产品的实际生产过程，以典型的焊接结构为载体，以焊接结构加工工艺流程为主线，将焊接结构制造分为基础知识和制造工艺与实施两部分内容，以点带面、点面结合地编排内容，并且在编写过程中广泛吸纳了国内企业焊接结构制造的成熟技术和生产实际经验，贴近生产，贴近工程实践，体系完整。通过对焊接结构制造工艺过程中各个环节相关知识的学习、工艺编制等的训练，使学生初步掌握现代化焊接结构生产工艺流程，明确工艺工作的内容及工艺人员的职责，熟悉焊接结构的备料与装配—焊接工艺编制方法，培养理论联系实际、分析问题和解决问题的能力。教材附录提供了几个焊接结构的制造工艺案例和企业通用焊接技术文件样本，帮助学生了解实际产品的制造工艺及一些典型的工艺要求，初步积累经验，为以后走上工作岗位打下良好的基础。

本书分两篇共九章教学内容。按照校企合作、校校合作原则，由四川工程职业技术学院朱小兵任主编，东方电气集团公司教授级高级工程师张祥生任副主编，负责整体策划、设计和校企编审人员整合与组织协调，并编写第八、九章及附录D；第一、二章由武汉船舶职业技术学院蔡志伟和长航青山船舶重工有限公司高级工程师陶迤淳编写；第三章及附录A由安徽机电职业技术学院张书权和安徽金鼎锅炉有限责任公司焊接工程师王德伟编写；第四章由四川工程职业技术学院窦红强编写；第五章由四川工程职业技术学院侯勇和四川石油化工机械厂焊接工程师刘太华编写；第六章及附录B由广西机电职业技术学院、南宁通用机械厂焊接工程师黄公望编写；第七章及附录C由包头职业技术学院郜建中和五二研究所天利焊业有限公司高级工程师王东编写。全书由朱小兵统稿，由东方电气集团公司焊接分厂教授级高级工程师许健、四川工程职业技术学院杨跃主审。

在编写过程中，编者参阅了有关同类教材、书籍和网络资料，并得到参编学校和企业的大力支持，在此致以深深的谢意！

由于编者水平有限，加上时间仓促，书中难免存在需要进一步完善和改进的地方甚至错误，恳请广大读者批评指正。

编 者

目 录

前言

第一篇　焊接结构制造基础知识

第一章　焊接结构概述 … 2
第一节　焊接结构在工业中的应用及特点 … 2
　一、焊接结构的应用及发展 … 2
　二、焊接结构的特点 … 3
第二节　典型焊接结构的类型及制造特点 … 4
　一、焊接结构的类型 … 4
　二、焊接结构的制造特点 … 6

第二章　焊接应力与变形 … 9
第一节　焊接应力与变形的产生 … 9
　一、焊接应力与变形的一般概念 … 9
　二、焊接引起的应力与变形的分析 … 10
第二节　焊接残余变形 … 14
　一、焊接残余变形的种类 … 14
　二、影响焊接变形的因素 … 17
　三、焊接变形的控制 … 19
　四、焊后变形的矫正 … 23
第三节　焊接残余应力 … 25
　一、焊接残余应力的分布 … 25
　二、焊接残余应力的影响 … 28
　三、焊接生产中调节内应力的措施 … 30
　四、焊后降低或消除焊接残余应力的方法 … 32

思考题 … 36

第三章　焊接接头及结构强度 … 37
第一节　焊接接头与焊缝 … 37
　一、焊接接头的概念及特点 … 37
　二、焊缝及焊接接头的基本形式 … 38
第二节　焊接接头的工作应力分布 … 40
　一、应力集中的概念 … 40
　二、电弧焊焊接接头的工作应力分布 … 41
第三节　焊接接头的静载强度计算 … 44
　一、工作焊缝和联系焊缝 … 44
　二、焊接接头的组配 … 44
　三、焊接接头静载强度计算的基本假设 … 44
　四、电弧焊焊接接头的静载强度计算 … 45
第四节　焊接结构疲劳 … 47
　一、疲劳的概念 … 47
　二、影响焊接结构疲劳强度的因素 … 47
　三、提高焊接结构疲劳强度的措施 … 49
第五节　焊接结构的失效 … 51
　一、焊接结构的脆断 … 51
　二、焊接结构的应力腐蚀破坏 … 57
思考题 … 59

第二篇　焊接结构制造工艺与实施

第四章　焊接结构工艺概述 … 61
第一节　焊接结构制造工艺工作的内容 … 61
　一、焊接生产工艺过程的内容 … 61
　二、焊接结构的工艺性审查 … 61
　三、焊接生产工艺过程的设计与步骤 … 63
第二节　焊接结构制造工艺文件 … 67

　一、工艺规程的组成 … 68
　二、焊接制造工艺文件简述 … 69
　三、焊接结构制造工艺文件的内容 … 69
第三节　焊接结构设计合理性分析 … 76
　一、焊接结构的强度分析 … 76
　二、焊接结构的工艺性和经济性分析 … 77

三、部件的合理划分分析 …………… 80
第四节 焊接结构制造的质量检测与
　　　　试验计划（ITP） ………………… 81
一、ITP 的概念与特点 ………………… 81
二、ITP 的应用 ………………………… 81
三、ITP 的应用说明 …………………… 84
第五节 综合训练 ……………………… 84

第五章 典型焊接结构制造工艺流程 …… 85
第一节 气液分离器总装图分析 ……… 85
一、总装图 ……………………………… 85
二、压力容器结构特点 ………………… 85
三、气液分离器结构特点 ……………… 86
第二节 气液分离器制造工艺流程 …… 87

第六章 备料工艺编制及实施 …………… 89
第一节 金属材料管理的基本知识 …… 89
一、焊接结构常用钢材 ………………… 89
二、焊接结构金属材料的管理 ………… 90
第二节 原材料的矫正及预处理工艺 … 93
一、钢材产生变形的原因 ……………… 93
二、钢材变形的实质和矫正方法 ……… 93
三、钢材的预处理 ……………………… 98
第三节 放样与划线工艺过程及质量要求 … 99
一、放样 ………………………………… 99
二、划线（号料） ……………………… 109
第四节 下料工艺过程及质量要求 …… 111
一、机械切割 …………………………… 111
二、热切割 ……………………………… 117
第五节 边缘（坡口）加工及质量要求 … 123
一、边缘加工及其目的 ………………… 123
二、常用边缘（坡口）加工方法 …… 124
三、坡口的检查 ………………………… 125
第六节 零件成形过程及质量要求 …… 126
一、机械压弯成形 ……………………… 126
二、钢板卷圆（滚弯）成形 …………… 129
三、拉延成形 …………………………… 132
四、旋压成形 …………………………… 137
五、爆炸成形 …………………………… 137
六、成形件的一般质量要求 …………… 138
第七节 气液分离器备料工艺规程的
　　　　编制 ……………………………… 139
一、备料前的准备 ……………………… 139
二、备料工艺编制 ……………………… 140
第八节 综合训练 ……………………… 152

思考题 …………………………………… 152

第七章 装配—焊接工艺装备 …………… 153
第一节 装配—焊接工艺装备的类型及
　　　　特点 ……………………………… 153
一、工艺装备在焊接生产中的地位和
　　作用 ……………………………… 153
二、工艺装备的分类与特点 …………… 153
第二节 装配—焊接工装夹具 ………… 155
一、零件的定位及定位器 ……………… 155
二、零件的夹紧机构 …………………… 162
第三节 焊接变位设备 ………………… 172
一、焊件变位设备 ……………………… 173
二、焊机变位设备 ……………………… 179
三、焊工变位设备 ……………………… 184
第四节 焊接生产用其他装置与装备 … 185
一、装配—焊接吊具 …………………… 185
二、起重运输设备 ……………………… 186
三、焊接机器人简介 …………………… 187
第五节 工装夹具设计 ………………… 190
一、工装夹具设计的基本知识 ………… 190
二、夹具结构设计与变位设备选择
　　实例 ……………………………… 195

思考题 …………………………………… 198

第八章 装配—焊接工艺编制与实施 … 199
第一节 焊接结构的装配基础知识 …… 199
一、装配的基本条件 …………………… 199
二、零件的定位 ………………………… 201
三、装配中的定位焊 …………………… 204
四、装配中的测量 ……………………… 204
五、装配用工夹具及设备 ……………… 207
六、焊接结构的装配工艺 ……………… 208
七、典型焊接结构件装配实例 ………… 211
第二节 焊接结构制造工艺过程分析 … 214
一、工艺过程基础知识 ………………… 214
二、工艺过程分析的具体内容 ………… 215
第三节 气液分离器装配—焊接工艺的
　　　　编制与装焊质量要求 …………… 219
一、气液分离器结构制造重点及工艺性
　　分析 ……………………………… 219
二、气液分离器装配—焊接工艺及质量
　　要求 ……………………………… 221
第四节 综合训练 ……………………… 222

思考题 …………………………………… 224

第九章 焊接结构生产的组织 ……………… 225
第一节 焊接结构生产车间布置基本知识 …………………………… 225
一、焊接车间的类型 ………………… 225
二、焊接车间的组成 ………………… 225
三、焊接车间平面布置 ……………… 225
四、车间平面布置举例 ……………… 227
第二节 焊接结构生产组织的形式与内容 …………………………… 229
一、焊接生产的空间组织 …………… 229
二、焊接生产的时间组织 …………… 230
思考题 …………………………………… 233

附录 ……………………………………… 234
附录 A 中压容器制造工艺 …………… 234
附录 B 转轮室的制造 ………………… 239
附录 C 水箱制造工艺 ………………… 248
附录 D 焊接通用技术文件实例 ……… 253

参考文献 ………………………………… 264

第一篇 焊接结构制造基础知识

第一章

焊接结构概述

第一节 焊接结构在工业中的应用及特点

一、焊接结构的应用及发展

随着国民经济的发展，焊接结构的应用日益广泛，尤其在桥梁建筑、重型机械、压力容器、舰船制造、化工和石油设备、核容器、航天飞行器和海洋工程领域中，焊接结构的应用更为广泛。图 1-1 为几种焊接结构的应用示例。

a)

b)

c)

d)

图 1-1 焊接结构的应用

a) WY32 液压挖掘机 b) 氨精馏塔 c) LNG 船 d) 上海卢浦大桥（全焊钢结构）

焊接是金属连接的一种工艺方法，特别是在钢铁连接方面，也是一门古老的综合性应用技术，焊接技术从近代以后随着科学技术的整体进步而快速发展。焊接技术是随着金属的应用而出现的，古代的焊接方法主要是铸焊、钎焊和锻焊。中国商朝制造的铁刃铜钺，就是铁与铜的铸焊件，其表面铜与铁的熔合线蜿蜒曲折，接合良好。春秋战国时期曾侯乙墓中的建鼓铜座上有许多盘龙，是分段钎焊连接而成的。经分析，所用的焊材与现代软钎料成分相近。19世纪初，英国的戴维斯发现电弧和氧乙炔焰两种能局部熔化金属的高温热源，1885—1887年，俄国的别纳尔多斯发明碳极电弧焊钳，开始了电弧焊的应用。20世纪前期发明和推广了焊条电弧焊，中期发明和推广了埋弧焊和气体保护焊；随着现代科学的发展和进步，各种高能束（电子束、激光束）也在焊接上得到应用。到了20世纪70年代，在世界范围内，焊接技术已经成为机械制造业中的关键技术之一。特别是20世纪后期，随着世界新技术革命的到来和电子技术及自动控制技术的进步，焊接产业开始向高新技术方向发展，出现了焊接机器人和高智能型的焊接成套设备及焊接新技术，焊接技术更加突出地反映了整个国家的工业生产发达水平和机械制造技术水平。

由于世界工业化进程的加快，钢铁产量大幅提高，钢铁的应用不断扩大，促使焊接技术不断发展和进步，钢铁作为主要金属的焊接结构的应用也越来越广泛，目前各国的焊接结构用钢量，均已占其钢材消费量的40%～60%。焊接结构几乎渗透到国民经济的各个领域，如工业中的重型与矿山机械、起重与吊装设备、冶金建筑、石油与化工机械、各类锻压机械等；交通航务中的汽车、列车、舰船、海上平台、深潜设备的制造；兵器工业中的常规兵器、炮弹、导弹、火箭的制造；航空航天技术中的人造卫星和载人宇宙飞船（如"神六"、"神七"）的制造等。对于许多产品或工程，例如用于核电站的工业设备和三峡水电站的闸门以及开发海洋资源所必需的海底作业机械或潜水装置等，为了确保加工质量和后期使用的可靠性，必须采用焊接结构，因为很难找到比焊接更好的制造技术，也难以找到比焊接工艺更能保证这些机械结构满足其使用性能要求的其他方法。因此，焊接结构的应用，无论是现在或者是将来，仍会在相当长的时间内展现出其巨大的优越性。

二、焊接结构的特点

1. 焊接结构的优点

焊接结构具有一系列其他结构无法比拟的优点，主要体现在以下几个方面：

1）焊接结构的整体性强。由于焊接是一种金属原子间的连接，刚度大、整体性好，在外力作用下不会像其他机械连接那样因间隙变化而产生过大的变形，因此焊接接头的强度、刚度一般可达到与母材相等或相近，能够随基体金属承受各种载荷的作用。

2）焊接结构的致密性好。由于焊缝的致密性，焊接结构能保证产品的气密性和水密性要求，这是锅炉、储气罐、储油罐等压力容器正常工作时不可缺少的重要条件。

3）焊接结构适合制作的外形尺寸范围特别大。不仅可以制造微型机器零件（采用微焊接技术），而且可以制造现代钢结构，特别适用于几何尺寸大而形状复杂的产品，如船体、桁架、球形容器等。对于大型或超大型的复杂工程，可以将结构分解，对分解后的零件或部件分别进行焊接加工，再通过总体装配—焊接连接成一个整体结构。

4）焊接结构比较经济。在使用一些型材时，采用焊接结构比轧制更经济。例如用宽扁钢与钢板焊成的大型工字钢（高度大于700mm）往往比轧制的型钢成本更低。

5）焊接结构的零件或部件可以直接通过焊接方法进行连接，不需要附加任何连接件。与铆接结构相比，相同结构的质量可减轻10%～20%左右。

2. 焊接结构的不足

焊接结构的不足之处，集中表现在以下几个方面：

1）由于焊接接头要经历冶炼、凝固和热处理三个阶段，所以焊缝中难免产生各类焊接缺陷，虽然大多焊接缺陷可以修复，但若修复不当或缺陷漏检，则可能带来严重的问题，将形成过大的应力集中，从而降低整个焊接结构的承载能力。

2）由于焊接结构多是整体的大刚度结构，裂纹一旦扩展，就难以被制止住，因此焊接结构对于脆性断裂、疲劳、应力腐蚀和蠕变破坏都比较敏感。

3）由于焊接过程是一个不均匀的加热和冷却过程，焊接结构必然存在焊接残余应力和变形，这不仅影响焊接结构的外形尺寸和外观质量，同时给焊后的继续加工带来很多麻烦，甚至直接影响焊接结构的强度。

4）焊接会改变材料的部分性能，使焊接接头附近变为一个不均匀体，即具有几何不均匀性（包括截面的改变和焊接变形）、力学不均匀性（接头形式引起的应力集中和焊接残余应力）、化学不均匀性（成分不均匀）以及金属组织不均匀性（即金相组织结构不均匀）。

5）对于一些高强度的材料，因其焊接性能较差，容易产生焊接裂纹等缺陷。

根据以上这些特点可以看出，若要获得优质的焊接结构，必须合理地设计结构，正确地选择材料和选择合适的焊接设备，制订正确的焊接工艺和进行必要的质量检验，才能保证合格的产品质量。

第二节　典型焊接结构的类型及制造特点

一、焊接结构的类型

焊接结构形式各异，繁简程度不一，类型很多。但焊接结构都是由一个或若干个不同的基本构件组成的，如梁、柱、框架、箱体、容器等。分类的方法有很多种，按半成品的制造方法可分为板焊结构、铸焊结构、锻焊结构、冲焊结构等；按结构的用途则可分为车辆结构、船体结构、飞机结构、容器结构等；按材料厚度可分为薄壁结构、厚壁结构；按材料种类可分为钢制结构、铝制结构、钛制结构等。现在国内通用的分类方法是根据焊接结构的工作特性来分类，主要分为以下几种类型：

（1）梁及梁系结构　梁是在一个或两个主平面内承受弯矩的构件。这类结构的工作特点是结构件受横向弯曲，当多根梁通过焊接组成梁系结构时，其各梁的受力情况变得比较复杂。如大型水压机的横梁、桥式起重机架中的主梁以及大型栓焊钢桥主桥钢结构中的Ⅰ形主梁等。

（2）柱类结构　柱类结构是轴心受压和偏心受压（带有纵向弯曲的）的构件。柱和梁一起组成厂房、高层房屋和工作平台的钢骨架。这类结构的特点是，承受压力或在受压同时又承受纵向弯曲。与梁类结构一样，其结构的断面形状大多为"Ⅰ"形、箱形或管式圆形断面。

（3）桁架结构　桁架结构常用于大跨度的厂房、展览馆、体育馆和桥梁等公共建筑中。

这里的桁架指的是桁架梁，是格构化的一种梁式结构。由于大多用于建筑的屋盖结构，因此桁架通常也被称作屋架。其主要结构特点在于，各杆件受力均以单向拉、压为主，通过对上下弦杆和腹杆的合理布置，可适应结构内部的弯矩和剪力分布。由于水平方向的拉、压内力实现了自身平衡，整个结构不对支座产生水平推力。结构布置灵活，应用范围非常广。如用于大中型工业和民用建筑、大跨度的桥式起重机、门式起重机等。

（4）壳体结构　这类结构承受较大的内压或外压载荷，因而要求焊接接头具有良好的气密性，如容器、锅炉、管道等。大型储罐和运送液体或液化气体的罐车罐体等均由钢板焊成。

（5）骨架结构　这类结构的作用因像动物骨骼一样，故而得名。大多数用于起重运输机械，通常受动载荷，故要求它具有较轻的重量和较大的刚度。如奥运"鸟巢"、船体钢肋、客车棚架、列车和汽车箱体等，均属此类结构。

（6）机器结构　这类结构通常是在交变载荷或多次重复性载荷下工作，它要求有良好的动载性能和刚度。此外，它本身往往还需机械加工，以保证尺寸精度和稳定性。主要包括机器的机身、机座、大型机械零件（如齿轮、滚筒、轴）等。大多数采用钢板焊接或铸焊、锻焊联合工艺，可以解决铸锻设备能力不足的问题，同时大大缩短了制造周期。

焊接结构的主要结构形式如图 1-2 所示。

图 1-2　焊接结构类型

a）梁柱结构　b）发电厂的配套设备——凝汽器　c）CGH 型桁架结构门式起重机　d）厂房骨架结构

二、焊接结构的制造特点

焊接作为一种特殊的加工工艺，企业在投产前，对焊接工艺评定、焊接工艺规程、焊工资格及无损检测人员的资格尚需进行不同程度的认可。

焊接结构的制造是从焊接生产的准备工作开始的，它包括结构的工艺性审查、工艺方案和工艺规程设计、工艺评定、编制工艺文件（含定额编制）和质量保证文件、定购原材料和辅助材料、外购和自行设计制造装配—焊接设备和装备；从材料入库开始真正进入了焊接结构制造工艺过程，包括材料复验入库、备料加工、装配—焊接、焊后热处理、质量检验、成品验收等；其中还穿插返修、涂饰和喷漆；最后是合格产品入库。典型的焊接结构制造工艺过程如图1-3所示。

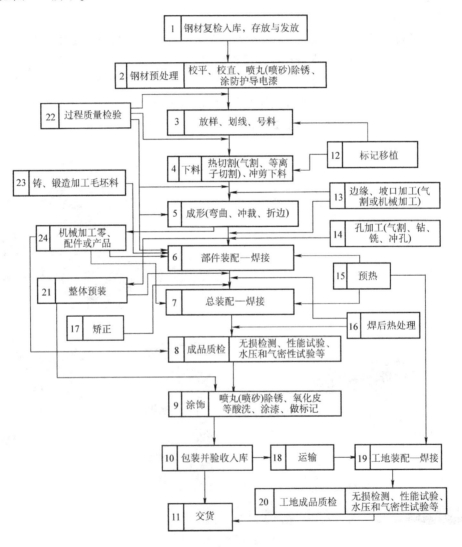

图1-3 焊接结构制造工艺过程

图1-3中序号1~11表示焊接结构制造流程，其中序号1~5为备料工艺过程的工序，还包括穿插其间的12~14工序。应当指出，由于热切割技术，特别是数字切割技术的发展，

下料工序的自动化程度和精细程度大大提高，手工划线、号料和手工切割等工艺正逐渐被淘汰。序号 6、7 以及 15～17 为装配—焊接工艺过程的工序。需要在结构使用现场进行装配—焊接时，还需执行 18～21 工序。序号 22 需在各工艺工序后进行，序号 23、24 表明焊接车间和铸、锻、冲压与机械加工车间之间的关系，在许多以焊接为主导工艺的企业中，铸、锻、冲压与机械加工车间为焊接车间提供毛坯，并且机加工和焊接车间又常常互相提供零件、半成品。焊接结构制造的主要过程如下：

（1）生产准备　为了提高焊接产品的生产效率和质量，保证生产过程的顺利进行，生产前需做以下准备工作：

1）技术准备。焊接结构生产的准备工作是整个制造工艺过程的开始。它包括了解生产任务，审查（重点是工艺性审查）并熟悉结构图样，了解产品技术要求，在进行工艺分析的基础上制订全部产品的工艺流程，进行工艺评定，编制工艺规程及全部工艺文件、质量保证文件，订购金属材料和辅助材料，编制用工计划（以便着手进行人员调整与培训）、能源需用计划（包括电力、水、压缩空气等），根据需要定购或自行设计制造装配—焊接设备和装备，根据工艺流程的要求对生产面积进行调整和建设等。生产的准备工作很重要，做得越细致，越完善，未来组织生产就越顺利，生产效率越高，质量越好。

2）物质准备。根据产品加工和生产工艺要求，订购原材料、焊接材料以及其他辅助材料，并对生产中的焊接工艺设备、其他生产设备和工夹量具进行购置、设计、制造或维修。材料库的主要任务是材料的保管和发放，它对材料进行分类、储存和保管并按规定发放。材料库主要有两种，一是金属材料库，主要存放保管钢材；二是焊接材料库，主要存放焊丝、焊剂和焊条。

（2）材料加工　焊接结构零件绝大多数是以金属轧制材料为坯料，所以在装配前必须按照工艺要求对制造焊接结构的材料进行一系列的加工。其中包括以下两项内容：

1）材料预处理。焊接生产的备料加工工艺是在合格的原材料上进行的。首先进行材料预处理，包括矫正、除锈（如喷丸）、表面防护处理（如喷涂导电漆等）、预落料等。

2）构件加工。除材料预处理外，备料包括放样、划线（将图样给出的零件尺寸、形状划在原材料上）、号料（用样板来划线）、下料（冲剪与切割）、边缘加工、矫正（包括二次矫正）、成形加工（包括冷热弯曲、冲压）、端面加工以及号孔、钻（冲）孔等为装配—焊接提供合格零件的过程。备料工序通常以工序流水形式在备料车间或工段、工部组织生产。

（3）装配—焊接制作　装配—焊接制作充分体现焊接生产的特点，它是两个既不相同又密不可分的工序。它包括边缘清理、装配（包括预装配）、焊接。绝大多数钢结构要经过多次装配—焊接才能制成，有的在工厂只完成部分装配—焊接和预装配，到使用现场再进行最后的装配—焊接。装配—焊接顺序可分为整装—装焊、部件装配焊接—总装配焊接、交替装配—焊接三种类型，主要按产品结构的复杂程度、变形大小和生产批量选定。装配—焊接过程中时常还需穿插其他的加工，例如机械加工、预热及焊后热处理、零部件的矫正等，贯穿整个生产过程的检验工序也穿插其间。装配—焊接工艺复杂，种类繁多，采用何种装配—焊接工艺主要由产品结构、生产规模、装配—焊接技术的发展情况决定。

（4）焊后热处理　焊后热处理是焊接工艺的重要组成部分，与焊件材料的种类、型号、板厚、所选用的焊接工艺及对接头性能的要求密切相关，是保证焊件使用特性和寿命的关键工序。焊后热处理不仅可以消除或降低结构的焊接残余应力，稳定结构的尺寸，而且能改善接头的金相组织，提高接头的各项性能，如抗冷裂性、抗应力腐蚀性、抗脆断性、热强性等。根据焊件材料的类别，可以选用下列不同种类的焊后热处理：消除应力处理、回火、正火＋回火（又称空气调质处理）、调质处理（淬火＋回火）、固溶处理（只用于奥氏体不锈钢）、稳定化处理（只用于稳定型奥氏体不锈钢）、时效处理（用于沉淀硬化钢）。

（5）质量检验与后处理　检验工序贯穿整个生产过程，检验工序从原材料的检验（如入库的复验）开始，随后在生产加工的每道工序都要采用不同的工艺进行不同内容的检验，最后，制成品还要进行最终质量检验。最终质量检验可分为焊接结构的外形尺寸检查、焊缝的外观检查、焊接接头的无损检测、焊接接头的密封性试验、结构整体的耐压试验等。检验是对生产实行有效监督，从而保证产品质量的重要手段。在全面质量管理和质量保证标准工作中，检验是质量控制的基本手段，是编写质量手册的重要内容。质量检验中发现的不合格工序和半成品、成品，按质量手册的控制条款，一般可以进行返修，但应通过改进生产工艺、修改设计、改进原供应等措施将返修率减至最小。

焊接结构的后处理是指在所有制造工序和检验程序结束后，对焊接结构整个内外表面或部分表面或仅限焊接接头及邻近区进行修正和清理，清除焊件表面残留的飞溅物，消除引弧点及其他工艺检测引起的缺陷。修正的方法通常采用小型风动工具和砂轮打磨。氧化皮、油污、锈斑和其他附着物的表面清理可采用砂轮、钢丝刷和抛光机等进行，大型焊件的表面清理最好采用喷丸处理，以提高结构的疲劳强度。不锈钢焊件的表面处理通常采用酸洗法，酸洗后再进行钝化处理。

产品的涂饰（喷漆、作标记以及包装）是焊接生产的最后环节，产品的涂装质量不仅决定了产品的表面质量，而且也反映了生产单位的企业形象。

对一些重要的焊接结构需进行安全性评价，因为这些结构的安全性不仅影响经济的发展，同时还关系到人民群众的生命安全。因此，发展与完善焊接结构的安全评定技术和在焊接生产中实施焊接结构安全评定，已经成为现代工业发展与进步的迫切需要。

第二章

焊接应力与变形

在焊接生产中，控制和消除焊接应力与变形是重点和难点之一。焊接时，由于焊接热源高度集中，使焊件各部位受热不均匀，产生应力和变形。如果应力超过了材料的屈服强度，就会发生塑性变形，冷却后结构中将出现残余变形和残余应力。例如：在焊接大型储油罐时，会引起罐体的局部变形和总体变形。如果构件焊后的变形超过了精度要求的允许值，就需要进行矫正变形处理。有的变形经矫正以后虽然可以达到精度要求，但耗资较大，有的无法矫正，只好报废，造成浪费。同时，焊后构件内部还会产生焊接残余应力，这种应力会影响结构的承载能力，有的还会影响构件机械加工的精度，而且也是引起焊接裂纹和脆断的主要因素。

本章是学习本课程的重点和基础，主要讨论焊接应力与变形的产生原因、预防和减少焊接应力与变形的措施、消除焊接残余应力和矫正焊接残余变形的方法。

第一节 焊接应力与变形的产生

一、焊接应力与变形的一般概念

（一）应力与变形的基本概念

物体在受到外力作用时，会产生形状和尺寸的变化，这种变化称为变形。物体的变形分为弹性变形和塑性变形两种。当外力去除后能够恢复到初始状态和尺寸的变形称为弹性变形，不能恢复的就称为塑性变形。

在外力作用下物体会产生变形，同时其内部会出现一种抵抗变形的力，这种力称为内力。单位面积上的内力称为应力。应力的大小与外力成正比，与本身截面积成反比，应力的方向与外力相反。如果没有外力作用，物体内部也存在应力，则称为内应力。构件中的内应力分为拉应力和压应力，二者大小相等、方向相反、合力为零、合力矩为零，这就是内应力的基本特征。内应力存在于许多工程结构（如铆接结构、铸造结构和焊接结构）中。

（二）焊接应力的分类

焊接应力和变形的种类很多，可以根据不同的要求来分类。为了简便起见，这里先对焊接应力进行分类，焊接变形的分类将在下节详细介绍。焊接应力可从不同的角度来进行划分。

1. 按应力分布的范围分

（1）第一类内应力　它们具有一定数值和方向，并且内应力在整个焊件内部平衡，故又称为宏观内应力，这种应力与焊件的几何形状或焊缝的方向有关。

（2）第二类内应力　内应力在一个或几个金属晶粒内的微观范围内平衡，相对焊件轴线没有明确的方向性,与焊件的大小和形状无关,它主要由金相组织的变化引起。

(3) 第三类内应力 内应力在金属晶格各构架之间的超微观范围内平衡,在空间也没有一定的方向性。

本节重点分析第一类内应力产生的原因和防止措施。

2. 按引起应力的原因分

(1) 温度应力(也称热应力) 是由于焊接时,结构中温度分布不均匀引起的。如果温度应力低于材料的屈服强度,结构中将不会产生塑性变形。当结构各区的温度均匀以后,应力即可消失。焊接时,由于焊件不均匀加热和冷却而产生温度应力。焊接温度应力的特点是随时间在不断变化。

(2) 残余应力 是当不均匀温度场(即温度在结构中的分布状态)所造成的内应力达到材料的屈服强度时,结构局部区域发生了塑性变形,而当温度恢复到原始均匀状态后,留在结构中的变形没有消失,焊件在焊接结束、完全冷却之后便残存着内应力,这种应力就是残余应力。

(3) 组织应力 焊接时由于金属温度变化而产生组织转变、晶粒体积改变所产生的应力。

3. 按应力作用的方向分

(1) 纵向应力 方向平行于焊缝轴线的应力。

(2) 横向应力 方向垂直于焊缝轴线的应力。

4. 按应力在空间作用的方向分

可分为单向应力、双向应力(平面应力)和三向应力(体积应力)。

通常结构中的应力总是三向的,但有时在一个或两个方向上的应力值较其他方向上的应力值小得多时,内应力可假定为单向的或平面的。对接焊缝中的内应力如图 2-1 所示。

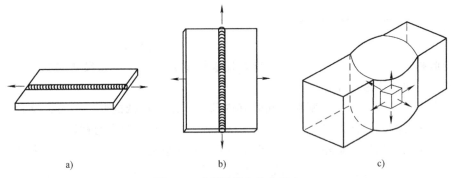

图 2-1 对接焊缝中的内应力
a) 单向应力 b) 平面应力 c) 三向应力

通常,窄而薄的线材对接焊缝中的应力为单向的,中等厚度的板材对接焊缝中的应力为平面的,而大厚度板材对接焊缝中的应力为三向的。在这三种应力中,以三向应力对结构的承载能力影响最大,极容易导致焊接接头产生裂纹。焊接时应尽量避免产生三向应力。

二、焊接引起的应力与变形的分析

产生焊接应力与变形的因素很多,其中最根本的原因是焊件受热不均匀,其次是由于焊缝金属的收缩、金相组织的变化及焊件的刚性不同。另外，焊缝在焊接结构中的位置、装配—焊接顺序、焊接方法、焊接电流及焊接方向等对焊接应力与变形也有一定的影响。

(一) 不均匀加热引起的应力与变形

焊接时，焊件上各个部位的温度各不相同，受热后的变化也不相同。这里我们从分析杆件在均匀加热时的应力和变形情况着手，研究焊接时构件的应力和变形问题。

1. 均匀加热引起的应力与变形

均匀加热时，杆件上的各点的温度及变化都是相同的，其伸缩情况也相同，最后的应力与变形主要取决于加热温度和外部的约束条件。

(1) 自由状态的杆件　自由状态的杆件在均匀加热、冷却过程中，其伸长和收缩没有受到任何阻碍，当冷却到原始温度时，杆件恢复到原来的长度，不会产生残余应力和残余变形，如图2-2a所示。

(2) 加热时不能自由膨胀的杆件　假定杆件两端被阻于两壁之间，如图2-2b所示，杆件受热后的伸长受到了限制，而冷却时的收缩却是自由的。假设杆件在受纵向压缩力时不产生弯曲，两壁为绝对刚性的，不产生任何变形和移动，并且杆件与壁之间没有热传导。

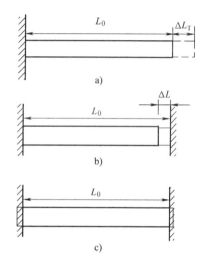

图 2-2　杆件在不同状态下均匀加热和冷却时的应力与变形
a) 自由状态的杆件　b) 不能自由膨胀的杆件
c) 两端完全刚性固定的杆件

当均匀受热时，杆件由于受热而要伸长，但由于两端受刚性壁的阻碍，实际上没有完全伸长，这相当于在自由状态下将杆件加热到温度 T，然后施加外力将杆件压缩到只伸长了 ΔL，这时杆件内部便产生了压应力 σ 及压缩变形。如果压应力 σ 没有达到材料的屈服强度 σ_s，则杆件的压缩变形为弹性变形。此时若将杆件冷却，杆件的伸长没有了，压缩变形也消失，杆件中不再有压应力的存在，杆件恢复到原始状态。

如果压应力 σ 达到 σ_s，这时杆件的压缩变形由达到 σ_s 以前的弹性变形和达到 σ_s 以后的塑性变形两部分组成。此时若将杆件冷却，弹性变形可以恢复，压缩塑性变形保留下来，杆件长度比原来缩短了，即产生了残余变形，由于杆件能自由收缩，不产生内部应力。

(3) 两端刚性固定的杆件　假定杆件两端完全刚性固定，如图2-2c所示，杆件加热时不能自由伸长，冷却时也不能自由收缩。此杆件加热过程的情形与不能自由膨胀的杆件相同。冷却过程由于杆件不能自由收缩，情形就有所不同了。如果加热温度不高，加热过程没有产生压缩塑性变形，则冷却后杆件与原始状态一样，既没有应力也没有变形。但若在加热过程有压缩塑性变形产生，则冷却后杆件将比原始状态短一截，由于杆件受固定端的限制不能自由收缩，杆件内部就产生了拉应力，但没有残余变形。

2. 焊接（不均匀加热）**引起的应力变形**

焊接时温度场的变化范围很大，在焊缝处最高温度可达到材料的熔点以上，而离开焊缝温度急剧下降，直至室温，所以焊接时引起应力与变形的过程较为复杂。

图2-3所示为钢板中间堆焊或对接时的应力与变形情况。图2-3a为长度为 L_0，厚度为 δ

的长板条,材料为低碳钢,在其中间沿长度方向上进行堆焊。为简化讨论,我们将板条上的温度分为两种,中间为高温区,其温度均匀一致;两边为低温区,其温度也均匀一致。

焊接时,如果板条的高温区与低温区是可分离的,高温区将伸长,低温区不变,如图2-3b所示,但实际上板条是一个整体,所以板条将整体伸长,此时高温区内产生较大的压缩塑性变形和压缩弹性变形,如图2-3c所示。同时在板条内部也产生了瞬时应力,中间高温区为压应力,两侧低温区为拉应力。

冷却时,由于压缩塑性变形不可恢复,所以,如果高温区与低温区是可分离的,高温区应缩短,低温区应恢复原长,如图2-3d所示。但实际上板条是一个整体,所以板条将整体缩短,这就是板条的残余变形,如图2-3e所示。同时在板条内部也产生了残余应力,中间高温区为拉应力,两侧低温区为压应力。

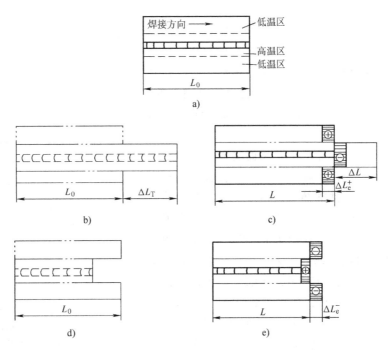

图2-3 钢板中间堆焊或对接时的应力与变形
a) 原始状态 b)、c) 加热过程 d)、e) 冷却以后

图2-4所示为钢板边缘堆焊时的应力与变形情况。图2-4a为材质均匀钢板的原始状态,在其上边缘施焊。假设钢板由许多互不相连的窄条组成,则各窄条在加热时将按温度高低而伸长,如图2-4b所示。但实际上,板条是一个整体,各板条之间是互相牵连、互相影响的,上一部分金属因受下一部分金属的阻碍作用而不能自由伸长,因此产生了压缩塑性变形。由于钢板上的温度分布是自上而下逐渐降低,因此,钢板产生了向下的弯曲变形,如图2-4c所示。同时在钢板内产生了瞬时应力,即钢板中部为拉应力,钢板两侧为压应力。

钢板冷却后,各板条的收缩应如图2-4d所示。但实际上钢板是一个整体,上一部分金属要受到下一部分金属的阻碍而不能自由收缩,所以钢板产生了与焊接时相反的残余弯曲变形,如图2-4e所示。同时在钢板内产生了如图2-4e所示的残余应力,即钢板中部为压应力,钢板两侧为拉应力。

由此可见:

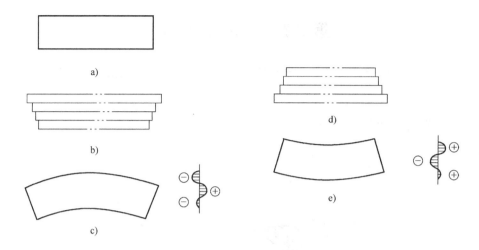

图 2-4 钢板边缘堆焊时的应力与变形
a）原始状态 b）假设各板条的伸长 c）加热后的变形 d）假设各板条的收缩 e）冷却以后的变形

1）对构件进行不均匀加热，在加热过程中，只要温度高于材料屈服点的温度，构件就会产生压缩塑性变形，冷却后，构件必然有残余应力和残余变形。

2）通常，焊接过程中焊件的变形方向与焊后焊件的变形方向相反。

3）焊接加热时，焊缝及其附近区域将产生压缩塑性变形，冷却时压缩塑性变形区要收缩。如果这种收缩能充分进行，则焊接残余变形大，焊接残余应力小；若这种收缩不能充分进行，则焊接残余变形小而焊接残余应力大。

4）焊接过程中及焊接结束后，焊件中的应力分布都是不均匀的。焊接结束后，焊缝及其附近区域的残余应力通常是拉应力。

（二）焊缝金属的收缩

焊缝金属冷却时，当它由液态转为固态时，其体积要收缩。由于焊缝金属与母材是紧密联系的，因此，焊缝金属并不能自由收缩。这将引起整个焊件的变形，同时在焊缝中引起残余应力。另外，一条焊缝是逐步形成的，焊缝中先结晶的部分要阻止后结晶部分的收缩，由此也会产生焊接应力与变形。

（三）金属组织的变化

钢在加热及冷却过程中发生相变，可得到不同的组织，这些组织的比热容也不一样，由此也会造成焊接应力与变形。

（四）焊件的刚性和拘束

焊件的刚性和拘束对焊接应力和变形也有较大的影响。刚性是指焊件抵抗变形的能力；而拘束是焊件周围物体对焊件变形的约束。刚性是焊件本身的性能，它与焊件材质、焊件截面形状和尺寸等有关；而拘束是一种外部条件。焊件自身的刚性及受周围的拘束程度越大，焊接变形越小，焊接应力越大；反之，焊件自身的刚性及受周围的拘束程度越小，则焊接变形越大，而焊接应力越小。

由上述讨论可以看出，在焊接结构制造中应力与变形是普遍存在的，而应力与变形在结构中是同时存在、又是相互矛盾的，即是一种对立统一的关系。在焊接生产中应根据结构的特点及技术要求，有针对性地采取防止变形和降低应力的措施。

第二节 焊接残余变形

金属结构件经过焊接后,常会出现局部或整体尺寸和形状的改变,这种变化叫作焊接残余变形。

一、焊接残余变形的种类

焊接残余变形大致有下面5种,如图2-5所示。但就其涉及的范围而言,大体上可分为以下两种。

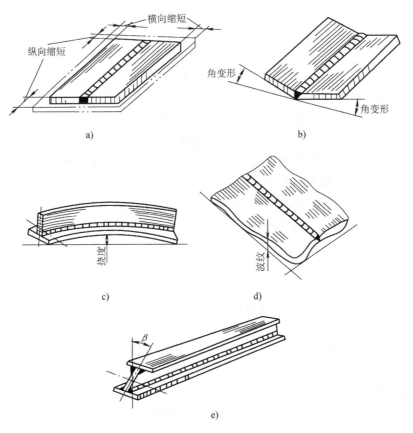

图 2-5 焊接变形的基本形式
a) 纵向收缩和横向收缩 b) 角变形 c) 弯曲变形 d) 波浪变形 e) 扭曲变形

(一) 整体变形

整体变形指的是整个结构形状和尺寸发生了变化,它是由于焊缝在各个方向收缩而引起的。整体变形包括收缩变形、弯曲变形和扭曲变形,如图2-5a、c、e所示。

1. 收缩变形

收缩变形是由焊缝的纵向和横向收缩造成整个结构的长度缩短和宽度变窄,如图2-6所示。收缩变形是焊接变形的基本表现形式,也是其他变形产生的原因。

(1) 纵向收缩变形　纵向收缩变形是指沿焊缝轴线方向尺寸的缩短。纵向收缩变形量的大小取决于焊缝长度、焊件的截面积、材料的弹性模量、压缩塑性变形区的面积以及压缩塑性变形率等。焊件的截面积越大，焊件的纵向收缩量越小。焊缝的长度越长，纵向收缩量越大。从这个角度考虑，在受力不大的焊接结构内，采用间断焊缝代替连续焊缝，是减小焊件纵向收缩变形的有效措施。

压缩塑性变形量与焊接方法、焊接参数、焊接顺序以及母材的热物理性质有关，其中以热输入影响最大。在一般情况下，压缩塑性变形量与热输入成正比。对于截面相同的焊缝，采用多层焊引起的纵向收缩量比单层焊小，分的层数越多，每层的热输入越小，纵向收缩量就越小。

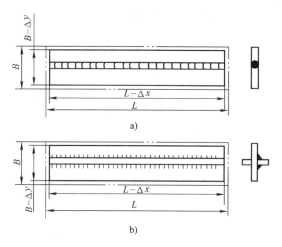

图 2-6　纵向和横向收缩变形

(2) 横向收缩变形　横向收缩变形是指沿垂直于焊缝轴线方向尺寸的缩短。产生横向收缩变形的过程比较复杂，影响因素很多，如热输入、接头形式、装配间隙、板厚、焊接方法以及焊件的刚性等，其中以热输入、装配间隙、接头形式等影响最为明显。

不管何种接头形式，其横向收缩变形量总是随焊接热输入增大而增加。装配间隙对横向收缩变形量的影响也较大，且情况复杂。一般来说，随着装配间隙的增大，横向收缩量也增加。

另外，横向收缩量沿焊缝长度方向分布不均匀，因为一条焊缝是逐步形成的，先焊焊缝的冷却收缩对后焊的焊缝有一定挤压作用，使后焊的焊缝横向收缩量更大。一般来说，焊缝的横向收缩沿焊接方向是由小到大，逐渐增大到一定长度后便趋于稳定。由于这个原因，生产中常将一条焊缝的两端部间隙取不同值，后半部分比前半部分要大 1~3mm。

横向收缩的大小还与装配后定位焊和装夹情况有关。定位焊焊缝越长，装夹的拘束程度越大，横向收缩变形量就越小。

对接接头的横向收缩量随焊缝金属量的增加而增大。热输入、板厚和坡口角度增大，横向收缩量也增加，而板厚增大到一定程度又使接头的刚性增加，可以限制焊缝的横向收缩。另外，多层焊时，先焊的焊道引起的横向收缩较明显，后焊的焊道引起的横向收缩逐层减小。焊接方法对横向收缩量也有影响，如对于相同尺寸的构件，采用埋弧焊时的横向收缩量比采用焊条电弧焊时的横向收缩量小；气焊的收缩量比电弧焊的大。

角焊缝的横向收缩量要比对接焊缝的横向收缩量小得多。对于同样的焊缝尺寸，板越厚，横向收缩变形越小。

2. 弯曲变形

弯曲变形是由于焊缝的中心线与结构截面的中性轴不重合或不对称，焊缝的收缩沿构件宽度方向分布不均匀而引起的。弯曲变形分为两种：焊缝的纵向收缩引起的弯曲变形和焊缝的横向收缩引起的弯曲变形。如图 2-7 所示为焊缝的纵向收缩引起的弯曲变形，由于焊缝的中心线在构件截面中性轴的一侧，焊缝的纵向收缩沿宽度方向不均匀分布，因而引起弯曲变形。弯曲变形的大小与塑性变形区的中心线到焊件截面中性轴的距离 s 成正比，s 越大，弯曲变形越严重。焊缝位置对称或接近于截面中性轴，则弯曲变形就比较小。纵向收缩引起的弯曲变形还与焊缝长度的平方成正比，所以，在细长形焊接结构（如焊接梁、柱结构等）制造中，特别要注意防止弯曲变形。

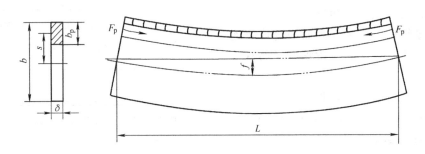

图 2-7　焊缝纵向收缩引起的弯曲变形

焊缝的横向收缩在结构上分布不对称时，也会引起构件的弯曲变形。如工字梁上布置若干短肋板，如图 2-8 所示，由于肋板与腹板及肋板与上翼板的角焊缝均分布于结构中性轴的上部，它们的横向收缩将引起工字梁的下挠变形。

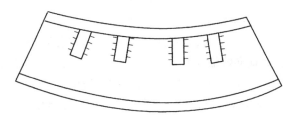

图 2-8　焊缝横向收缩引起的弯曲变形

3. 扭曲变形

产生扭曲变形的原因主要是焊缝的角变形沿焊缝长度方向分布不均匀。如图 2-9 所示的工字梁，若按图示 1~4 顺序和方向焊接，则会产生图示的扭曲变形，这主要是角变形沿焊缝长度逐渐增大的结果。若使两条相邻的焊缝同时同向进行焊接，或采用夹具对工字梁进行刚性固定，则可以减小或防止扭曲变形。

（二）局部变形

局部变形指的是结构部分发生的变形，它包括图 2-5b、d 所示的角变形和波浪变形。

1. 角变形

角变形主要是由于焊缝的横向收缩在板厚方向分布不均匀而引起的，一般多发生在中、厚板的对接接头。对接接头角变形的大小主要与坡口形式、坡口角度、焊接层数、焊接方式等有关。坡口截面不对称的焊缝，其角变形大，因而用 X 形坡口代替 V 形坡

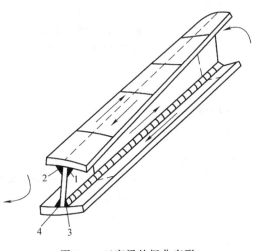

图 2-9　工字梁的扭曲变形

口，有利于减小角变形；坡口角度越大，焊缝横向收缩沿板厚分布就越不均匀，角变形也就越大。同样板厚和坡口形式时，多层焊比单层焊的角变形大，焊接层数越多，角变形越大。多层多道焊比多层焊角变形大。

薄板焊接时，正面与背面的温差小，同时薄板的刚度小，焊接过程中，在压应力作用下易产生失稳，使角变形方向不定，没有明显规律性。

2. 波浪变形

波浪变形常发生于板厚小于6mm的薄板焊接结构制造中，它是由于纵向和横向的压应力使薄板失去稳定而造成的，又称为失稳变形。大面积的平板拼接，如船体甲板、大型油罐底板等，极易产生波浪变形。图2-10所示为船体结构的焊接变形，其中图2-10a为船底分段产生的纵、横向缩短和弯曲变形，图2-10b为舱壁分段产生的波浪变形。

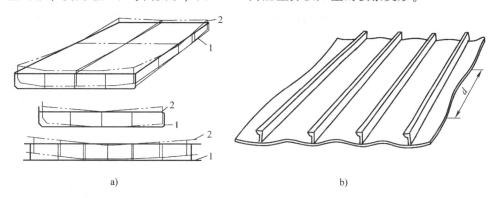

图 2-10 船体结构的焊接变形
a) 船底分段的变形　b) 舱壁分段的变形
1—变形前　2—变形后

防止波浪变形可从两方面着手：一是降低焊接残余压应力，如采用能使塑性变形区减小的焊接方法、选用较小的焊接热输入等；二是提高焊件失稳临界应力，如给焊件增加肋板、适当增加焊件的厚度等。

也有的结构因众多的角变形彼此衔接，在外观上产生类似的波浪变形，如图2-11所示。这种波浪变形与失稳引起的波浪变形有本质的区别，需采用不同的解决办法。

二、影响焊接变形的因素

焊接结构制造中产生的变形是个很复杂的问题，涉及的具体因素虽然很多，但总体来讲，影响焊接变形的主要因素无非是材料、结构和制造三大因素。

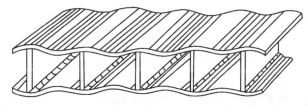

图 2-11 焊接角变形引起的波浪变形

1. 金属材料的热物理性能

金属材料的热物理性能对焊接变形有一定的影响，这种影响是材料本身特性引起的，也与工艺因素有关。通常材料的线膨胀系数越大，则焊接时产生的塑性变形就越大，冷却后纵横向收缩变形也越大。如不锈钢和铝的线膨胀系数都比低碳钢大，因而焊后变形也大。热导率大的金属，焊后的变形较大，铝及其合金即属此类。

2. 施焊方法和焊接参数

不同施焊方法引起的收缩量不同。当焊件的厚度相同时，单层焊的纵向收缩量要比多层焊的大，这是因为多层焊时，先焊焊道冷却后阻碍了后焊焊道的收缩。分段退焊比直通焊的收缩变形小，这是因为前者使焊件温度分布比较均匀、产生压缩塑性变形比较分散的缘故。

焊接参数的影响主要表现为热输入。一般规律是，随着热输入的增加，压缩塑性变形区扩大，因而收缩量增大。

3. 焊缝的长度及其截面积

焊缝的长度和截面积的大小对收缩量有很大影响。一般来说，焊缝的纵向收缩量随着焊缝长度的增加而增加，而焊缝的横向收缩量随着焊缝宽度的增加而增加。横向收缩量还与板厚、坡口形式及接头形式有关。在同样厚度条件下，V 形坡口比 X 形坡口收缩量大，对接焊缝的横向收缩量比角焊缝大。

图 2-12a 是自动焊对接焊缝横向收缩量与板厚关系，而图 2-12b 是焊条电弧焊的情形。

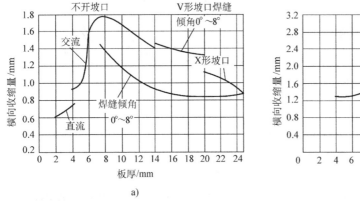

图 2-12 对接焊缝横向收缩量与板厚关系

4. 焊缝在结构中的位置

焊缝在结构中的布置不对称，是造成焊接结构弯曲变形的主要因素。当焊缝处在焊件截面中性轴一侧时，由于焊缝的收缩变形，焊件将出现弯曲。焊缝离中性轴越近，弯曲变形越小；焊缝离中性轴越远，弯曲变形越大。因此，在焊接结构中应尽量使焊缝靠近中性轴或对称在中性轴两侧。

5. 结构的刚性和几何尺寸

结构的刚性大小取决于结构的截面形状和尺寸，截面积越大，则结构的抗弯刚度越大，弯曲变形越小。截面形状和大小相同时，结构的抗弯刚度还取决于截面的布置，亦即截面惯性矩。如图 2-13 所示箱形梁，与图 2-13b 所示情况相比，按图 2-13a 放置时的抗弯刚度较大。

6. 装配和焊接顺序

随着装焊过程的进行，结构的整体刚性也在增大。就整个结构生产而言，有边装配边焊接和装配成整体后再焊接两种方式可供选择。采用后一种方式，即先装配成整体再焊接的方式，对于结构截面和焊缝布置都对称的简单结构，可以减小其焊接变形。例如工字梁的装

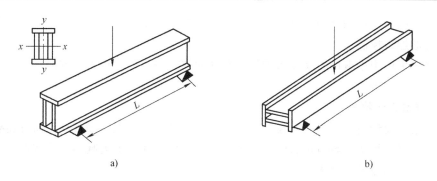

图 2-13　箱形梁惯性矩对弯曲变形的影响

配—焊接，如果采用边装边焊方式，则焊后产生较大的弯曲变形，而采用全部构件装配之后再焊接的方式，则弯曲变形较小。

对于复杂结构，采用全部构件装配后再焊接的方式往往是不合理的。一则是边装配边焊接方式所产生的变形不一定都反映到总变形量中去，二则是有些零部件因施工上的需要，只能采用边装配边焊接的方式进行，因此需根据实际情况采取适合的装配—焊接方式。

焊接顺序对变形的影响也很大。由于先焊的焊缝先收缩，引起的变形最大，后焊的焊缝后收缩，引起的变形逐渐减小，而最终变形方向往往与最先焊的焊缝引起的变形方向一致。例如图 2-14 所示工字梁装配好以后，如果先焊焊缝 1 和 2，再焊焊缝 3 和 4，则焊接之后工字梁产生上挠变形；如果改变焊接次序，先焊焊缝 1 和 4，后焊焊缝 3 和 2，焊后工字梁的挠曲则可以减小，甚至消除。因此，合理的焊接顺序可以减少结构的变形，消减大量的矫正工作量，有利于结构生产成本的降低。

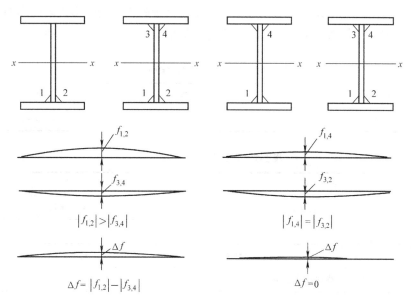

图 2-14　工字梁装配—焊接顺序对弯曲变形的影响

三、焊接变形的控制

结构经焊接后的变形若超过允许范围，除影响外观尺寸及美观、造成后续装配的困难外,还会影响结构的承载能力。特别是结构复杂、技术要求高的产品,在制造过程中,尤其应对焊接变形加以控制。

焊接结构生产中采取的控制变形的措施有两大类:一类是结构设计方面的措施;另一类是制造工艺方面的措施。

(一) 结构设计措施

在焊接结构设计时,不仅要考虑结构的强度、刚度、稳定性及经济性,而且还要考虑制造工艺。必须根据焊接的特点进行结构设计,只有这样,才能大大减小焊接变形。这里提出几点原则,供结构设计时参考:

1) 在结构设计时应考虑结构分段划分的可能性,以便使结构的焊接工作量减至最少。

2) 结构中的焊缝应保持对称,或者靠近结构的中性轴,以防止弯曲变形。对于厚度大于8mm的板,应采用X形坡口,而不采用V形坡口,以减小横向收缩,防止角变形。

3) 在保证结构强度的前提下,减小焊缝的截面尺寸,以减少收缩变形。

4) 尽可能减少焊缝的数量。例如,尽量采用大尺寸的钢板,或者用压肋结构代替有过多肋板的焊接结构。

5) 设计的结构在装配—焊接时,有采用简单装配—焊接胎夹具的可能性。

(二) 制造工艺措施

在制造工艺上采取合理的措施,对防止和减少焊接变形十分有利,常见措施有以下几点:

1. 预留收缩余量

无论采取何种措施,焊接结构的收缩变形总是要发生的。生产中为了弥补焊后尺寸的缩短,往往在备料时预先考虑加放收缩余量。由于收缩量的大小受许多因素的影响,所以加放的余量值往往采用经验数据或按经验公式进行近似估计,分别见表2-1和表2-2。

表2-1 焊缝纵向收缩量的近似值 (单位:mm/m)

对接焊缝	连续角焊缝	间断角焊缝
0.15~0.3	0~0.4	0~0.1

表2-2 焊缝收缩量的经验公式

项 目		公 式
焊缝的纵向收缩量/mm		$l = 15 \times 10^{-5} q_n L/F$
对接焊缝的横向收缩量/mm	单面对接	$b = 0.16\delta_1 + 0.3$
	双面对接	$b_2 = 0.16\delta_1 + 0.8$
角焊缝的横向收缩量/mm		$B = C\delta_n K^2/(2\delta_n + \delta)^2$

表中公式符号为:

q_n——焊接热输入(J/cm);

F——焊件截面积(mm^2);

L——焊缝长度(cm);

δ_1——焊件厚度（mm）；
δ_n——水平板（面板）厚度（mm）；
δ——垂直板（腹板）厚度（mm）；
K——焊脚尺寸（mm）；
C——常数，单面焊时取 0.66；双面焊时取 0.75。

2. 严格对加工、装配工序的要求

减少和控制结构的焊接变形不仅应注意焊接工序，而且还需要各工序都应按技术条件保证加工零件的尺寸和质量。板材、型材应经过校平、校直才能用于装配，因为板的初始凹凸度常常会降低其压缩塑性稳定性，在焊接生产时造成更大的变形。坡口的装配间隙不可过大，否则不仅增加熔敷金属量，加大变形，而且在埋弧焊时还有可能导致烧穿。

3. 反变形法

反变形法是根据结构焊后的变形情况，预先给出一个方向相反、大小相等的变形，用以抵消结构焊后产生的变形，主要用于防止弯曲变形与角变形。反变形的量化数据应根据经验数据或经验公式来确定。

图 2-15 为对接接头和工字梁采用弹性或塑性反变形法消除焊接变形的情况。图 2-16 为薄壳结构支承座焊接时的反变形。

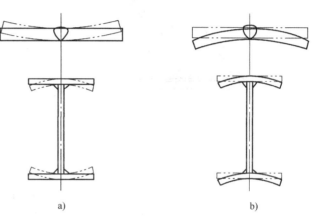

图 2-15　对接接头和工字梁的反变形
（实线为焊前形状，虚线为焊后形状）
a）未做反变形　b）做反变形

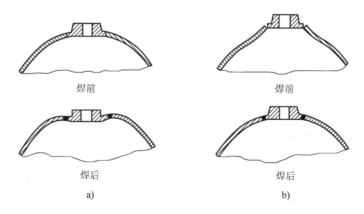

图 2-16　薄壳结构支承座的反变形
a）未做反变形　b）做反变形

4. 刚性固定法

前面分析过刚性大的构件焊后变形小，因此采用增加结构刚性的办法，可以减小结构的焊接变形。

刚性固定有多种方式，图 2-17a 所示为薄板焊接时，在接缝两侧放置压铁，并在薄板四周焊上临时点固焊缝，就可以减少焊接后产生的波浪变形。也可利用焊接夹具增加结构的刚性和拘束，图 2-17b 为中厚板采用"马板"固定，使对接的两块板在同一水平面上，马板中间的半圆孔对准焊道，给焊接留出空间；图 2-17c 为利用夹紧器将焊件固定，以增加构件的拘束，防止构件产生角变形和弯曲变形的应用实例。

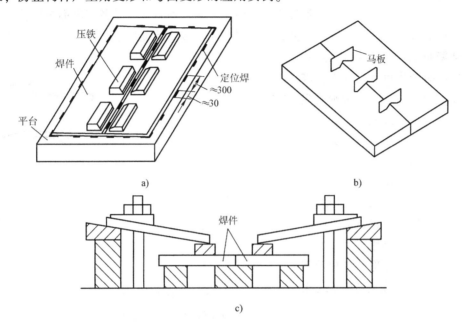

图 2-17 刚性固定法减小焊接变形
a）在接缝旁加压铁　b）在接缝上加"马板"　c）在接缝外加"压板"

5. 合理的焊接顺序

当结构装配后，焊接顺序对焊接变形的大小和焊缝应力的分布有很大影响。因此，在施工设计时，要按照总体制造方法、分段结构特点及装配的主要顺序，预先确定焊接顺序。

图 2-18 所示为薄板拼接时的焊接次序，原则上应当先焊横向焊缝，后焊纵向焊缝，这样，横向焊缝因横向收缩而产生的单值应力可在纵向焊缝纵向收缩的影响下而减弱，从而降低波浪变形的可能性。纵焊缝焊接时应对称交替焊接（按焊缝 7、6、8 顺序）进行。

对于焊缝非对称布置的结构，装配—焊接时应先焊焊缝少的一侧。长焊缝（1m 以上）焊接时，可采用图 2-19 所示的方向和顺序进行焊接，以减小其焊后的收缩变形。

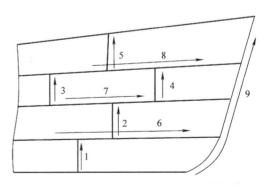

图 2-18 拼板焊接次序

第二章 焊接应力与变形

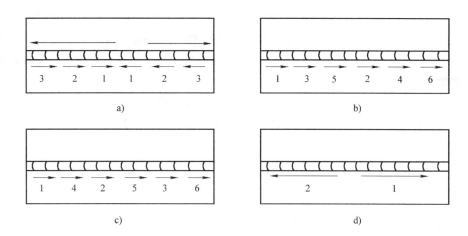

图 2-19 长焊缝的几种焊接顺序

四、焊后变形的矫正

焊接结构出现了超出技术要求所允许的变形后，应设法矫正，使之符合产品质量要求。实践表明，很多结构的变形是可以矫正的。各种矫正变形的方法实质上都是设法造成新的变形去抵消已经产生的变形。

（一）机械矫正焊接变形

机械矫正就是利用机械力的作用来矫正结构焊后的变形，其实质是利用机械力将焊接接头区域已经缩短的纤维再次拉长。一般的构件采用矫平机或压力机进行矫正，如图 2-20 所示。

薄板波浪变形的矫正可以采用手工锤击焊缝区的方法，使焊缝区得到延伸，从而消除焊缝区因纵向缩短而引起的波浪变形。为了避免在钢板或焊缝表面留下印痕，可在焊件表面垫上平锤，然后进行锤击。

（二）气体火焰加热矫正焊接变形

火焰矫正又叫"火工矫正"，它是利用氧乙炔焰对金属局部（长纤维部分）加热，使它产生新的变形（收缩）来抵消已经产生的焊接变形，实际是焊接变形的反用，即"什么地方加热，什么地方变短"。

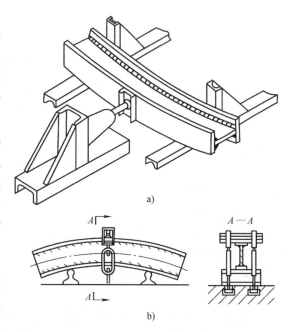

图 2-20 工字梁焊后弯曲变形的机械矫正
a) 千斤顶矫正 b) 拉紧器矫正

1. 点状加热

根据结构特点和变形情况，可以一点或多点加热。点状加热造成新的压缩塑性变形区，它的收缩可消除波浪变形。多点加热时，加热点的分布可呈梅花形，如图 2-21 所示，也可呈链式密点形。加热点的大小，对厚板来说应大一些，薄板小一些，一般不小于 15mm，也

可按 $d = 4\delta + 10\text{mm}$（加热点直径为 d、板厚为 δ）计算得出。加热点之间的距离 a 由变形大小决定：变形大，a 小些；变形小，a 大些，一般在 50～100mm 之间。为了提高矫正速度和矫正效果，往往加热每一点后就立刻在该点用木锤锻打，或沿加热点周围浇水冷却并锻打。

2. 线状加热

火焰沿直线缓慢移动或同时作横向摆动，形成一个加热带的加热方式，称为线状加热。线状加热有直通加热、链状加热和带状加热三种形式，如图 2-22 所示。线状加热可用于矫正波浪变形、角变形和弯曲变形等。

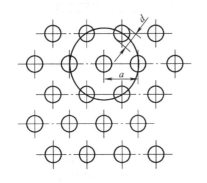

图 2-21 呈梅花分布的点状加热

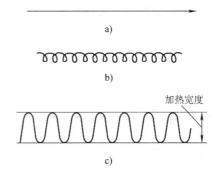

图 2-22 线状加热

3. 三角形加热

三角形加热即加热区呈三角形，加热部位是在弯曲变形构件的凸缘，三角形的底边在被矫正构件的边缘，顶点朝内。由于三角形加热面积较大，所以收缩量也较大，尤其在三角形底部，收缩量更大。这种方法常用于矫正厚度较大、刚性较强构件的弯曲变形，如图 2-23 所示。

4. 矫正操作要点

决定火焰矫正效果的因素主要是火焰加热的位置和加热温度。不同的加热方式可以矫正不同种类的变形，不同加热量可以获得不同的矫正量，一般情况下，热量越大，矫正能力越强，矫正变形量也就越大，但是重要的是定出正确的加热位置，因为加热位置不恰当，往往会得到相反的结果。

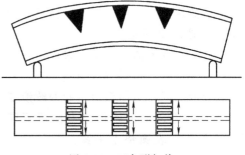

图 2-23 三角形加热

火焰矫正虽然操作方便，但技术难度大。火矫工人必须具备应力应变的基础理论知识，并有丰富的实践经验，对各种构件的变形，能够准确地判定变形的性质、变形量，恰当地选择加热方式、加热位置、加热温度和矫正步骤等。

火焰矫正适用于碳钢，也适用于合金钢，各种钢材的火焰矫正加热温度有严格的限制。对碳钢和普通低合金钢构件，通常加热温度为 600～800℃，有的可达 900℃，对高合金钢的加热温度必须控制在 730℃以内。钢材加热温度的表面颜色可参见表 2-3。在准备实施矫正前必须了解工件的材质，并按照许用的温度和相关的工艺执行。合理的火矫工艺规范应根据各结构件的刚性来确定。

表 2-3 钢材加热温度与表面颜色

温度/℃	550~580	580~650	650~730	730~770	770~800	800	830
颜色	深褐红色	褐红色	暗樱红色	深樱红色	樱红色	淡樱红	红色
温度/℃	830~900	900~1050	1050~1150	1150~1250	1250~1350	—	—
颜色	亮樱红色	橘黄色	暗黄色	亮黄色	白黄色	—	—

注：看火色要在室内。

由于火焰矫正是一项理论上很难精确计算而操作技术难度又较大的工作，各个技术参数的确定常常取决于操作者的技术水平、熟练程度，尤其是实践经验。采用很多不同规范的组合，可以达到较好的矫正效果，例如加热温度（T）、运行速度（v）、加热深度（t）、加热宽度（b）等是可以多种组合的。

（三）机械与火焰综合矫正焊接变形

在有些情况下，同时采用机械与火焰两种方式矫正焊接变形可以收到更好的效果。如图2-24 所示的船体结构双层底分段，正装法制得的分段焊后变形为半宽缩小和两舷上翘，倒装法制得的分段变形方向则相反。矫正时需将分段翻身搁置在墩木上，分段中间加重物，再在适当的位置用气体火焰加热。

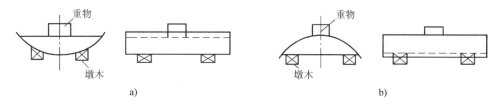

图 2-24 船体分段焊接变形的综合矫正
a）倒装法建造的分段　b）正装法建造的分段

第三节　焊接残余应力

一、焊接残余应力的分布

在较为复杂的焊接结构中，焊接残余应力的分布是很复杂的，要清楚地了解各部位的应力分布有许多困难，但在实际生产中，只要掌握一些简单接头的应力分布情况，就可以定性地分析由简单接头组成的复杂结构中的应力分布情况，从而避免由于焊接应力过大引起的结构失效。

（一）平板对接焊缝

1. 纵向残余应力分布

对接接头中纵向应力沿板宽方向的分布如图 2-25a 所示，在焊缝及其附近塑性变形区为拉伸应力，该部分应力往往达到屈服强度，而远离焊缝的母材则为压应力，根据板的宽度不同压应力逐渐减小到零（宽板），或维持某个值，甚至有所增加。纵向应力沿焊缝长度方向的分布如图 2-25b 所示，中段的纵向应力保持为常值，但在焊缝的两端，因受自由边界的影响，应力由常值逐渐趋向于零值。

2. 横向残余应力分布

对接焊缝中的横向应力分布比较复杂，它与焊件宽度、定位焊位置、施焊方向、施焊顺序等因素有关。

横向应力的产生有两个方面：一方面是由于焊缝及其附近塑性变形区的纵向收缩引起的，另一方面是由于焊缝及其附近塑性区的横向收缩引起的。

对于平板对接焊缝，如图 2-26a 所示，可以假设将钢板沿焊缝中心切开，则两块钢板都相当于在其一侧堆焊，焊后边缘焊缝区域将产生纵向收缩，两块钢板将产生向外侧弯曲的变形，如图 2-26b 所示。但实际上，两块钢板是由焊缝连接成一个不可分离的整体，因此在焊缝两端产生横向压应力，中间部位产生横向拉应力，这就是纵向收缩引起的横向应力，如图 2-26c 所示。

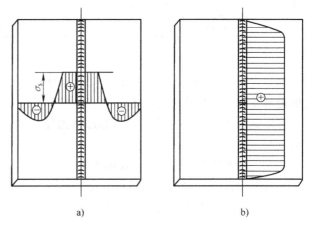

图 2-25 对接接头的纵向焊接应力
a) 纵向应力沿板宽方向的分布
b) 纵向应力沿焊缝长度方向的分布

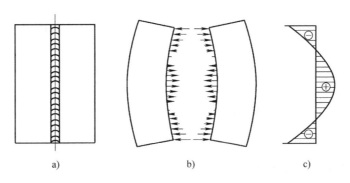

图 2-26 纵向收缩引起的横向应力

由于一条焊缝不可能在同一时间内焊完，总有先焊和后焊之分，焊缝全长上的加热时间不一致，同一时间内各部分的受热温度不均匀，膨胀与收缩也不一致，因此焊缝金属受热后就不能自由变形。先焊部分先冷却，后焊部分后冷却，先冷却的部分又限制后冷却部分的横向收缩，这种相互之间的限制和反限制，最终在焊缝中形成了横向应力，如图 2-27 所示。焊缝末端因为最后冷却，受到拉应力的作用。可见这部分横向应力与焊接方向、焊接方法及焊接顺序有关。图 2-28 所

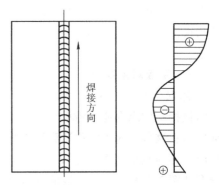

图 2-27 横向收缩引起的横向应力

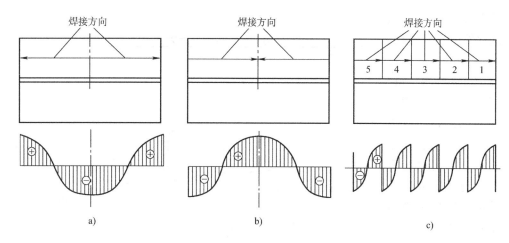

图 2-28 不同焊接方法的横向应力分布
a) 从中间向两端焊　b) 从两端向中间焊　c) 分段退焊

示为对接焊施焊方向不同时横向焊接应力的分布情况。

上面分析的对接焊缝中的横向应力分布只适用于焊条电弧焊。因为焊条电弧焊中,电弧移动缓慢,在焊下一段时,前一段来得及冷却。在埋弧焊时,采用的电弧功率较大,并且速度很高,因此沿焊缝在长度方向的加热和冷却相对较均匀。所以,埋弧焊时产生的横向应力比焊条电弧焊小,分布也均匀一些。

横向应力分布是由上述两部分应力组成的。对接焊缝横向应力在与焊缝平行的各截面（Ⅰ-Ⅰ、Ⅱ-Ⅱ、Ⅲ-Ⅲ）上的分布大致与焊缝截面（0-0）上的相同,但离开焊缝的距离越远,应力就越小,如图 2-29 所示。

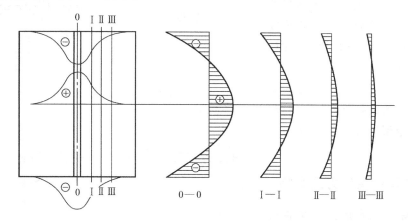

图 2-29 横向应力沿板宽方向上的分布

(二) 圆形封闭焊缝

所谓的封闭焊缝是指结构中的人孔、管接头等四周的焊缝,以及使用圆形补板进行镶板焊接的焊缝,这类焊缝构成封闭回路,故称封闭焊缝。这种焊缝是在较大拘束条件下焊接的,因此内应力比自由状态下的大。封闭（管接头、人孔或镶板四周的）焊缝附近的应力分布如图 2-30 所示。

σ_r 为径向应力,σ_θ 为切向应力。从图可见,径向应力 σ_r 为拉应力,切向应力 σ_θ 在焊

缝附近最大，为拉应力，由焊缝向外侧逐渐降低，并变成压应力，由焊缝向中心逐渐达到均匀值。封闭焊缝的内部为均匀双向应力场，切向应力与径向应力相等，其数值与环形焊缝的直径有关。直径越小，刚度越大，其中的内应力也越大，所以在焊接人孔、管接头及修补中都要注意封闭应力的问题。

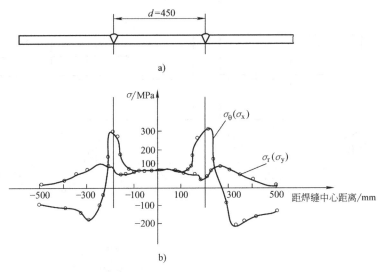

图 2-30 封闭焊缝附近的应力分布
a）板孔接头焊缝　b）孔周围应力分布

（三）梁和柱的焊接结构

1. 工字形和 T 形梁中的焊接残余应力

在焊接结构中会遇到大量 T 形梁、工字形梁的焊接。对于这类构件，可将其翼板、腹板分别当作板中心堆焊和板边堆焊，从而可以得出如图 2-31 所示纵向应力分布图。一般情况下，焊缝附近区域总是产生较高的纵向（轴向）拉应力，在 T 形梁和工字形梁的腹板中则会产生压应力，该压应力可能导致腹板局部或整体失稳，出现波浪变形。

2. 箱形梁中的焊接残余应力

在现代工程中大量用到箱形梁结构。箱形结构刚性大，抗变形能力强，但结构中不可避免地存在残余应力，其横截面靠近焊缝及其附近出现明显的拉应力。图 2-32a 为箱形梁横截面的纵向应力分布情况，图 2-32b 为箱形梁横截面焊接应力实测分布情况。

二、焊接残余应力的影响

（一）焊接残余应力对构件强度的影响

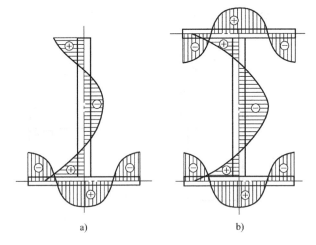

图 2-31 T 形梁、工字形梁中的纵向应力分布
a）T 形梁　b）工字形梁

一般情况下，焊接结构所使用的材料如果塑性较好（如低碳钢、低合金钢等），焊接残余应力对其静载强度没有不良影响，但焊接残余应力将消耗材料部分塑性变形的能力。而在材料处于脆性状态时，由于应力不能重新分配或来不及重新分配，随着外力的增加，内应力与外力叠加在一起，材料中的应力峰值增加，一直达到材料的强度极限 σ_b，就会发生局部破坏，最后导致整个构件断裂。焊接应力与外力 σ 叠加的情况，如图 2-33 所示。

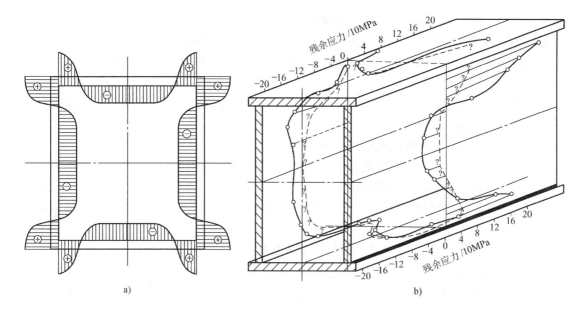

图 2-32 箱形梁中的焊接应力分布
a) 箱形梁横截面焊接应力 b) 箱形梁横截面焊接应力实测分布

单向与双向拉伸内应力通常不影响材料的塑性，而三向拉伸内应力的存在将大大降低材料的塑性。厚大焊件焊缝及三向焊缝交叉点处，都会产生三向焊接拉伸内应力，所以要特别注意。

对于由塑性较低的金属材料焊接而成的焊件，由于在受力过程中无足够的塑性变形，所以在加载过程中，应力峰值不断增加，直到达到材料的屈服强度后发生破坏。由此可知，焊接残余应力对材料呈脆性状态的焊接结构的静载强度是有不利影响的。

（二）焊接残余应力对结构疲劳强度的影响

这是人们广为关心的问题，并已进行了大量试验研究，但由于影响因素（诸如结构形式、焊接顺序、焊缝截面形状、应力集中程度、焊后是否热处理、疲劳载荷的应力循环特征系数、内应力在外载作用下的变化等）较多，而每项试验仅侧重反映有限个因素的影响，不能包罗全部影响因素，所以尚未得出一致结论。虽然如此，大量的疲劳强度试验表明，压应力有可能阻止疲劳裂纹的扩展，因此对于承受交变载荷的构件，往往在表面造成压应力层，以防止疲劳断裂。

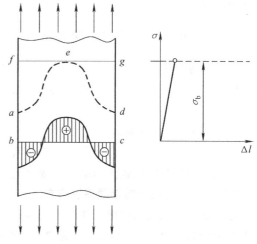

图 2-33 平板在载荷作用下的应力分布情况

（三）焊接残余应力将降低机械加工的精度

工件中如果存在残余应力，则在机械加工中随着材料的切除，原来存在于这部分材料中的内应力也一起消失，这样便破坏了原来工件中内应力的平衡关系，加工好的工件卸去夹具以后，不平衡的内应力使工件产生新的变形，因而零件的最终加工精度受到影响。

保证焊件的加工精度最有效的办法有两种：一是消除内应力（去应力退火）后再进行机加工，但生产周期长，成本偏高。二是采用分层加工法，即对所要加工的表面分层切割，逐步释放应力，分层的厚度（即加工量）逐渐减少，最终的加工精度就会较高，这种方法足以满足一般结构的精度要求。

（四）焊接残余应力使受压构件稳定性降低

这是由于焊接后构件存在有残余压应力区，在与外加压应力叠加后，压应力便迅速增长并达到失稳的临界应力状态，使结构产生波浪变形。对受焊接残余压应力作用已产生局部失稳的构件来说，塑性区域不断扩大，而承受外加压应力的有效面积不断减少，所以更容易出现失稳的现象。

（五）焊接残余应力对构件应力腐蚀开裂的影响

应力腐蚀开裂（简称应力腐蚀）是拉应力和腐蚀共同作用下产生裂纹的一种现象。应力腐蚀过程大致可分为三个阶段：第一阶段，局部腐蚀逐渐发展成微小裂纹；第二阶段，微小裂纹在拉应力和腐蚀的共同作用下形成裂纹新界面，新界面又被腐蚀，这样裂纹不断扩展；第三阶段，当裂纹扩展到一个临界值时，在拉应力的作用下以极快的速度迅速扩展而造成脆性断裂。第三阶段在某些结构中不一定发生，例如容器，当裂纹扩展到一定时候就发生泄漏，而应力不再增加，此时裂纹也可能停止扩展。

焊接残余拉应力降低构件抗应力腐蚀的能力，所以某些在腐蚀介质中工作的结构要采取消除应力措施。有些结构工作应力比较低，从理论上看不会在规定时间内产生应力腐蚀，但是焊接后由于残余应力较大，并和工作应力叠加，这就促使焊缝附近很快产生了应力腐蚀。当然消除内应力不是唯一的办法，还可以从防腐和涂装保护等方面防止应力腐蚀。

三、焊接生产中调节内应力的措施

在焊接过程中采用一些简单的工艺措施往往可以调节内应力，降低残余应力的峰值，有利于防止焊接裂纹，并可以使内应力分布更为合理，从而提高结构的使用性能。主要措施如下：

（一）控制焊接热输入

不要一味追求生产率而盲目提高热输入。采用大的热输入，应力变形也较大，这点在脆硬倾向大的材料和刚性较大的结构焊接时更应注意。

（二）采用合理的焊接顺序和方向

尽量使焊缝能自由收缩，先焊收缩量比较大的焊缝。图 2-34 所示某构件角接接头中，应先焊板的对接焊缝 1，后焊角焊缝 2，使对接焊缝 1 能自由收缩，从而减少内应力。

先焊工作时受力较大的焊缝。如图 2-35 所示，在工地现场焊接梁的接头时，应预先留出一段翼缘角焊缝最后焊接，先焊受力最大的翼缘对接焊缝 1，然后焊接腹板对接焊缝 2，最后再焊接翼缘角焊缝 3。这样的焊接顺序可以使受力较大的翼缘焊缝预先承受压应力，而腹板则为拉应力。翼缘角焊缝留在最后焊接，则可使腹板有一定的收缩余地，同时也可以在焊接翼缘板对接焊缝时采取反变形措施，防止产生角变形。试验证明，用这种焊接顺序焊接的梁，疲劳强度比先焊腹板后焊翼缘板的高 30%。

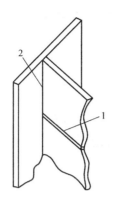

图 2-34 按收缩量大小确定焊接顺序

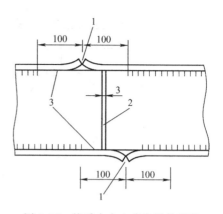

图 2-35 按受力大小确定焊接顺序
1、2—对接焊缝 3—角焊缝

在拼板时，应先焊错开的短焊缝，然后焊直通的长焊缝，如图 2-36 所示。采用相反的次序，即先焊焊缝 3，再焊焊缝 1 和 2，则由于短焊缝的横向收缩受到限制将产生很大的拉应力，从而易产生裂纹。在焊接交叉（不论是丁字交叉或十字交叉）焊缝时，应该特别注意交叉处的焊缝质量。如果在与纵向焊缝交叉的横向焊缝处有缺陷

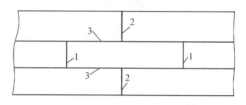

图 2-36 按焊缝布置确定焊接次序

（如未焊透等），则这些缺陷正好位于纵焊缝的拉伸应力场中，如图 2-37 所示，造成复杂的三轴应力状态。此外，缺陷尖端部位的金属，在焊接过程中不但经受了一次焊接热循环，而且还有应力集中，同时又受到了比其他没有缺陷地区大得多的挤压和拉伸塑性变形过程，这些都会消耗材料的塑性，对强度大为不利，往往是脆性断裂的根源。

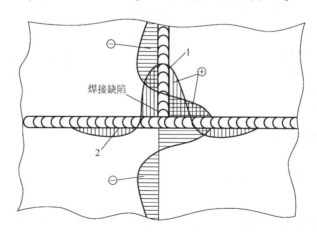

图 2-37 交叉焊缝的应力分布及缺陷

（三）降低局部刚度

在焊接封闭焊缝或其他刚性较大、自由度较小的焊缝时，可以采用反变形法来增加焊缝的自由度，如图 2-38 所示。

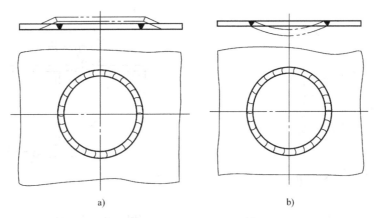

图 2-38 降低局部刚度减小内应力
a) 平板边缘翻边 b) 镶板留余量

(四) 锤击或辗压焊缝

每焊一道焊缝用带小圆弧面的风枪或小锤子锤击焊缝区，使焊缝得到延伸，从而降低内应力。锤击应保持均匀、适度，避免锤击过分产生裂纹。采用辗压焊缝的方法，亦可有效地降低结构内应力。

(五) 减小不均匀加热程度

1. 预热法

预热法是在施焊前，预先将焊件局部或整体加热到 150～650℃。焊接或焊补淬硬倾向较大材料的焊件，以及刚性较大或脆性材料焊件时，常常采用预热法。

2. 冷焊法

冷焊法是通过减少焊件受热来减小焊接部位与结构上其他部位间的温度差。具体做法有：尽量采用小的热输入施焊，选用小直径焊条，小电流、快速焊及多层多道焊。另外，应用冷焊法时，环境温度应尽可能高。

3. 加热减应区

在结构适当部位加热使之伸长，加热区的伸长带动焊接部位，使它产生一个与焊缝收缩方向相反的变形。冷却时，加热区的收缩和焊缝的收缩方向相同，使焊缝能自由地收缩，从而降低内应力，其过程如图 2-39 所示。利用这个原理可以焊接一些刚性比较大的焊缝，获得降低内应力的效果。例如图 2-40a 所示的大

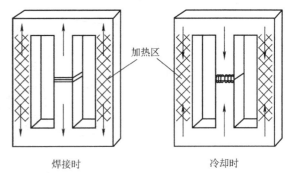

图 2-39 框架断口焊接

带轮或齿轮的某一轮缘需要焊修，为了减少内应力，则在需焊修的轮缘两侧轮辐上进行加热，使轮缘向外产生变形；如图 2-40b 所示，焊缝在轮辐上时，则应在焊缝两侧的轮缘上进行加热，使轮辐焊缝产生反变形，然后进行焊接，都可取得良好的降低焊接应力的效果。

四、焊后降低或消除焊接残余应力的方法

焊接残余应力的不利影响只有在一定的条件下才表现出来。例如，对常用的低碳钢及低

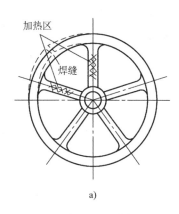
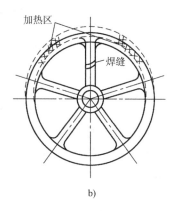

图 2-40 轮辐、轮缘断口焊接（实线表示加热前，虚线表示加热后）

合金结构钢来说，残余应力只有在工作温度低于某一临界值并存在严重缺陷的情况下才可能降低其静载强度。要保证焊接结构不产生低应力脆性断裂，还应从合理选材、改进焊接工艺、加强质量检查、避免严重缺陷等方面解决，消除应力仅仅是其中的一种方法。

事实证明，许多焊接结构未经消除残余应力的处理，也能安全运行。焊接结构是否需要消除残余应力，采用什么消除残余应力的方法，必须根据生产实践经验、科学试验以及经济效果等方面综合考虑。目前，钢结构常用的消除焊接残余应力的方法是采用焊后热处理——去应力退火（高温回火），就是把焊件整体或局部均匀加热至材料相变温度下，使它内部由于残余应力的作用而产生一定的塑性变形，然后再均匀缓慢地冷却，从而使应力消除，并可改善焊缝热影响区的组织与性能。

焊后降低或消除残余应力的方法可分为整体高温回火、局部高温回火、机械拉伸、温差拉伸以及振动法等几种。前两种方法在降低内应力的同时还可以改善焊接接头的性能，提高其塑性。下面将各种方法分述如下。

（一）整体高温回火

这个方法是将整个焊接结构加热到一定的温度，然后保温一段时间，再冷却。整体焊后消除应力热处理，一般是在炉内进行的。消除残余应力的效果主要取决于加热温度、材料的成分和组织，也和应力状态、保温时间有关。对于同一种材料，回火温度越高，时间越长，应力消除得越彻底。如图 2-41 所示为低碳钢 Q235A 在 500℃、550℃、600℃、650℃ 下经过不同的时间保温后的残余应力消除效果。

热强性好的材料消除应力所需要的回火温度比热强性差的高。在同样的回火温度和时间下，单轴拉伸应力的消除比双轴和三轴的效果好。内应力的消除情况与许多因素有关，回火规范的确定必须根据生产具体情况而定。对于一些重要结构，如锅炉、化工容器等结构，都有专门的规程予以规定。表 2-4 是一些常用钢材消除应力的回火温度，供参考。

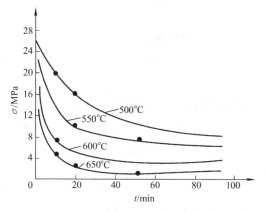

图 2-41 消除应力退火温度与时间的关系

表2-4 常用钢材消除应力的回火温度

钢号	消除应力的厚度/mm	回火温度/℃
Q235，20，20G，22G	≥35	600~650
25G，16Mn，15MnV	≥30	600~650
14MnMoV，18MnMoNb	≥20	600~680

回火保温时间目前生产中按厚度来确定，厚度越大，保温时间越长（一般按每毫米板厚保温2~4min，但总时间不少于30min）。回火处理的费用与回火时间长短有关，从消除应力的需要看，保温时间并不一定很长。

在结构尺寸不太大时，一般热处理都在加热炉内进行，但遇到结构太大，如大型厚壁容器、球罐、原子能发电站设备的压力外壳等，无法在炉内进行时，则可采用在容器外壁覆盖绝热层，而在容器内部用电阻加热器或火焰进行加热。无论采用炉内处理还是后一种方法，费用都比较大，因此是否采用热处理都需要权衡利弊，全面分析后确定。

应该指出，对于不同膨胀系数的金属组成的焊接结构，例如奥氏体钢和马氏体钢、奥氏体钢和珠光体钢焊接，虽然回火处理后可以消除焊接应力，但又将产生由于不同膨胀系数而引起的新的内应力。

（二）局部高温回火

这种处理方法是对焊缝周围的一个局部区域进行加热。对于某些构件无法在加热炉内加热的，可采用其他方法进行局部热处理，以降低焊接结构内部残余应力的峰值，使应力分布趋于均匀，起到部分消除应力的作用。局部消除应力热处理时，应保证有足够的加热宽度，一般不应小于工件厚度的4倍，并且在加热宽度范围内各点应达到规定的温度。冷却时，应该用绝缘材料包裹加热区域，以降低冷却速度，达到消除焊接残余应力的目的。

由于这种方法带有局部加热的性质，因此消除应力的效果不如整体处理，它只能降低应力峰值，而不能完全消除应力；但局部处理可以改善焊接结构的力学性能；处理的对象只限于比较简单的焊接结构。局部处理可用电阻加热、红外加热、火焰加热和感应加热（对厚大件，可采用工频感应加热）。消除应力的效果与温度分布有关，而温度分布又与加热区的范围有关。

平板对接接头的加热宽度取与接头长度相等。必须指出，在复杂结构中采用局部热处理时，存在产生较大的反作用内应力的危险。

（三）机械拉伸法（过载法）

通过一次加载拉伸，拉应力区（在焊缝及其附近的纵向应力一般为σ_s）在外载的作用下产生拉伸塑性变形，它的方向与焊接时产生的压缩塑性变形相反。因为焊接残余内应力正是局部压缩塑性变形引起的，加载应力越高，压缩塑性变形就抵消得越多，内应力也就消除得越彻底。如图2-42所示为加载前、加载中和卸载后的应力分布情况。当拉伸应力为σ_s时，经过加载卸载，消除的内应力相当于外载荷产生的平均应力。当外载荷使截面全面屈服时，内应力可以全部消除。

机械拉伸法消除内应力对一些焊接容器特别有意义，它可以通过液压试验来解决。液压试验根据不同的结构，采用一定的过载系数。液压试验的介质一般为水，也可以用其他介质。这里应该指出的是，液压试验介质的温度应高于容器材料的脆性断裂临界温度，以免在加载时发生脆断。对于应力腐蚀敏感的材料，要慎重选择试验介质。在试验时采用声发射监测是防止试验中脆断的有效措施。

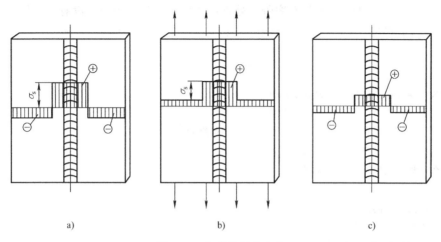

图 2-42　加载降低内应力

a) 加载前的内应力分布　b) 加载中的应力分布　c) 卸载后的应力分布

（四）温差拉伸法（又称低温消除应力法）

这个方法的基本原理与机械拉伸法相同，是利用拉伸来抵消焊接时所产生的压缩塑性变形，所不同的是机械拉伸法利用外力进行拉伸，而本法则是利用局部加热产生的温差来拉伸焊缝区。具体做法是：在焊缝两侧各用一个适当宽度的氧乙炔焰炬加热，在焰炬后面一定距离用一个带有孔的水管喷头冷却，焰炬和喷水管以相同速度向前移动，如图 2-43 所示，这样就造成了一个两侧温度高（其峰值约为 200℃），焊缝区温度低（约为 100℃）的温度场。利用温差拉伸法，如果规范选择恰当，可以取得较好的降低应力效果。

（五）振动法

振动法又称振动时效，或振动消除应力法（VSR）。它是将工件（或焊件）在固有频率的作用下，进行数分钟至数十分钟的振动处理，以达到消除残余应力，使构件尺寸获得稳定的一种方法。试验证明，当变载荷达到一定数值，经过多次循环加载后，结构中的内应力逐渐降低。例如截面为 30mm × 50mm 一侧经过堆焊的试件，经过多次应力循环（$\sigma_{max} = 128$MPa，$\sigma_{min} = 5.6$MPa）后，内应力不断下降。

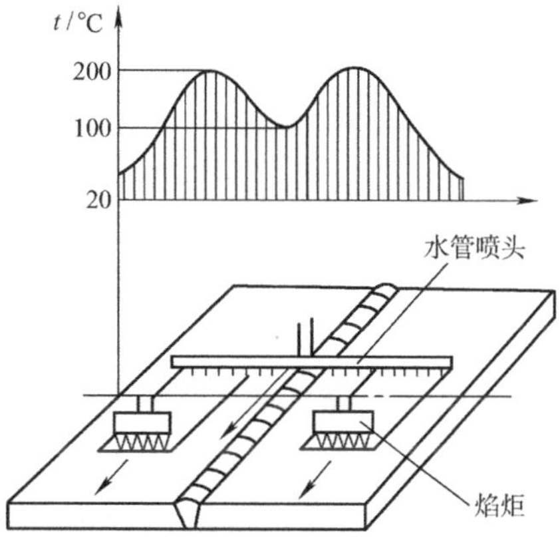

图 2-43　温差拉伸法

从内应力的消除效果看，振动法比用同样大小的静载拉伸好。内应力在变载荷下降低的原理有两种不同的意见。一种意见认为在变载荷下材料的 σ_s 有所降低，因此内应力在变载荷下比较容易消除；另一种看法是变载荷增加了金属中原子的振动能量，其效果与回火加热相当，使原子较易克服障碍，产生应力松弛。但后一种意见缺乏充分的理论依据，因为原子振动的频率比外加的机械振动频率大几个数量级。据报道，用振动法来消除碳钢、不锈钢以及某些锆合金结构中的内应力可取得较好的效果。

这种方法的优点是设备简单而廉价，处理成本低，时间比较短，没有高温回火时的金属氧化问题，是值得推广的一种高效节能的降低焊接残余应力的方法。

思 考 题

1. 什么是焊接应力？焊接应力有哪几种？
2. 为什么三向应力对焊接结构的危害最大？
3. 均匀受热的杆件在什么情况下既不能伸长又不能缩短？
4. 焊接应力与变形产生的基本原因是什么？
5. 什么是整体变形？什么是局部变形？
6. 焊接变形的基本形式有哪些？
7. 影响焊接变形的因素有哪些？
8. 工字梁焊接顺序对其弯曲变形有何影响？
9. 防止和减少焊接应力的措施有哪些？
10. 金属结构焊后变形处理的方法有哪些？
11. 对接焊缝的钢板，其纵向应力和横向应力是如何分布的？
12. 为何封闭焊缝的钢板的径向应力只有拉伸应力而没有压缩应力？
13. 焊接应力对金属结构有哪些影响？
14. 在焊接过程中调节焊接应力的措施有哪些？
15. 焊后消除焊接残余应力的方法有哪些？

第三章

焊接接头及结构强度

用焊接方法连接的接头称为焊接接头，焊接接头是焊接结构的最基本要素，在许多情况下，它又是焊接结构上的薄弱环节。通过对大量焊接结构失效事故的分析表明，焊接接头部位往往是焊接结构破坏的起点，其原因是多方面的，归纳起来主要有三点：焊接接头几何上的不连续性；焊接接头本身力学性能的不均匀性；焊接变形和残余应力的存在。本章主要介绍焊接接头的基本概念及特点、焊缝与焊接接头的基本形式、焊接接头的静载强度计算及焊接结构的疲劳性能与断裂。

第一节 焊接接头与焊缝

焊接接头的类型很多，其中应用最为广泛是熔焊焊接接头。本节将以熔焊焊接接头为重点进行分析。

一、焊接接头的概念及特点

1. 焊接接头

焊接接头由焊缝金属、熔合区、热影响区和邻近的母材组成，如图3-1所示。焊接接头中的化学成分、金相组织和力学性能一般是不均匀的。

2. 焊接接头的特点

焊接接头具有不连续性并普遍存在应力集中。焊接接头的不连续性体现在以下四个方面：几何形状不连续性；化学成分不连续性；金相组织不连续性；力学性能不连续性。此外，焊接接头因焊缝的形式和布局不同，会引起不同程度的应力集中。所以，

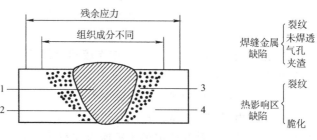

图3-1 焊接接头的组成
1—焊缝金属 2—熔合线 3—热影响区 4—母材

不连续性和应力集中是焊接接头的两个基本特点。

影响焊接接头力学性能的因素主要有焊接缺陷、接头形状不连续性、焊接残余应力与变形等。常见的焊接缺陷有焊接裂纹、未焊透、咬边、气孔和夹渣，其中焊接裂纹和未焊透往往是接头的破坏源。接头形状的不连续性主要是由焊缝增高及过渡处的截面变化造成的（如错边），这些都会产生应力集中现象。同时存在于焊接结构中的残余应力和残余变形，将导致接头力学性能的不均匀性。焊接热循环引起的组织变化、焊接材料引起的焊缝化学成

分变化,以及焊后热处理及矫正变形等工序,都可能影响接头的性能。

二、焊缝及焊接接头的基本形式

1. 焊缝的基本形式

焊缝是构成焊接接头的主体部分,焊缝的基本形式有对接焊缝和角焊缝。

(1) 对接焊缝 对接焊缝是指坡口面间的焊缝。一般情况下,对接焊缝是沿被连接的焊件的厚度方向进行焊接的。对接焊缝受力好,其焊缝坡口形式有卷边、平边(I形坡口)或加工成V形、X形、K形和U形等,如图3-2所示。各种坡口的尺寸可根据国家统一标准(GB/T 985.1~4—2008)或根据具体情况确定。开坡口的主要目的是为了确保焊接接头的经济性和确保焊缝的质量,而坡口形式的选择主要取决于板材的厚度、焊接方法和焊接工艺过程。

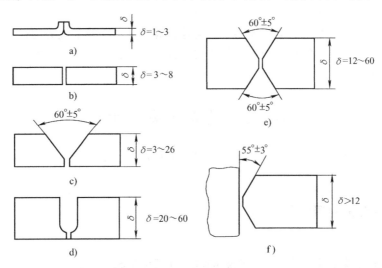

图 3-2 对接焊缝典型坡口形式

a) 卷边接头 b) I形坡口接头 c) V形坡口接头 d) U形坡口接头
e) X形坡口接头 f) K形坡口接头

(2) 角焊缝 角焊缝一般是沿被连接的焊件的两个表面进行焊接的,通常把它的截面看成三角形,按其截面形状可分为平角焊缝、凹形角焊缝、凸形角焊缝和不等腰角焊缝四种,如图3-3所示。应用最多的是截面为直角等腰三角形的角焊缝。一般用腰长来表示角焊缝的大小,称为焊脚尺寸 K,斜边上的高 a (也称喉厚或焊缝计算厚度)所在的截面称为计算断面。各种截面形状角焊缝的承载能力与载荷性质有关。静载时,如母材金属塑性良好,则角焊缝的截面形状对承载能力没有显著影响;动载时,由于下凹的形状应力集中程度最小,上凸形状的焊缝应力集中程度最严重,因此,凹形角焊缝的承载能力最高,凸形角焊缝的承载能力最低。对于不等腰角焊缝,长边平行于载荷方向时,承受动载效果较好。

2. 焊接接头的基本形式

焊接接头的基本形式有四种:对接接头、搭接接头、T形(十字)接头和角接接头(图3-4)。不同类型的接头有各自的优缺点和适用性,另外,不同的焊接工艺及方法也有其特殊的接头形式。

(1) 对接接头 两焊件表面构成135°~180°夹角,即两焊件相对端面焊接而形成的接

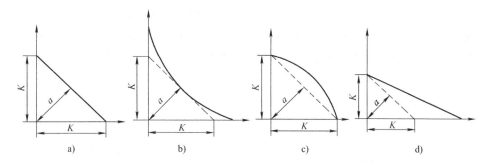

图 3-3 角焊缝截面形状及其计算断面
a) 平角焊缝 b) 凹形角焊缝 c) 凸形角焊缝 d) 不等腰角焊缝

头叫作对接接头。

对接接头从强度角度来看是较理想的接头形式，也是最常用的接头形式。在实际焊接生产中，对接接头的焊缝轴线一般与载荷方向相垂直，过去也有采用与载荷方向成斜角的斜焊缝接头（图 3-5），这种焊缝承受的正应力较低。过去焊接水平低，为了安全可靠，才采用

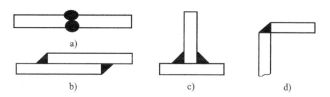

图 3-4 焊接接头的基本形式
a) 对接接头 b) 搭接接头
c) T 形接头 d) 角接接头

这种斜缝接头。由于这种焊缝接头浪费材料和工时，现在一般不再采用。

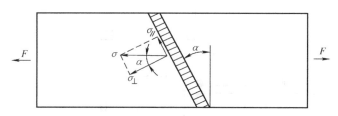

图 3-5 斜缝对接接头

（2）搭接接头 两焊件部分重叠起来进行焊接所形成的接头称为搭接接头。根据不同的焊接方法及工艺，搭接接头有以下几种形式，如图 3-6 所示。

钻孔塞焊（图 3-6b）、开槽塞焊（图 3-6d）常用于对强度要求不高、受力较小的结构中；电阻定位焊（图 3-6c）常用于薄板中。搭接接头的应力分布极不均匀，疲劳强度较低，不是理想的接头形式，但因焊前准备和装配工作比较简单，其横向收缩量也比较小，所以在受力较小的焊接结构中仍得到广泛的应用。

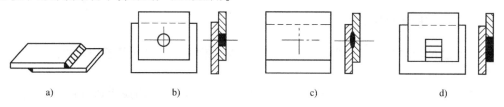

图 3-6 搭接接头的形式

（3）T形（十字）接头　将互相垂直的焊件用角焊缝连接起来的接头称为T形（十字）接头，此接头一个焊件的端面与另一焊件的表面构成直角或近似直角，如图3-7所示。这种接头种类较多，能承受各种方向的外力和力矩，如图3-8所示。此类接头应避免采用单面角焊缝，这是因为接头的根部有较深的缺口（图3-8a），其承载能力较低。

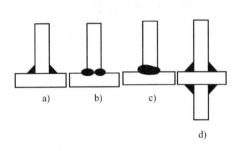

图 3-7　T形（十字）接头

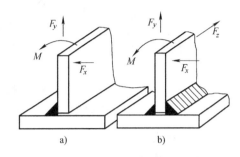

图 3-8　T形接头的承载能力

（4）角接接头　两焊件端部间夹角在30°~135°范围内的接头称为角接接头，角接接头多用于箱形结构，常用的形式如图3-9所示。其中图3-9a是最简单的角接接头，但承载能力差；图3-9b采用双面焊缝从内部加强的角接接头，承载能力较大；图3-9c和图3-9d开坡口易焊透，有较高的疲劳强度，而且在外观上具有良好的棱角，但应注意层状撕裂问题；图3-9e、f易装配，省工时，是最经济的角接接头；图3-9g能保证角接接头有准确的直角，并且刚性大，但角钢厚度应大于板厚；图3-9h不易施焊且焊缝多，是最不合理的角接接头。

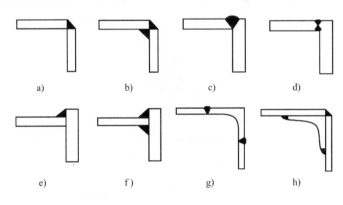

图 3-9　角接接头的形式

第二节　焊接接头的工作应力分布

一、应力集中的概念

由于焊缝的形状和焊缝布置的特点，焊接接头工作应力的分布是不均匀的，为表示这种不均匀程度，这里引入应力集中的概念。

所谓应力集中，是指接头局部的最大应力值（σ_{max}）比平均应力值（σ_{av}）高的现象。应力集中的大小常以应力集中系数K_T表示，即

$$K_T = \frac{\sigma_{max}}{\sigma_{av}}$$

产生应力集中的主要原因有：焊缝中的缺陷，如气孔、夹杂、裂纹和未焊透等，其中以裂纹和未焊透引起的应力集中最为严重；不合理的焊缝外形，如对接焊缝余高过大，角焊缝为凸形等，在焊趾处都会形成较大的应力集中；不合理的焊接接头的设计，例如接头截面的突然变化、加盖板的对接接头等。此外，焊缝布置不合理也是造成应力集中的原因。

二、电弧焊焊接接头的工作应力分布

不同的焊接方法，其接头的工作应力的分布特点是不相同的。下面以电弧焊焊接接头为例分析工作应力的分布特点。

1. 对接接头的工作应力分布

对接接头是工作应力分布比较均匀的一种接头类型，其受力状态较好，应力集中程度较小，这是由于对接接头的几何形状变化较小的缘故。通过实验发现，应力集中主要发生在焊缝的余高及焊缝与母材的过渡区（半径为 r），如图 3-10 所示。在焊缝与母材的过渡区应力集中系数 K_T 为 1.6，在焊缝背面与母材的过渡区应力集中系数 K_T 为 1.5。

由余高引起的应力集中，对动载结构的疲劳强度影响最大，所以此时要求它越小越好。国家标准规定：在承受动载荷的情况下，焊接接头的焊缝余高应趋于零。因此，在生产实践中，常采用削平余高，或者采取焊趾处局部机械加工或 TIG 重熔等措施来消除或减少应力集中。一般情况下，对接接头由于余高引起的应力集中系数不大于 2（$K_T \leq 2$）。

2. 搭接接头的工作应力分布

搭接接头中的角焊缝根据其受力方向的不同可以分为：与受力方向垂直的角焊缝——正面角焊缝（图 3-11 中 l_3 段）；与受力方向平行的角焊缝——侧面角焊缝（图 3-11 中 l_1、l_5 段）；与受力方向成一定夹角的角焊缝——斜向角焊缝（图 3-11 中 l_2、l_4 段）。

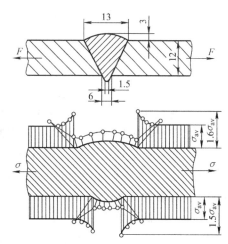

图 3-10 对接接头的应力分布

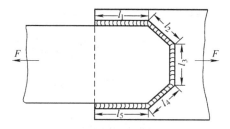

图 3-11 搭接接头角焊缝

（1）正面角焊缝 正面角焊缝的应力集中主要在角焊缝的焊根 A 点和焊趾 B 点，如图 3-12 所示。其大小与许多因素有关，其中改变角焊缝的外形和尺寸，可以大大改变焊趾处的应力集中程度；同时，也能使焊根处的应力集中情况发生变化。焊趾 B 点的应力集中系数随角焊缝的斜边与直角边间的夹角而变化，减小夹角 θ 和增大熔深，可以降低焊趾处和焊根处的应力集中系数。

板厚中心线不重合的搭接接头用正面角焊缝连接时，在外力作用下，由于力线流的偏转，不仅使被连接板严重变形，而且使焊缝中增加附加弯曲应力。双面焊接时，焊趾处受到

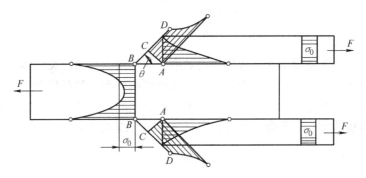

图 3-12 正面搭接角焊缝的应力分布

很大的拉力;单面焊接时,焊根处应力集中更为严重。所以一般在受力接头中,禁止使用单面角焊缝连接。

(2) 侧面角焊缝 侧面角焊缝的工作应力分布更为复杂,如图 3-13 所示。焊缝中既有正应力又有切应力,切应力沿角焊缝的长度上的分布是不均匀的。其特点是最大应力在两端,中部应力最小,焊缝较短时应力分布较为均匀,焊缝较长时应力分布不均匀程度增加。所以,采用过长的侧面角焊缝是不合理的,一般规定侧面角焊缝的长度不得大于 $50K$ (K 为焊脚尺寸)。

(3) 联合角焊缝的工作应力分布 既有侧面角焊缝又有正面角焊缝的搭接接头称为联合角焊缝搭接接头。由于同时采用了正面和侧面角焊缝,增加了受力焊缝的总长度,从而可以使搭接部分的长度减小,同时也可以减小搭接接头中工作应力分布的不均匀性。在只有侧面角焊缝焊成的搭接接头中,母材金属横截面上的应力分布不均匀(图 3-13),在横截面 $A—A$ 的焊缝附近分布着最大的正应力 σ_{max},其应力集中程度非常严重。增添正面角焊缝后的联合角焊缝的工作应力分布如图 3-14 所示,在 $A—A$ 横截面上正应力分布较为均匀,最大切应力 τ_{max} 降低,导致 $A—A$ 截面两端点上的应力集中情况得到改善。

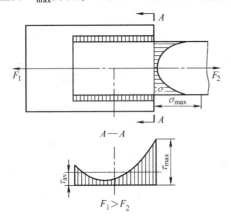

图 3-13 侧面角焊缝的工作应力分布

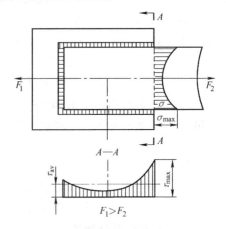

图 3-14 联合角焊缝的工作应力分布

由于作用在正面角焊缝和侧面角焊缝上的作用力方向不同,两种角焊缝的刚度和变形量也不同,在外力作用下,其应力大小并不按照截面积的大小平均分配,而是正面角焊缝比侧面角焊缝中的工作应力大些。当这两种角焊缝具有完全相同的力学性能和截面尺寸时,如果角焊缝的塑性变形能力不足，正面角焊缝将首先产生裂纹，接头可能在低于设计的承载能力的情况下破坏。

3. T 形（十字）接头的工作应力分布

由于 T 形（十字）接头工作截面发生急剧的变化，接头在外力作用下力流线偏转很大，造成应力分布极不均匀，在角焊缝的根部和过渡区都有很大的应力集中，如图 3-15 所示。

图 3-15a 是 I 形坡口（未开坡口）的 T 形（十字）接头中角焊缝的工作应力分布情况。由于水平板与垂直板之间存在间隙，整个厚度没有焊透，这相当于在焊缝根部存在一个原始裂纹，使焊缝根部的应力集中十分严重。在焊趾截面 $B—B$ 上应力分布也不均匀，B 点的应力集中系数 K_T 值随角焊缝的形状不同而变化。

图 3-15b 为开坡口并焊透的 T 形（十字）接头，其应力集中程度大大降低，应力集中系数 $K_T < 1$，事实上已经不存在应力集中问题了。其原因是焊缝工作截面的变化趋于均匀；另外，由于在整个厚度上焊透，消除了焊缝根部的原始裂纹。可见，保证焊透是降低 T 形（十字）接头应力集中的重要措施之一。对于重要 T 形（十字）接头，必须开坡口焊透或采用深熔法进行焊接。

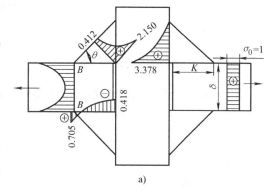

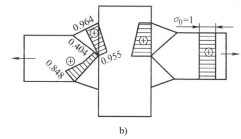

图 3-15　T 形（十字）接头的应力分布

若十字接头的两个方向都受拉应力，则应采用圆形、方形或特殊形状轧制、锻制的插入件进行连接，如图 3-16 所示，把角焊缝变成对接焊缝，把截面的形状变成圆滑过渡，以减小应力集中，提高焊接结构的承载能力。

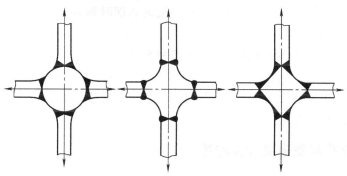

图 3-16　三种插入件十字接头

综上所述，各种电弧焊接头都有不同程度的应力集中。实践证明，并不是所有情况下应力集中都会影响强度。当材料具有足够的塑性时，结构在静载破坏之前就有显著的塑性变形，使接头发生应力均匀化，这时应力集中对静载强度就没有影响。

第三节　焊接接头的静载强度计算

焊接接头是组成焊接结构的关键元件，它的强度和可靠性直接影响着整个焊接结构的安全使用。对焊接接头的强度计算，实际上是对连接这些接头的焊缝进行工作应力的分析与计算，然后按不同准则建立强度条件，满足这些条件就被认为该焊接接头工作安全可靠。

一、工作焊缝和联系焊缝

焊接结构中的所有焊缝，根据传递载荷的方式和重要程度大致可分为两种，一种是工作焊缝，它与被连接材料是串联的，如图3-17a、b所示，工作焊缝承担着传递全部载荷的作用，焊缝上的应力为工作应力，一旦焊缝断裂，结构立即失效；另一种是联系焊缝，它与被连接材料是并联的，如图3-17c、d所示，联系焊缝仅传递很小的载荷，主要起构件之间相互联系作用，焊缝一旦断裂，结构不会立即失效，焊缝上的应力为联系应力。在设计

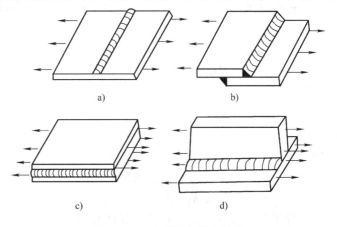

图 3-17　工作焊缝和联系焊缝

焊接结构时，必须计算工作焊缝的强度，不必计算联系焊缝的强度。对于既有工作应力又有联系应力的焊缝，则只计算工作应力而忽略联系应力。

二、焊接接头的组配

焊接接头通常有三种组配形式，即：

(1) 高组配　焊缝金属的强度高于母材金属的强度时称为高组配。高组配的焊接接头中，断裂多发生在母材金属上。

(2) 等强度组配　焊缝金属的强度等于母材金属的强度时称为等强度组配。等强度组配的焊接接头中，断裂可能发生在母材金属上，也可能发生在焊缝金属上。

(3) 低组配　焊缝金属的强度低于母材金属的强度时称为低组配。低组配的焊接接头中，断裂多发生在焊缝金属上。

三、焊接接头静载强度计算的基本假设

焊接接头在外力作用下其焊缝上的工作应力分布往往是不均匀的，特别是由角焊缝构成的T形接头和搭接接头等应力分布非常复杂，从理论上精确计算接头的强度十分困难，工程上往往采用近似计算的方法，即在一些假设的前提下进行计算。在静载条件下，为了计算方便，常做如下假设：

1) 残余应力对接头强度没有影响。

2) 由于几何不连续性而引起局部的应力集中（如焊趾处和余高过渡区）对接头强度没有影响。

3) 接头的工作应力是均匀分布的，以平均应力计算。

4) 正面角焊缝与侧面角焊缝的强度没有差别。

5) 焊脚尺寸的大小对角焊缝的强度没有影响。

6) 角焊缝都是在切应力的作用下破坏，按切应力计算强度。

7) 角焊缝的破断面（计算断面）在角焊缝截面的最小高度上，其值等于内接三角形的高 a（图3-3），a 称为计算高度。直角等腰角焊缝的计算高度为

$$a = \frac{K}{\sqrt{2}} \approx 0.7K$$

8) 余高和少量的熔深对接头的强度没有影响，当熔深较大时（如熔深较大的埋弧焊和 CO_2 气体保护焊）应予以考虑，如图 3-18 所示。角焊缝计算高度 a 为

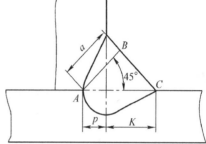

图 3-18 深熔焊的角焊缝

$$a = (K + p)\cos 45°$$

当 $K \leq 8mm$ 时，可取 $a = K$；当 $K > 8mm$ 时，可取 $p = 3mm$。

四、电弧焊焊接接头的静载强度计算

静载强度的计算方法从根本上说与材料力学中的计算方法是相同的，只是这里计算的对象是焊缝金属，目前仍然采用许用应力法。因此，强度计算时的许用应力值均为焊缝的许用应力。

电弧焊焊接接头静载强度计算的一般表达式为

$$\sigma \leq [\sigma'] \quad \text{或} \quad \tau \leq [\tau']$$

式中　σ、τ——平均工作应力；

$[\sigma']$、$[\tau']$——焊缝的许用应力。

1. 对接接头的静载强度计算

计算对接接头的强度时，由于不考虑余高，所以计算母材强度的公式完全可以使用。焊缝长度取实际有效长度，计算厚度取两板中较薄者，如果为异种钢焊接，则选用低强度材料的许用应力为计算依据。如果焊缝金属的许用应力与母材金属基本相同，则不必进行强度计算。

全部焊透的对接接头的承载情况如图3-19所示。图中 F 为接头所受的拉（或压）力，F_s 为剪切力，M_1 为板平面内弯矩，M_2 为垂直平面的弯矩。

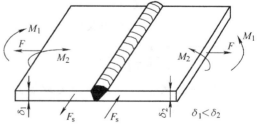

图 3-19 对接接头的承载情况

由焊缝强度计算假设和对接接头静载强度计算的基本方法，根据图3-19所示对接接头的承载情况可得

1) 受拉力 F
$$\sigma_t = \frac{F}{L\delta_1} \leq [\sigma'_t]$$

2) 受压力 F
$$\sigma_p = \frac{F}{L\delta_1} \leq [\sigma'_p]$$

3) 受剪切力 F_s
$$\tau = \frac{F_s}{L\delta_1} \leq [\tau']$$

4) 受板平面内弯矩 M_1
$$\sigma = \frac{6M_1}{\delta_1 L^2} \leq [\sigma'_t]$$

5) 受垂直平面的弯矩 M_2
$$\sigma = \frac{6M_2}{\delta_1^2 L} \leq [\sigma'_t]$$

式中 σ_t、σ_p、τ、σ——焊缝所承受的工作应力（MPa）；

F、F_s——接头所受的力（N）；

M_1、M_2——接头所受的弯矩（N·mm）；

L——焊缝长度（mm）；

δ_1——接头中较薄板的板厚（mm）；

$[\sigma'_t]$、$[\sigma'_p]$、$[\tau']$——焊缝的许用应力（MPa）。

2. 搭接接头的静载强度计算

各种搭接接头受拉、压的情况如图 3-20 所示。由于焊缝和受力方向相对位置的不同，可分为正面搭接受拉或受压、侧面搭接受拉或受压和联合搭接受拉或受压三种情况。

1) 正面搭接接头受拉或受压时：
$$\tau = \frac{F}{1.4KL} \leq [\tau']$$

2) 侧面搭接接头受拉或受压时：
$$\tau = \frac{F}{1.4KL} \leq [\tau']$$

3) 联合搭接接头受拉或受压时：
$$\tau = \frac{F}{0.7K\sum L} \leq [\tau']$$

式中 F——搭接接头所受的拉力或压力（N）；

K——焊脚尺寸（mm）；

L——焊缝长度（mm）；

$\sum L$——正、侧面焊缝总长度（mm）；

τ——搭接接头焊缝所承受的切应力（MPa）；

$[\tau']$——焊缝金属的许用切应力（MPa）。

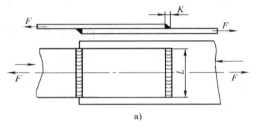
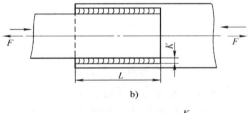
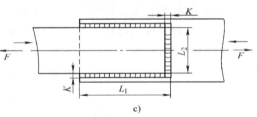

图 3-20 各种搭接接头的受力情况
a) 正面搭接接头受拉或压 b) 侧面搭接接头受拉或压 c) 联合搭接接头受拉或压

第四节 焊接结构疲劳

焊接结构在使用中除了结构强度不够时会产生失效外,疲劳断裂也是一种主要的失效形式。大量统计资料表明,工程结构失效约80%以上是由疲劳引起的,对于承受循环载荷的焊接构件,有90%以上的失效归咎于疲劳破坏。本节主要介绍焊接结构的疲劳破坏以及提高疲劳强度的主要措施。

一、疲劳的概念

金属材料在循环应力和应变作用下,在一处或几处产生局部永久性累积损伤,经一定循环次数后产生裂纹或突然发生完全断裂的过程称为疲劳。在承受重复载荷结构的应力集中部位,当构件所受的标称应力低于弹性极限时就有可能产生疲劳裂纹。由于疲劳裂纹发展的最后阶段——失稳扩展(断裂)是突然发生的,没有预兆,也没有明显的塑性变形,难以检测和预防,所以疲劳裂纹对结构的安全性具有严重的威胁。

疲劳强度是指材料经受无数次的应力循环(循环基数一般取10^7或更高一些)仍不断裂的最大应力,用来表示材料抵抗疲劳断裂的能力。结构由铆接连接发展到焊接连接后,对疲劳的敏感性和产生裂纹的危险性更大。焊接结构的疲劳往往是从焊接接头处产生的,因疲劳断裂而酿成的灾难性事故时有发生,如1954年英国彗星喷气式客机由于压力舱构件疲劳失效引起飞行失事,因此疲劳断裂现象引起了人们的广泛关注,并使疲劳研究上升到新的高度。

二、影响焊接结构疲劳强度的因素

影响母材疲劳强度的因素(如应力集中、表面状态、截面尺寸、加载情况等)同样对焊接结构的疲劳强度有影响,特别是应力集中的影响,不合理的接头形式和焊接缺陷(如未焊透、咬边等)是产生应力集中的主要原因。除此之外,焊接结构本身的一些特点,如接头性能的不均匀性、焊接残余应力等也可能对焊接结构的疲劳强度产生影响。

(一)应力集中的影响

焊接结构中,不同的接头形式有不同的应力集中,将对接头的疲劳强度产生不同程度的影响。

1. 焊缝表面机加工的影响

未经机加工的焊缝应力集中较大,对焊缝表面进行机加工以后,应力集中程度将大大降低,从而使对接接头的疲劳强度也相应提高。但有时机加工成本较高,因此只有真正有益和确实能加工到的地方,才适宜采用机加工,而在一般情况下没有必要采用。另外,对焊缝表面进行机加工或打磨,可以降低表面粗糙度值,从而提高疲劳强度,因为表面粗糙相当于存在很多微缺口,这些缺口的应力集中将导致疲劳强度下降。

2. 接头形式的影响

(1) 对接接头　与其他形式的接头相比,对接接头的疲劳强度最高,其原因是焊缝形状变化不大,应力集中系数最低。对接接头的疲劳强度主要取决于焊缝向基体金属过渡的形状。过大的余高和过大的基体金属与焊缝金属间的过渡角 θ 都会使接头的疲劳极限下降。过

渡角 θ 及过渡圆弧半径 R 对疲劳强度的影响如图 3-21 所示。

（2）T 形和十字接头　由于在焊缝向基体金属过渡处有明显的截面变化，T 形和十字接头的应力集中系数要比对接接头高，因此疲劳强度也低于对接接头。由 T 形和十字接头的疲劳极限的试验结果表明：提高 T 形和十字接头的疲劳强度的根本措施是开坡口焊接和加工焊缝过渡区呈圆滑过渡。

（3）搭接接头　图 3-22 为低碳钢搭接接头的疲劳试验结果比较。仅有侧面焊缝的搭接接头的疲劳强度最低，只达到母材的 34%（图 3-22a）。焊脚比例为 1:1 的正面焊缝的搭接接头（图 3-22b），其疲劳强度虽然比只有侧面焊缝的接头稍高一些，但仍然很低。正面焊缝焊脚比例为 1:2 的搭接接头，应力集中稍有降低，因而其疲劳强度有所提高，但效果不大（图 3-22c）。即使在焊缝向母材过渡区进行表面机械加工（图 3-22d），也不能显著提高接头的疲劳强度。只有当盖板的厚度比按强度条件所要求的增加 1 倍，焊脚比例为 1:3.8，并采用机械加工使焊缝向母材平滑地过渡（图 3-22e），才可达到与母材一样的疲劳强度，但这样的接头已经丧失了搭接接头简单易行的特点，成本太高，不宜采用。

值得注意的是，采用所谓"加强"盖板的对接接头是极不合理的，这是因为这种接头把原来疲劳强度较高的对接接头大大削弱了（图 3-22f）。

（二）焊接缺陷的影响

在焊接过程中，各种缺陷对接头疲劳强度影响的程度是不一样的。其影响程度与缺陷的种类、尺寸、方向和位置等有关。平面形状缺陷（如裂纹、未熔合、未焊透）比立体形状缺陷（如气孔、夹渣等）影响大；表面缺陷比内部缺陷影响大；与作用力方向垂直的平面形状缺陷的影响比不垂直方向的大；位于残余拉应力场内的缺陷比在残余压应力场内的缺陷影响大；位于应力集中区的缺陷（如焊趾裂纹和根部裂纹）比在均匀应力场中同样缺陷的影响大。

（三）焊接残余应力的影响

焊接残余应力对结构疲劳强度的影响是人们广泛关心的问题，对于这个问题人们进行了大量的试验研究工作。焊接残余应力的存

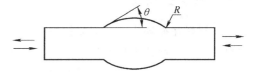

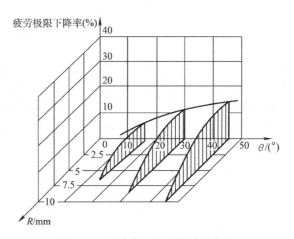

图 3-21　过渡角 θ 及过渡圆弧半径 R 对对接接头疲劳极限的影响

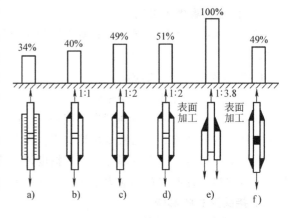

图 3-22　低碳钢搭接接头的疲劳极限对比

在，改变了平均应力 σ_{av} 的大小，而应力幅 σ_a 却不变。在残余拉应力区使平均应力增大，其工作应力有可能达到或超过疲劳极限而破坏，故对疲劳强度有不利影响。反之，残余压应力对提高疲劳强度是有利的。对于塑性材料，有可能使材料先屈服后才疲劳破坏，这时残余应力已不产生影响。

三、提高焊接结构疲劳强度的措施

由上述分析可知，应力集中是降低焊接接头和结构疲劳强度的主要原因，只有当焊接接头和结构的构造合理、焊接工艺完善、焊缝质量完好时，才能保证焊接接头和结构具有较高的疲劳强度。提高焊接结构的疲劳强度，一般可采取下列措施：

（一）降低应力集中

1. 采用合理的结构形式

合理的结构形式可以减小应力集中，提高疲劳强度，图 3-23 是几种设计方案的正误比较。一般设计时应注意几个方面：

1）优先选用对接接头，尽量不用搭接接头。凡是结构中承受交变载荷的构件，尽量采用对接接头或开坡口的 T 形接头，并且对接接头焊缝的余高应尽可能小，最好能削平而不留余高。搭接接头或不开坡口的 T 形接头，由于应力集中较为严重，应力求避免采用。

图 3-24 是采用复合结构把角焊缝改为对接焊缝的实例。

2）尽量避免偏心受载的设计，使构件内力力流线传递流畅，分布均匀，不引起附加应力。

3）减小断面突变。当板厚或板宽相差悬殊而必须对接时，过渡区应平缓。结构上的尖角或拐角处应设计成圆弧状，其曲率半径越大越好。

4）避免三向焊缝空间汇交，焊缝尽量不设置在应力集中区。

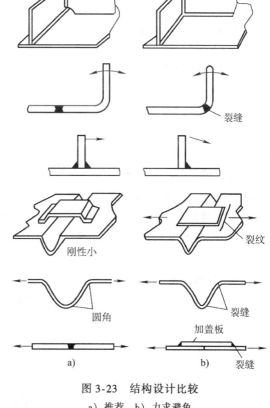

图 3-23 结构设计比较
a）推荐 b）力求避免

5）只能单面施焊的对接焊缝，在重要结构上不允许在背面放置永久性垫板。避免采用断续焊缝，因为每段焊缝的始末端有较高的集中应力。

2. 采取妥善的工艺措施

1）虽然对接焊缝一般具有较高的疲劳强度，但如果焊缝质量不高，其中存在严重的缺陷，则疲劳强度将下降很多，甚至低于搭接接头，这是应当引起注意的。因此应尽可能消除各种焊接缺陷，特别是平面形状缺陷，如对疲劳强度影响最大的裂纹、未熔合、未焊透等。

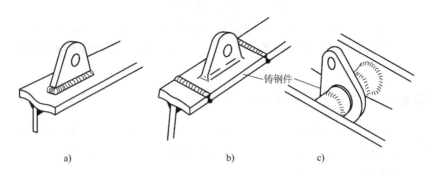

图 3-24　结构中采用铸钢件，改角焊缝为对接焊缝的实例
a）角焊缝连接　b）、c）改用对接焊缝连接

2）当采用角焊缝时，需采取综合措施，如机械加工焊缝端部、合理选择角接板形状、焊缝根部保证熔透等，提高接头的疲劳强度。采取这些措施可以降低应力集中，并消除残余应力的不利影响。试验证明，采用综合处理后，低碳钢接头处的疲劳强度可提高 3~13 倍，对低碳合金钢的效果更加显著。

3）用表面机械加工的方法消除焊缝及其附近的各种缺口和刻槽，可以大大降低构件中的应力集中程度。需要指出的是，这种方式成本高，只有在真正有益和便于加工的地方，才适合采用。对于带有严重缺陷和不用封底焊的焊缝，其缺陷处或焊缝根部的应力集中要比焊缝表面的应力集中严重得多，所以在这种情况下，焊缝表面的机械加工将变得毫无意义。

此外，可采用电弧整形的方法来代替机械加工，使焊缝与母材之间平滑过渡。这种方法常采用钨极氩弧焊在焊接接头的过渡区重熔一次，使焊缝与母材之间平滑过渡，同时还可减少该部位的微小非金属夹杂物，从而提高接头的疲劳强度。

4）对于某些结构，可以通过开缓和槽使力流线绕开焊缝的应力集中处的方法来提高接头的疲劳强度。

（二）调整残余应力

消除接头应力集中处的残余拉应力，或使该处产生残余压应力，都可以提高接头的疲劳强度。

1. 整体处理

即焊后做去应力热处理。需要指出的是，实践证明，采用整体退火热处理不一定都能提高构件的疲劳强度，在某些情况下反而使构件的疲劳强度降低。

超载预拉伸方法可降低残余拉应力，甚至在某些条件下可在缺口尖端处产生残余压应力。因此，它往往可以提高接头的疲劳强度，如压力容器做水压试验时，能起到预超载拉伸作用。

2. 局部处理

采用局部加热或挤压可以调节焊接残余应力场，在应力集中处产生残余压应力。例如，在生产实践中通过调整施焊顺序、局部加热等都有可能获得有利于提高疲劳强度的残余应力场。图 3-25 所示的工字梁对接，对接焊缝 1 受弯曲拉应力最大且与之相垂直。若开始在接头两端预留一段角焊缝 3 不焊，先焊焊缝 1，再焊腹板对接焊缝 2，焊缝 2 的收缩使焊缝 1 产生残余压应力。最后焊预留的角焊缝 3，它的收缩同样使焊缝 1 和焊缝 2 都产生残余压应力。试验证明,这种焊接顺序比先焊焊缝 2 后焊焊缝 1 可提高疲劳强度 30%。图 3-26 为用纵向焊缝连接节点板,纵向焊缝端部缺口处容易形成应力集中点,采取点状局部加热,只要选取适当的加热位置,就能形成一个残余应力场,使缺口处获得有利的残余压应力。

(三) 表面强化处理,改善材料性能

表面强化处理可采用小轮挤压和用锤轻打焊缝表面及过渡区,或用小钢丸喷射(即喷丸处理)焊缝区等。经过表面强化处理后,不但可形成有利的表面压应力,而且能使材料局部加工硬化,从而提高接头的疲劳强度。

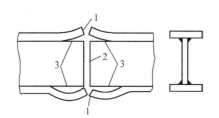

图 3-25 工字梁对接焊的顺序

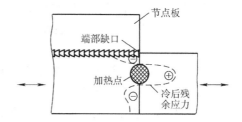

图 3-26 节点板局部加热的残余应力

此外,生产中尽量控制各种焊接缺陷的数量、尺寸和形状,能有效地提高疲劳强度。大气及介质侵蚀往往对材料的疲劳强度有影响,因此采用一定的保护涂层是有利的,例如在应力集中处涂上加填料的塑料层。

第五节 焊接结构的失效

自从焊接结构广泛应用以来,脆性断裂(简称脆断)、疲劳、应力腐蚀等造成的焊接结构的失效常常给人类带来灾难性的危害和巨大的损失,已经引起人们的高度重视。疲劳破坏在前面已经讲述过,本节主要介绍脆断、应力腐蚀断裂产生的原因及防止措施。

一、焊接结构的脆断

(一) 焊接结构脆断的基本现象和特征

通过大量的焊接结构脆断事故分析,发现焊接结构脆断有下述一些现象和特征:
1) 通常在较低温度下发生,故称为低温脆断。
2) 结构在破坏时的应力远远小于结构设计的许用应力,故又称为低应力脆性破坏。
3) 破坏总是从焊接缺陷处或几何形状突变、应力和应变集中处开始的。
4) 断裂一般都在没有显著塑性变形的情况下发生,具有突然破坏的性质。
5) 破坏一经发生,瞬时就能扩展到结构的大部或全体,因此脆断不易发现和预防。

(二) 焊接结构脆断的原因

对各种焊接结构脆断事故进行分析和研究表明,焊接结构发生脆断是材料(包括母材和焊材)、结构设计及制造工艺三方面因素综合作用的结果。

1. 影响金属材料脆断的主要因素

同一种材料在不同条件下可以显示出不同的破坏形式。研究表明,最重要的影响因素是温度、应力状态和加载速度。这就是说,在一定温度、应力状态和加载速度下,材料呈延性破坏,而在另外的温度、应力状态和加载速度下材料又可能呈脆性破坏。下面将讨论这些因

素的影响。

（1）应力状态的影响　实验证明，许多材料处于单向或双向拉应力状态时，呈现塑性；当材料处于三向拉应力状态时，不易发生塑性断裂而呈现脆性。在实际结构中，三向应力可能由三向载荷产生，但更多的情况下是由于结构的几何不连续性引起的。裂纹尖端或结构上其他应力集中点和焊接残余应力容易出现三向应力状态。

（2）温度的影响　金属的脆断在很大程度上取决于温度。一般而言，金属在高温时具有良好的变形能力，当温度降低时，其变形能力就减小。金属这种低温脆化的性质称为"低温脆性"。将一组开有同样缺口的试样在不同温度下进行试验，随着温度降低，它们的破坏方式从塑性破坏变为脆性破坏。材料从塑性向脆性断裂转变的温度称为韧-脆转变温度，又称临界温度。

（3）加载速度的影响　随着加载速度的增加，材料的屈服点提高，因而促使材料向脆性转变，其作用相当于降低温度。

（4）材料状态的影响　前述三个因素均属于引起材料脆断的外因，材料本身的状态对其韧-脆性的转变也有重要影响。

1）厚度的影响。厚度对脆断的不利影响可由两种因素决定。其一，厚板在缺口处容易形成三向拉应力，沿厚度方向的收缩和变形受到较大的限制而形成平面应变状态，如前所述，平面应变状态的三向应力使材料变脆；其二，厚板相对于薄板受轧制次数少，终轧温度较高，组织疏松，内外层均匀性较差，因而抗脆断能力较低，不像薄板生产时压延量大，终轧温度低，组织细密而具有较高的抗脆断能力。

2）晶粒度的影响。对于低碳钢和低合金钢，晶粒度对钢的韧-脆转变温度有很大影响。晶粒度越小，转变温度越低，越不容易发生脆断。

3）化学成分的影响。钢中的碳、氮、氧、氢、硫、磷等元素增加钢的脆性，另一些元素如锰、镍、铬、钒等，如果加入量适当，则有助于减小钢的脆性。

4）显微组织的影响。一般情况，在给定的强度水平下，钢的韧-脆转变温度由它的显微组织来决定。例如钢中存在的主要显微组织的组成物中铁素体具有最高的韧-脆转变温度，随后是珠光体、上贝氏体、下贝氏体和回火马氏体，每种组成物的转变温度又随组成物形成时的温度以及在需经回火时的回火温度发生变化。

2. 影响结构脆断的设计因素

焊接结构脆性断裂事故的发生，除了由于选材不当之外，结构的设计和制造不合理也是重要原因。在设计上，焊接结构的固有特点及某些不合理的设计都可能引起脆断，现分述如下。

（1）焊接结构是刚性连接　焊接为刚性连接，连接构件不能产生相对位移，结构一旦开裂，裂纹很容易从一个构件穿越焊缝传播到另一构件，进而扩展到结构整体，造成整体断裂。铆钉连接和螺栓联接由于接头处采用搭接，有一定相对位移的可能性，而使其刚度相对降低，万一有一构件开裂，裂纹扩展到接头处因不能跨越而自动停止，不会导致整体结构的断裂。如美国"自由轮"所发生的破坏事故，以往这种船舶采用铆接结构，虽然应力集中很大，但未发生过脆性破坏事故。而采用焊接结构后，却发生了脆性破坏事故。经深入研究发现，除了材料选用不当外，船体设计不当也是重要原因。图3-27a为"自由轮"甲板舱口部位的最初设计，图3-27b为改进后的结构形式。从图中可以看出，把拐角处的尖角改为圆滑过渡，应力集中得到缓和。拉力试验表明，改进后的结构不仅承载能力得到提高，而且抗脆断能力大大提高，几乎提高了 25 倍。

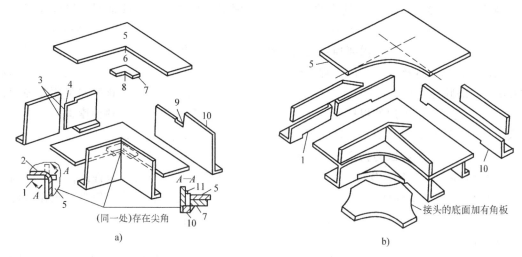

图 3-27 "自由轮"甲板舱口设计对比
a) 最初设计　b) 改进后设计
1—纵桁材　2—角焊缝　3—双角焊缝 T 形接头　4—缺口 1　5—甲板　6—缺口 2
7—叠板　8—缺口 3　9—缺口 4　10—舱口端梁　11—舱板的焊缝

(2) 焊接结构具有整体性　这一特点为设计合理的结构提供了广泛的可能性，因而是焊接结构的优点之一，但是如果设计不当，反而增加结构脆断的危险性。如采用应力集中程度较大的搭接接头、T 形接头或角接接头，端面突变处不做过渡处理，造成三向拉应力状态；在高工作应力区布置焊缝等。

3. 影响结构脆断的工艺因素

在焊接结构脆性破坏事故中，裂纹起源于焊接接头的情况是很多的，因此在制造时有必要对焊接接头部位给予充分的注意。

(1) 两类应变时效引起的局部脆性　钢材随时间发生脆化的现象称为时效。钢材经一定塑性变形后发生的时效称为应变时效。焊接生产过程中一般包括切割、冷热成形（剪切、弯曲、矫正等）、焊接等工序，其中一些工序可能提高材料的韧-脆转变温度，使材料变脆。例如钢材经过剪切、冷作矫形、弯曲等工序产生了一定的塑性变形后，经 160~450℃ 温度范围的加热而引起应变时效，使钢材变脆。另一类应变时效是，在焊接时，近缝区的金属，尤其是在近缝区上尖锐刻槽附近或多层焊道中已焊完焊道中的缺陷附近的金属，受到热循环和热塑变循环（150~450℃）的作用，产生焊接应力—应变集中，进而产生较大的塑性变形，也会引起应变时效，这种时效称为热应变时效或动应变时效。

焊后热处理（550~650℃）可消除两类应变时效对低碳钢和一些合金结构钢的影响，可恢复其韧性。因此对于应变时效敏感的钢材，焊后热处理既可以消除焊接残余应力，也可以消除应变时效的脆化影响，对防止结构脆断有利。

(2) 焊接接头金相组织改变对脆性的影响　焊接过程是一个不均匀的加热过程，在快速加热和冷却条件下，焊缝和热影响区发生了一系列金相组织的变化，因而相应地改变了接头部位的缺口韧性。热影响区的显微组织主要取决于母材的原始显微组织、材料的化学成分、焊接方法和焊接热输入。当焊接方法和钢种选定后，则主要取决于焊接热输入。因此，合理地选择焊接热输入是十分重要的，对于高强度钢更是如此。实践证明，焊接高强度钢时，过小的焊接热输入易造成淬硬组织并易产生裂纹，过大的焊接热输入又易造成晶粒粗大和脆化，降低其韧性。通常需要通过工艺试验，确定最佳的焊接热输入。可以采用多层焊，以适当的焊接参数焊接，从而减小焊接热输入，能够获得满意的韧性。如日本德山球形容器（2226m^3）的脆性断裂事故就是由于采用了过大的焊接热输入造成的。该容器采用高强度钢焊接，按工艺规定应采用的焊接热输入为48kJ/cm，但在冬季施工，预热温度偏高，焊接热输入也偏大。事故分析表明，脆性断裂起源点的焊接热输入为80kJ/cm，明显超过规定的热输入，使焊缝和热影响区的韧性显著降低。

（3）焊接残余应力的影响　焊接残余应力对结构脆断的影响是有条件的，当工作温度高于材料的韧-脆转变温度时，拉伸残余应力对结构的强度无不利影响；但是当工作温度低于韧-脆转变温度时，拉伸残余应力则有不利影响，它与工作应力叠加后可以形成结构的低应力脆性破坏。

（4）焊接缺陷的影响　在焊接接头中，焊缝和热影响区是最容易产生各种缺陷的地方。据美国在第二次世界大战中对船舶脆断事故的调查表明，40%的脆断事故是从焊缝缺陷处开始的。焊接缺陷如裂纹、未熔合、未焊透、夹渣、咬边等，都可以成为脆断的发源地。我国吉林某液化石油气厂的球罐破坏事故表明，断裂的发源地就是有潜在裂纹的焊缝焊趾部位，裂纹在使用中进一步扩展而导致脆断。

焊接缺陷均是应力集中部位，尤其是裂纹，裂纹尖端应力应变集中严重，最易导致脆性断裂。裂纹的影响程度不但与尺寸、形状有关，而且与其所在的位置有关。若裂纹位于高值拉应力区，就更容易引起低应力破坏。若在结构的应力集中区（如压力容器的接管处、钢结构节点上等）产生缺陷就更加危险，因此最好将焊缝布置在应力集中区以外。

（三）防止焊接结构脆性断裂的措施

综上所述，造成结构脆性断裂的主要因素是：材料在工作条件下韧性不足，结构上存在严重应力集中（包括设计和工艺上的）和过大的拉应力（包括工作应力、残余应力和温度应力等）。若能有效地减少或控制其中某一因素，则发生脆断的可能性将显著减小。通常从选材、设计和制造三方面采取措施来防止结构的脆性断裂。

1. 正确地选用材料

选择材料的基本原则是既要保证结构的安全性，又要考虑经济效益。一般而言，应使所选钢材和焊接填充金属材料保证在工作温度下具有合格的缺口韧性。选材时应注意以下几点：

1）在结构工作条件下，焊缝、熔合区和热影响区部位应具有足够的抗开裂性能，母材应具有一定的止裂性能。也就是说，不能让接头首先开裂，万一开裂，母材应能够制止裂纹的传播。

2）钢材的强度和韧度要兼顾，不能片面追求强度指标。

3）充分了解结构的工作条件（如最低气温和气温变化以及载荷条件等）。

2. 采用合理的结构设计

为减少和防止脆断，焊接结构设计必须遵守以下几项原则：

（1）尽量减少结构和接头的应力集中　注意以下几点：①在结构中一些截面需要改变的地方，必须设计成平滑过渡，不允许有突变和尖角，如图3-28所示。②在设计中应尽量采用应力集中系数小的对接接头，搭接接头由于应力集中系数大，应尽量避免，如图3-29所示。③不同厚度的构件对接时，应尽可能采用圆滑过渡，如图3-30所示，其中以图3-30b为最好，它的焊缝部位应力集中程度最小。④焊缝应布置在便于施焊和检验的部位，以减少焊接缺陷，如图3-31所示。⑤避免焊缝密集和采用十字交叉焊缝，相邻焊缝应保持一定的距离。

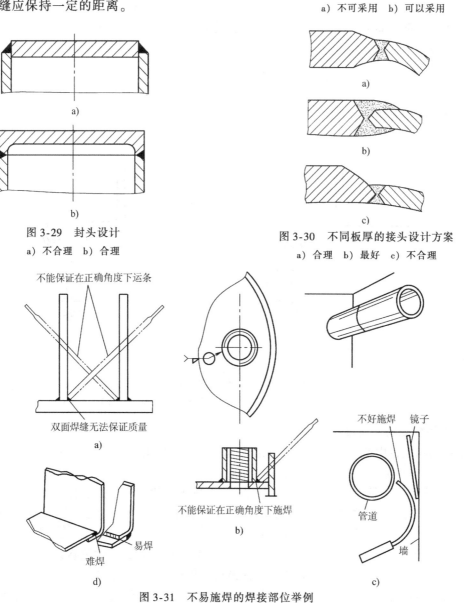

图3-28　尖角过渡和平滑过渡的接头
a）不可采用　b）可以采用

图3-29　封头设计
a）不合理　b）合理

图3-30　不同板厚的接头设计方案
a）合理　b）最好　c）不合理

图3-31　不易施焊的焊接部位举例

（2）尽量减少结构的刚度　在满足结构的使用条件下，应当尽量减少结构的刚度，以降低应力集中和附加应力的影响。如在压力容器的焊接接管中，为减少焊接部位的刚度，可采用开"缓和槽"的方法使其拘束度降低，如图3-32所示。

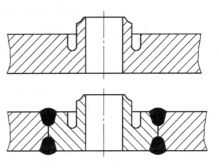

图3-32　容器开缓和槽举例

（3）不采用过厚的截面　厚截面结构增大了结构的刚度，同时容易形成三向拉应力状态，限制了塑性变形，从而降低断裂韧度并提高脆性转变温度，增加脆断危险。此外，厚板轧制程度小，冶金质量不如薄板。

（4）对附件或不受力焊缝的设计，应和主要受力焊缝一样给予足够重视　脆性裂纹一旦从这些不受重视部位产生，就会扩展到主要受力的构件中，使结构破坏。例如有一艘油船的破坏，裂纹就是由焊到甲板上的小托架处开始的。因此，对于一些次要的附件也要仔细考虑，精心设计，不得在受力构件上随意加焊附件。例如，图3-33a所示的支架被焊接到受力构件上，焊缝质量难以保证，极易产生裂纹。图3-33b所示方案采用卡箍，避免了上述缺点，有利于防止脆性断裂。

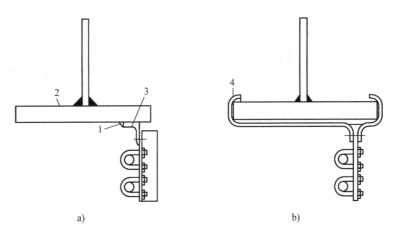

图3-33　附加元件的安装方案
a）能引起裂纹的结构　b）推荐结构
1—次要焊缝（短的不连续角焊缝）　2—受拉伸的梁盖板　3—支架　4—卡箍

3. 全面控制制造质量

焊接结构制造中留下的严重缺陷是结构脆断的主要根源之一，因此应精心制造，注意以下问题：

1）提高生产质量，严格执行制造工艺规程，按规定的工艺参数进行焊接。在保证焊透的前提下，尽可能减小焊接热输入，禁止使用过大的焊接热输入，因为焊缝金属和热影响区过热会降低冲击韧度，焊接高强度钢时更应该注意。

2）充分考虑应变时效引起局部脆性的不良影响。对于应变时效敏感的材料，不应造成过大的塑性变形量，并在加热温度上予以注意或采用热处理消除影响。

3）减小或消除焊接残余应力。焊后热处理不仅可以消除焊接残余应力，而且还可以消除两类应变时效的不良影响。

4）保证焊接质量，加强生产管理，不能随意在构件上定位焊或引弧，因为任何弧坑都是微裂纹源，在制造中应将可能产生的缺陷减少到最低程度。

此外，在生产中要减少造成应力集中的几何不连续性，如角变形和错边，还要采取措施防止焊接缺陷，如裂纹、未焊透、咬边等。在制造过程中还要加强质量检查，采用多种无损检测手段及时发现缺陷，对超标的裂纹类缺陷应及时返修；但对有气孔、夹渣类内部缺陷的焊件的返修处理应格外慎重，以免因修复而引起新的问题。

二、焊接结构的应力腐蚀破坏

(一) 应力腐蚀破坏概述

1. 应力腐蚀破坏的概念

应力腐蚀破坏（SCC，Stress Corrosion Cracking）指材料或结构在腐蚀介质和拉应力共同作用下引起的断裂。应力腐蚀破坏是一个自发的过程，只要把金属材料置于特定的腐蚀介质中，同时承受一定的应力，就可能产生应力腐蚀破坏。它往往在远低于材料屈服强度的条件下和即使很微弱的腐蚀环境中以裂纹的形式出现，是一种低应力下的脆性破坏，危害性极大。特定的金属材料、特定的介质环境及足够的应力是产生应力腐蚀破坏的三大条件，现分述如下：

（1）有拉应力存在　拉应力可以是外加载荷引起的，也可以是残余应力，如焊接残余应力。在发生应力腐蚀时，拉应力一般都很低，如果没有腐蚀介质的共同作用，该构件可以在该应力水平下长期工作而不断裂。

（2）总是存在腐蚀介质　腐蚀介质一般都很弱，如果没有拉应力同时作用，材料或构件的腐蚀速度一般很慢。

（3）合金材料　一般只有合金才会产生应力腐蚀，纯金属不会发生这种现象，合金也只有在拉应力与腐蚀介质的共同作用下才会发生应力腐蚀。

2. 焊接结构应力腐蚀破坏的特点

（1）焊接结构应力腐蚀破坏的原因　由于焊接过程中焊件受热不均匀等因素，使得焊接结构存在残余应力，其拉伸残余应力与腐蚀介质共同作用，就有可能导致焊接结构的应力腐蚀破坏。

焊接残余应力引起的结构应力腐蚀破坏事故占绝大部分，可达80%左右，并且主要集中在焊缝附近，特别是热影响区；其次，弧坑、引弧及电弧擦伤等部位都会诱发应力腐蚀破坏。另外，焊接缺陷、未经消除应力处理的修补及现场组焊都有可能导致应力腐蚀破坏。

（2）焊接结构的应力腐蚀破坏事例　应力腐蚀是一种灾难性的腐蚀，会导致事先不易察觉的脆性断裂，它使焊接结构等突然破坏，会引起多种不幸事故，如爆炸、火灾及环境污染等。据统计，英、美原子能容器及系统配管破坏事故1/3以上是由应力腐蚀引起的。德国一家化工厂在1968—1972年间，应力腐蚀破坏超过全部腐蚀破坏事故的1/4。在1962年12月，美国西弗吉尼亚州和俄亥俄州的一座桥梁突然断裂，正在过桥的车辆连同行人坠入河中，死亡46人。事后专家调查发现，钢梁因应力腐蚀和腐蚀疲劳的共同作用产生裂纹而断裂，据认为，引起应力腐蚀的环境是大气中含有微量的SO_2或H_2S。

(二) 防止焊接结构产生应力腐蚀破坏的措施

从上述事故可以看出，应力腐蚀破坏是危害最大的腐蚀形态之一，不仅造成经济上的重大损失，还经常引发灾难性事故，因此，应力腐蚀破坏应引起高度重视，有必要采取防护措施，尽量避免和消除应力腐蚀破坏。具体措施分析如下：

1. 正确选材

由于引起应力腐蚀的腐蚀介质破坏随着材料的种类不同而不同，因此应针对特定腐蚀环境选择合适的金属材料。选材时应尽量选用耐应力腐蚀性好、价格适宜的金属与介质的组合。

2. 合理的结构设计

合理的结构设计有利于减小应力腐蚀破坏，设计时应考虑以下问题：

1) 在设计时应尽量避免和减小局部应力集中，尽可能使截面平滑过渡，应力分布均匀。图3-34为结构上的改进示例。

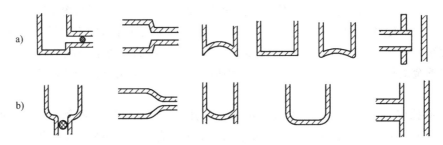

图3-34 结构上的改进示例
a) 改进前 b) 改进后

2) 设计槽及容器等时，在施焊部位焊接时应采用连续焊而不用断续焊，以避免产生缝隙，同时施焊部位应易于清洗和便于液体排放干净，如槽底与排液口应有坡度。

3) 尽量采用同类材料，避免不同金属接触以防止电偶腐蚀；必须采用不同金属材料时，应保证它们之间保持绝缘。

4) 操作中应避免局部过热点，设计时应保证有均匀的温度梯度。因为温度不均匀会引起局部过热和高腐蚀速率，过热点产生的应力会引起应力腐蚀破坏。

3. 消除或调节焊接残余应力

1) 采用合理的施焊工艺减小焊接残余应力，并在加工过程中避免由于装配不当等所造成的局部应力。

2) 采用焊后热处理减小或消除焊接残余应力。对于一般的焊接钢结构，可采用消除应力退火处理。

3) 通过调节残余应力场使构件表面产生压应力。如果热处理消除残余应力实行起来有困难，可以采用水冷法焊接或在接头表面上进行喷丸、滚压、锤击等处理，使与介质接触的金属表面产生压应力，以减小或消除应力腐蚀破坏。

4. 控制电位（阴极和阳极保护）

使金属在介质中的电位远离应力腐蚀断裂的敏感电位区域，从而形成电化学保护。

此外，其他的措施如使用镀层或涂层来隔离环境、加缓蚀剂以及改变介质条件等，都可以减小或消除材料对应力腐蚀断裂的敏感性。

思 考 题

1. 分析判断下列各组焊接接头哪一个合理（图3-35），并说明原因。

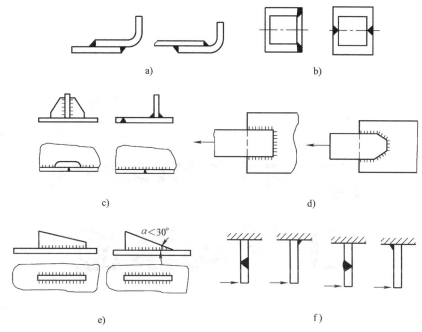

图 3-35　各组接头合理性比较

2. 图 3-36 所示是一个焊接框架角部设计的改善方案，目的是为了增强一个设计不好的底盘框架的"垂直角"部位（即图 3-36a 中的 A 点）。图 3-36b 所示方案是把一块三角形加强板对焊到这个角上；图 3-36c 所示方案是将两翼缘之间的垂直连接改用曲线过渡板。试说明采用这两种改善方案的理由。

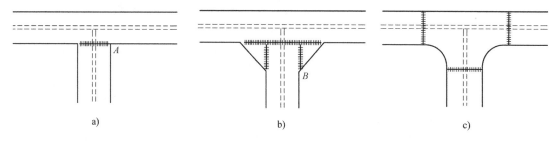

图 3-36　焊接框架角部设计的改善

3. 在生产实践中，有时在大型焊接结构中还保留着少量的铆接接头，例如，在船舶设计中，甲板与船舷的连接就采用了铆接结构，试说明其理由。

4. 在焊接结构设计中，有时尽量把T形接头或搭接接头转换成对接接头，试说明其理由。

5. 试分析比较疲劳破坏和脆性断裂破坏各自的特点，各自的预防措施有哪些？

第二篇
焊接结构制造工艺与实施

第四章

焊接结构工艺概述

钢结构焊接制造工艺工作从焊接生产的准备工作开始，它包括结构的工艺性审查、工艺方案和工艺规程设计、工艺评定、编制工艺文件（含定额编制）和质量保证文件、定购原材料和辅助材料、外购和自行设计制造装配—焊接设备和装备。结构的生产过程是从材料入库开始，包括材料复验入库、备料加工、装配—焊接、焊后热处理、质量检验、成品验收等。

第一节 焊接结构制造工艺工作的内容

焊接制造工艺过程设计是焊接生产的核心。一方面，工艺过程设计贯穿于焊接生产设计的始终，如在可行性报告中，提出生产技术方案，制订相应的工艺原则；在初步设计阶段，拟定生产工艺过程、编制工艺文件；在施工图设计阶段，则要彻底解决全部生产工艺技术问题，以达到生产要求。另一方面，工艺过程设计又决定了车间设计和非标准工艺装备设计的水平和要求，是进行后者设计的依据。工艺过程设计的好坏直接影响产品的质量，决定着焊接生产设计的综合技术经济指标。

一、焊接生产工艺过程的内容

总的说来，工艺过程就是根据生产任务的性质（生产纲领所决定）、产品的图样及技术条件、工厂的条件，运用现代焊接技术及相应的金属材料加工和保护技术、无损检测技术等，拟定产品的全部生产工艺，解决全部生产技术问题。这些问题包括：

1) 将产品分解成总成、部件、组件、零件，对图样进行工艺性审查，确定其加工方法、各工艺参数及相应的工艺措施（含焊接工艺评定、焊接工艺规程和焊工资格考试）。

2) 确定生产产品的合理生产过程，包括各工艺工序（次序）的工艺文件准备。

3) 决定每一道加工工序所需使用的设备、装备的规格型号。对于非标准设备，则相应地提出其结构原理。

4) 拟定生产流程的起重运输方式并选定相应设备。

5) 计算产品的工时定额，金属材料、辅助材料、填充材料的消耗，从而决定各工艺工序所需工人数量及等级、动力消耗等，这也是进行车间设计的重要依据。

二、焊接结构的工艺性审查

(一) 焊接结构工艺性审查的目的

焊接结构的工艺性是指设计的焊接结构能否在目前具有的生产力水平下或者具体的生产

条件下生产出来，并分析所采用的最有效工艺方法的可行性。焊接结构的工艺性是关系一个产品生产、质量、成本的关键问题，一个结构工艺性的好坏，是这个结构设计合理性的重要标志之一。在工艺工作的第一步，必须对所有新设计的产品和改进设计的产品以及外来产品图样进行结构工艺性审查。

焊接结构的工艺性审查是一个复杂的工作过程，在审查过程中应实事求是，多分析比较，以便确定最佳的方案，最后使焊接结构生产既保证焊接接头的强度，又便于装配—焊接，使得生产过程既保证质量，又快速、高效、低成本。

焊接结构的工艺性审查的目的是保证结构设计的合理性、工艺的可行性、使用的可靠性和经济性。通过工艺性审查可以及时调整和解决工艺方面的问题，加快工艺规程编制速度，缩短新产品的生产准备周期，减小或避免在生产过程中发生重大技术问题。此外，通过工艺性审查，还可以提前发现新产品关键零件或加工工序所需的设备和工装，以便提前设计和订制。

（二）焊接结构工艺性审查的步骤

1. 产品结构图样审查

制造焊接结构的图样是工程的语言，它主要包括新产品设计图样、继承性设计图样和按照实物测绘的图样等。

对图样的基本要求：绘制的焊接结构图样应符合国家机械制图标准中的有关规定。图样应当齐全，除焊接结构的装配图外，还应有必要的部件图和零件图。由于焊接结构一般都比较大，结构复杂，所以图样应选用适当的比例，也可在同一图中采用不同的比例绘出。当产品结构较简单时，可在装配图上直接把零件的尺寸标注出来。根据产品的使用性能和制作工艺需要，在图样上应注明齐全合理的技术要求，若在图样上不能用图形、符号明确表示时，应有相应的文字说明。

2. 产品结构技术要求审查

焊接结构技术要求包括使用要求和工艺要求。使用要求一般是指结构的强度、刚度、耐久性（抗疲劳、耐蚀、耐磨和抗蠕变等），以及在工作环境条件下焊接结构的几何尺寸、力学性能、物理性能等。而工艺要求则是指组成产品结构材料的焊接性及结构的合理性、生产的经济性和方便性。

为了满足焊接结构的技术要求，首先要分析产品的结构，了解焊接结构的工作性质及工作环境，然后对焊接结构的技术要求以及所执行的技术标准进行熟悉、消化和了解，并结合具体的生产条件来考虑整个生产工艺能否适应焊接结构的技术要求，提出合理的修改方案，改进生产工艺，使产品达到规定的技术要求。

（三）焊接结构工艺性审查的内容

对于具体的焊接结构，企业的设计部门和焊接工艺部门各有工作的重点及相应的责任分工。对于焊接工艺人员来说，对结构进行工艺性审查应着重于：材料的选用（材料的工作性能、加工性能和经济性等）；接头形式、焊缝标注；接口尺寸及公差、表面粗糙度、加工余量、装配基准的选择；施焊的可达性、焊缝质量检验的可达性；设备能力的胜任程度；检测方法及引用标准；技术要求的表达方式及其合理性；焊缝布置的合理性等。归纳起来一般有以下几点：

1）材料的选择和利用。

2）结构形式的合理性。其强度、刚度和稳定性及结构整体主要由设计部门负责，工艺上的审查要着重于细部，例如倒角、防层状撕裂、断面变化等。

3）焊缝布置的合理性，如控制应力变形的方法，应尽可能简单，以利于焊接机械化和自动化。

4）在保证结构性能的条件下，尽可能减少焊接工作量。

5）施焊及检验方便，即可达性等。

6）综合考虑起重运输条件、焊接变形控制、焊后热处理及机加工、质量检验和总装配、生产组织与管理等。

三、焊接生产工艺过程的设计与步骤

（一）准备工作

首先要研究将要生产的产品清单。清单中按产品结构分成若干类、组并注明产品的生产量，这就是生产纲领。如前所述，生产纲领决定了生产的性质，而它又是决定生产工艺技术水平的重要依据。

其次要研究本产品的图样和技术条件，了解产品的结构特点，设计原则及依据，制造时的难点，能否用更好的设计对其加以改进等，特别要注意产品各部分之间的连接、各接头的设计及其重要程度。研究产品技术条件还应包括产品的成品检验及各工艺工步的检验、成品验收的技术条件。

（二）产品的工艺过程分析

在上述准备工作的基础上，可以对产品的制造工艺过程进行分析和计划，并制订出工艺原则。对一个设计可能提出几个方案，都列出其利弊，以供主管部门选择和批复。

在进行工艺分析时，首先要注意待制造产品的结构和技术要求、工艺上的特点，参考类似产品（包括国外的）的生产工艺，依据进行工艺设计的工厂的具体条件（现有生产设备、厂房条件、工人技术水平等）初步确定加工工艺和相应的技术水平，同时对重要的零部件和关键工艺、工序进行深入分析和比较，从保证焊接产品的质量、满足其技术条件要求、降低劳动量和成本等方面出发（对采用现代化、机械化和自动化的先进工艺的可能性进行分析），提出几个方案，最后，经过选择确定一个最优方案。

（三）制订工艺过程

在所确定的最优工艺方案基础上，按现代科学技术成就的水准解决产品制造中的全部技术问题（加工方法、工艺规范及相应的工艺措施）和确定装配和焊接对象所经历的工作位置的合理顺序（生产路线）。焊接生产过程包括各种制造工艺、检验工序和起重运输等工序。装配—焊接车间（金属结构车间或焊接结构车间）产品制造工艺过程往往包括不同的两个过程：一为零件加工制造，一为零件、部件及产品的装配和焊接。如前所述，对产品制造起主导和决定性作用的是装配—焊接过程，前一过程服务（或服从）于后一过程，提供达到质量和数量要求的零件毛坯。

在编制工艺过程时，总是经历由初步的（粗略的）工艺过程到详细的（最终的）工艺过程。在现有工厂进行新产品工艺过程编制时，总是在工艺方案基础上，初步地制订工艺过程，包括：

1）按产品图样及技术要求将产品分解为总成、部件、组件和零件，并确定其加工

次序。

2）确定各零件、组件、部件和总成的合理连续加工方法，包括零件的准备及装配—焊接工艺、检验方法等，以及零件工艺工序上的要求，还要进一步拟定达到这些要求的工艺措施。

3）进行必要的经济活动分析和成本的初步核算。

4）选择装配—焊接、下料及机加工所用设备、机床和装备的规格型号。

在编制过程中，需要提供工艺技术路线图和生产过程综合（一览）表。图 4-1 为不锈钢尿素合成塔结构图，图 4-2 所示为尿素合成塔的不锈钢内套筒及外套筒的工艺路线图。工艺路线图主要表示零件、组件、部件和结构的装配—焊接次序，有的还注明零件加工工艺次序。工艺过程一览表（参见工艺文件）则记载了加工工艺的简要说明，包括组成的零件名称、材料、重量、工人、设备及装备，以及劳动量和消耗定额。

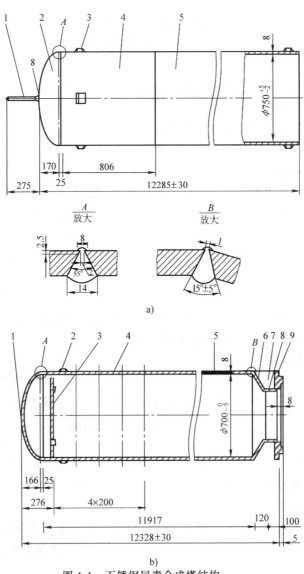

图 4-1 不锈钢尿素合成塔结构
a) 外套筒　b) 内套筒

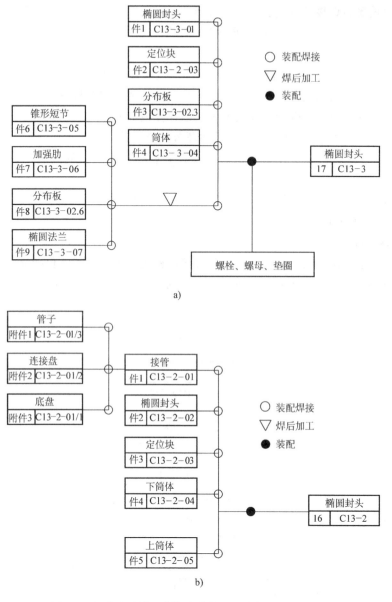

图 4-2 尿素合成塔不锈钢内套筒及外套筒的工艺路线图
a) 内套筒的工艺路线图　b) 外套筒的工艺路线图

在上述工作的基础上，在工厂的工艺技术部门、设计部门和劳动管理部门参与下，生产车间组织产品的试生产。试生产过程中，对产品的设计和技术条件进行全面检查，对工艺过程设计进行实践检验，不当之处进行修改，最后拟定出最终的（详细的）工艺方案。详细制订的工艺过程以文件的形式固定下来，经过批准，作为以后组织生产的依据。最终的工艺文件还包括工艺卡片。工艺卡片又分为装配综合卡片和焊接卡片，它比一览表更详细地规定了每道工序的工步加工次序、工艺方法，所用的生产设备、辅助设备，加工工艺参数，劳动量，持续劳动时间，工人的工种与数量，材料（包括主要的和辅助的材料）及其消耗，动力消耗等。工艺卡片上应该有工艺说明简图。

对于非常重要的焊接结构（如压力容器等），在选定焊接方法和确定焊接参数时，需要按照国家或企业的有关标准（规定）进行工艺评定。

最终制订的工艺过程应该达到：

1) 全部生产工序和工步（包括装配—焊接以及机械和热加工过程）有最小的劳动量。这需要考虑合理地采用高生产率的、机械化和自动化的装配和焊接方法，应用现代化设备和装备，防止产生焊接应力、变形及其他缺陷，以保证最好的产品质量。

2) 制造产品延续时间最短，该产品的循环节拍应与其生产纲领相适应。

3) 使设备、装备（包括起重运输用装备）有较高的负荷，使其利用率最高、总数量最少。

4) 降低废料率，使材料消耗最少。

5) 生产的能源消耗最低。

（四）焊接制造工艺编制

在生产过程中，从材料入库真正开始了焊接结构制造工艺过程，包括材料复验入库、备料加工、装配—焊接、焊后热处理、质量检验、成品验收等。图 4-3 为钢结构的一般焊接制造工艺过程。

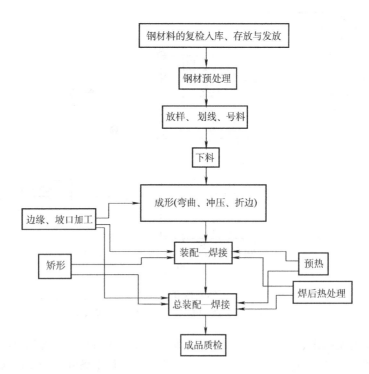

图 4-3　钢结构的一般焊接制造工艺过程

1. 焊接材料的选用与存放

焊接工艺性管理在材料方面的主要任务是材料的存放、保管和发放，需对材料进行分类，按照焊接工艺对材料的要求进行存放和保管并按规定发放。材料库主要有两种，一是金属材料库，主要存放和保管钢材；二是焊接材料库，主要存放和保管焊丝、焊剂和焊条等焊接材料。

2. 焊接生产的备料加工

焊接生产的备料加工工艺是在合格的原材料上进行的。首先进行材料预处理，材料预处理包括矫正、退火、除锈、表面防护处理、预落料等。在材料预处理过程中，主要消除材料由于受外力、外界环境的影响而引起的不符合焊接工艺要求的因素。在备料工作中，还要进行放样、划线、号料、下料、边缘加工、矫正、成形加工、端面加工以及号孔、钻（冲）孔等。在这个过程中，材料通过一系列的初加工达到装焊工艺的要求。

3. 装配—焊接

装配—焊接工艺充分体现焊接生产的特点，它是两个既不相同又密不可分的工序。它包括边缘清理、装配、焊接。绝大多数钢结构要经过多次装配—焊接才能制成，在最后装配完成以后进行全方位焊接，从而完成焊接产品。但是，某些产品需要在工厂完成部分装配—焊接和预装配，到产品的使用现场后再进行最后的装配—焊接。装配—焊接顺序可分为整装—整焊、部件装配—焊接后总装配—焊接、交替装配—焊接三种类型。选择使用哪种装配—焊接方式应根据产品的特点来选择，主要按产品结构的复杂程度、变形大小和生产批量选定。在焊接结构生产过程中，通常还会穿插其他的加工方式，比如机械加工、预热及焊后热处理、零部件的矫形等，在整个装配—焊接过程中贯穿着生产全过程的检验工序。通常情况下，一旦选择了合理的装配—焊接工艺，在整个生产过程中必须严格按照装配—焊接的工艺要求执行，不能因为焊接产品的种类和复杂程度不同而随意改变。

4. 焊后热处理

焊后热处理是焊接结构生产过程中的重要组成部分。在焊接结构生产过程中，采用何种焊后热处理方式与方法与焊件材料的种类、型号、板厚、所选用的焊接方法、焊接工艺及对接头性能的要求密切相关。焊后热处理是保证结构件能够按照正常要求使用及焊接结构件寿命的关键工序。焊后热处理不仅可以降低或消除结构的焊接残余应力，稳定结构的尺寸，而且能改善接头的金相组织，提高接头的各项性能，如抗冷裂性、抗应力腐蚀性、抗脆断性、热强度等。根据焊件材料的类别，可以选用不同类型的焊后热处理方法，如消除应力处理、回火、正火+回火、调质处理、固溶处理、稳定化处理、时效处理等。

5. 焊接检验

焊接检验工序贯穿整个焊接结构的生产过程。检验工序从原材料的检验、工件进入施工现场的复验开始，在焊接结构件加工过程中，每道工序都要根据所采用的不同工艺进行不同内容的检验，在焊接结构件完成以后，还要进行最终质量检验。焊接结构件最终质量检验可分为：焊接结构的外形尺寸检测、焊缝的外观检查、焊接接头的无损检测、焊接接头的密封性检查、结构整体的耐压检查等。检验是对焊接结构件的生产过程实行有效监督，从而保证焊接结构件质量的重要手段。在全面质量管理和质量保证标准工作体系中，焊接检验是焊接结构件质量的有效保证，是控制焊接结构件质量的基本手段，是编制焊接工艺的重要内容。

第二节 焊接结构制造工艺文件

在企业生产一线，工艺文件是指导规范生产、提高生产效率、建立科学管理、保障产品质量的技术性管理文件。设计和应用工艺文件是一种综合性的工作,它涉及专业知识、标准化知识和管理知识的应用,培养生产加工、测试调试、工艺设计、质量管理等实际能力。

一、工艺规程的组成

在编制工艺时,要涉及工序、工位和工步的概念。分析它们的目的在于了解影响这些环节的因素,从而为制订合理的焊接工艺打下基础。

(一) 工序

金属结构的制造过程不可能只在一个地点完成,往往是在多个地点,由多组人员使用多台设备共同完成的。工序是指一个(或一组)工人,在一个工作地点,对一个(或几个)工件连续完成的那部分工艺过程。工序是组成工艺过程的基本单元。工序划分的依据主要是:

1) 工作地点是否改变,改变即进入新的工序。
2) 加工是否连续,不连续就是两个工序。

例如,平板卷圆之后往往在卷板机上进行筒节的纵缝装配,卷板和装配虽然都在卷板机上进行,但加工方法不一样,所以是两道工序。

焊接结构生产工艺过程的主要工序有放样、划线、下料、成形加工、边缘加工、装配、焊接、矫正、检验、油漆等。在生产过程中,产品由原材料或半成品经过毛坯制造、机械加工、装配—焊接、涂装包装等加工所通过的路线叫作工艺路线或工艺流程,它实际上是产品制造过程中各种加工工序的顺序和总和。对于一个产品,其主要工序形成的工艺过程简称工艺路线。

(二) 工位

工位是工序的一部分。在某一工序中,工件所用的加工设备和所处的加工位置是要变化的。我们把工件在加工设备上所占的每一个工作位置称为工位。例如,图4-4所示为钢板拼焊,焊缝1、2焊完后,调整焊机再完成焊缝3、4的焊接,即焊机需要调整两次,所以说此焊接工序中包括两个工位。又如在转胎上焊接工字梁上的4条焊缝,如用一台焊机,工件需转动4个角度,即有4个工位,见图4-5a。如用两台焊机,焊缝1、4同时对称焊,工件翻转后焊缝2、3再同时对称焊,工件只需装配两次,即有2个工位,见图4-5b。

(三) 工步

工步是工艺过程的最小组成部分,但它还保持着工艺过程的一切特性。在一个工序内,工件、设备、工具和工艺规范均保持不变的条件下所完成的那部分工作称为工步。构成工步的某一因素发生变化时,一般认为是一个新的工步。例如,厚板开坡口对接多层焊时,打底层采用CO_2焊,中间层和盖面层均采用焊条电

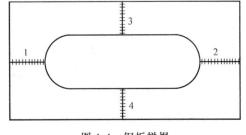

图4-4 钢板拼焊

弧焊,一般情况下,盖面层选择的焊条直径较粗,电流也大一些,则这一焊接工序是由三个不同的工步组成。如果中间层和盖面层焊接参数完全一样,习惯上认为这两层是连续完成

的，就合并成为一个工步。

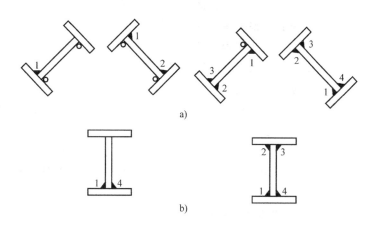

图 4-5　工字梁的焊接
a) 4 个工位　b) 2 个工位

二、焊接制造工艺文件简述

工艺文件是将实现工艺过程的程序、方法、手段及标准等，用文字及图表的形式表示，用来指导产品制造过程中的一切生产活动，使之纳入规范有序的轨道的指导性的纲领。工艺文件是企业指导、组织和管理生产的技术依据，是保证产品优质、高效、低损耗和安全生产的重要手段。工艺文件标准化的目的是保证工艺文件的适用性和完整性，保证文件格式的统一与简化。我国常用的技术文件分为设计文件和工艺文件两大类，是整个产品生产过程中的基本依据。工艺文件基本是采用推荐性行业标准，这些标准对表格格式和填写做出了规定。国际现行标准主要是由 ISO、IEC 和 ITU 制定的标准，它们是从产品性能特性的角度提出要求。随着经济全球化和贸易自由化进程的加快，国内市场和国际市场迅速接轨，国内企业更多地参与国际大生产，必然引进国外的设备和技术，也必然引进新的生产工艺，按照国外先进标准的要求进行生产，所以国内企业使用的工艺文件是多种形式并存的。无论企业使用何种形式的工艺文件，工艺文件的编制都必须依据简化、统一和优化的标准原则，规范实施和管理。工艺文件由两部分构成，一是设计统一的文件格式，二是编写生产流程和工艺内容。企业工艺文件的格式形式可以有所不同，但格式内容却基本相同，一般都包含工艺文件名称、产品名称和对应的设计文件图号、工序、工位、工艺文件的编号、标题栏等。

三、焊接结构制造工艺文件的内容

工艺文件的类型有专用工艺文件和通用工艺文件。各工厂根据本厂的具体条件，产品的结构特点、材料、设备、生产规模等，依照规范制订工厂的通用工艺文件及专用工艺文件形式，而且在文件中说明使用范围。所有的工艺文件都必须清晰、明了。任务和工作中所完成的指标必须书写清楚，内容完整。

常用的专用焊接工艺文件主要包括：
1）焊接工艺性审查意见书。

2) 工艺过程卡：可用生产流程图表示。
3) 备料工艺卡或装配—焊接工艺卡：适用于批量生产的产品。
4) 工序表或生产流程图表：根据企业的特点任选其一或全部。
5) 焊接作业指导书或焊接工艺规程（WPS）：用于指导焊接操作。
6) 工艺守则：某一专业应共同遵守的通用操作要求。
7) 检验卡片：用于关键工序检查。
8) 装配系统图：配合装配的工艺过程或工序卡片使用，以便于复杂产品的装配。
9) 热处理、成形、锻造工艺卡片等。

通用工艺文件是生产企业按照产品的生产需要，根据工厂的生产规模，用文字及必要的简图表达出在生产场地范围内适用于本企业生产的生产要求、生产设备、规范等的规范性文件（见附录 D）。

常用的一些工艺文件示例见表 4-1～表 4-10。

表 4-1 工艺过程卡

××总成加工综合表								
单位：								
序号或工位号	总成、部件、组件名称	零件名称	工艺过程检验说明（附简图）	工人（工种及时间定额）	设备（名称、数量、型号）	非标（名称、数量）	工夹量具（名称、数量）	备注
更改标号	签名：		审核：		校对：		拟定：	

表 4-2 下料送检单

产品名称及规格					产品编号			
工件名称	编号	数量	下料尺寸	质量要求（误差）	实测数据	检验结论	转入工序	其他
自检签名：		互检签名：		检验员：			日期：	

第四章 焊接结构工艺概述

表 4-3 焊接材料汇总表

母材	焊接方法 1		焊接方法 2			焊接方法 3		
	焊条规格/mm	烘干温度时间/h	焊丝规格/mm	焊剂	烘干温度时间/h	焊丝规格/mm	保护气体	气体纯度

表 4-4 成形送检单

产品名称及规格			产品编号		数量	
工件名称		完成工序		转入工序		
编号						
自检结果		互检结果			专职检验结果	
自检签名: 日期:		互检签名: 日期:			检验员: 日期:	

表 4-5 备料工艺卡

产品名称		图号		件号		零件名称		标准号或零部件图号		印记号
内控标记		工令号		备料工艺卡		材质		数量/件		
工序编号	工序名称			工序内容及技术要求			设备工装		操作者/日期	
监检标记							检验数据		检验员/日期	
编制			日期			审核			日期	

表 4-6 焊接工艺规程（WPS）

编号

母材及厚度 /mm				接头示意图			焊接过程及要求					工艺卡编号		
焊接位置												接头名称		
施焊技术		焊接方法										接头编号		
预热温度/℃		层/道（第）				填充材料		电流种类及极性	焊接电流 /A	焊接电压 /V	焊接速度 /cm·min^{-1}	热输入 /J·cm^{-1}
层间温度/℃						牌号	直径/mm	定额/kg				焊接工艺评定报告编号		
焊后热处理温度/℃												焊工持证项目		
钨极直径 /mm		清根方法										本厂检验		
喷嘴直径 /mm												操作者		
气体成分	正面流量											检验所		
	背面流量											探伤要求：		
定位焊缝、修补焊缝及返修焊缝工艺														

表 4-7 焊接记录卡

产品名称及规格					产品编号			
焊缝名称	编号	焊工编号(姓名)	零件名称	材质标记		零件名称		材质标记
工步名称	焊接方法	材料牌号及规格	焊接电流/A	电弧电压/V	保护气体流量/L·min^{-1}	焊接速度		层间温度/℃
打底焊								
填充焊								
盖面焊								
焊工签名：		巡检员签名：			日期：			

表 4-8 焊接检验卡

产品名称及规格				产品编号		
工件名称	材质标记	焊缝名称	编号	焊工编号(姓名)		返修次数
要求检验项目：						
自检结果			签名：		日期：	
互检结果			签名：		日期：	
专检结果			签名：		日期：	
建议			质量负责人签名：		日期：	

第四章 焊接结构工艺概述

表 4-9 热处理工艺卡

单位		热处理工艺卡		编号		
				共页	第页	
产品名称		零(部)件名称	材料牌号	工序号		
产品图号		零(部)件图号	印记号	工序名称		
零件草图:			热处理工艺曲线:			
		工令号	数量/件			
		专用工艺装备名称	装炉 数量/件 温度/℃	升温速度 /℃·h⁻¹	保温温度 /℃	保温时间 /min	降温速度 /℃·h⁻¹	冷却方式	出炉温度 /℃
			设备 型号 编号						
操作说明:						
工序内容						
对设备进行整体去应力退火热处理						
编制:		审核:				

表 4-10 产品总装工艺卡

名称			图号		产品总装工艺卡			工令号	成批生产数量
监检标记	内控标记	工序编号	工序名称	工序内容及技术要求		设备工装	检验数据	操作者/日期	检验员/日期
编制			日期			审核		日期	

第三节 焊接结构设计合理性分析

一、焊接结构的强度分析

焊接结构种类繁多,焊接接头形式各种各样,设计者在设计时有充分的选择余地。设计者在设计时必须考虑工艺可行性和接头形式对结构强度的影响。不合理的结构设计不但工艺性差而且生产周期长,成本也很高,其结果使结构的承载能力和使用寿命下降。

许多焊接结构是从铆接结构改过来的,如果不加分析地把铆接结构的铆钉去掉,换成焊缝连接,将会产生许多严重问题。例如,轻便型桁架的节点结构如图 4-6 所示,原来的铆接节点如图 4-6b 所示,应力集中并不严重,也不存在高值的内应力。如果不加分析原封不动地把它改为焊接节点,如图 4-6a 所示,则结构不仅焊缝密集,应力集中严重,而且焊接残余应力也很大,其使用寿命明显下降。由此可见,随意把铆接的铆钉去掉,改成焊缝连接的做法是不合适的。

在设计焊接结构时,选择接头形式很重要。在各种焊接接头中,以对接接头最为理想,质量优良的对接接头可以与母材等强度。用盖板"加强"对接接头（图4-7）是不合理的接头设计，尤其是单盖板接头（图4-7a）的动载性能更差。带角焊缝的其他接头由于应力分布不均匀，动载强度也比对接接头低。

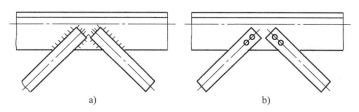

图 4-6 焊接节点和铆接节点
a）焊接节点 b）铆接节点

焊接接头的布置是否合理，对于结构的强度也有较大影响。尽管优质的焊接接头可以与母材等强度，但是考虑到焊缝中难免出现工艺缺陷，致使结构承载能力下降，所以在设计时应将焊接接头避开高应力区。例如，对于承受弯矩的梁，往往将对接接头避开弯度最大的断面。对于工作条件恶劣的结构，焊接接头应尽量避开断面突变的位置，避免产生严重的应力集中。例如小直径压力容器，采用的是大厚度的平面封头，如图4-8所示，图4-8a所示的连接形式应力集中严重，将降低承载能力。如果在封头上加工出一缓和槽，如图4-8b所示，降低接头处的刚度，并减小应力集中，将会明显改善接头的承载能力。该压力容器最合理的结构形式是采用球面封头，以对接接头形式连接封头和筒体。

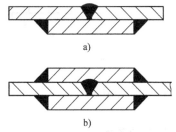

图 4-7 加盖板的对接接头
a）单盖板 b）双盖板

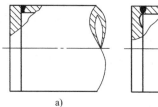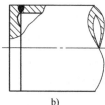

图 4-8 平面封头的连接形式
a）平面封头 b）平面封头加一缓和槽

在集中载荷作用的地方，必须有足够的刚度为依托。例如，如图4-9a所示，两个支耳直接焊接在工字梁的翼缘上，由于背面无任何依托，所以在载荷作用下支耳两端的焊缝及母材上的工作应力很大，往往产生裂纹。若将两支耳改为一个，并焊在工字梁翼板中部，支耳背面有腹板支撑，如图4-9b所示，其强度即可得到保证。

二、焊接结构的工艺性和经济性分析

设计的焊接结构应确保具有良好的工艺性，否则不仅制造困难，且质量差、成本高。焊接结构的工艺性和经济性须根据具体条件而定，

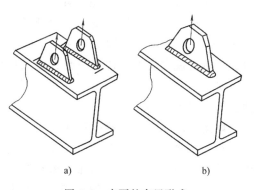

图 4-9 支耳的布置形式

一般应分析下列诸因素：
  1）构件的备料工作量和难易程度。
  2）构件中的各焊缝的焊接可达性。
  3）焊接质量的保证。
  4）焊接工作量。
  5）焊接变形的控制。
  6）劳动条件的改善。
  7）金属材料的合理利用。
  8）结构焊后的热处理。

焊接结构制造成本不仅取决于焊接工艺，而且在很大程度上和备料及装配工作有关。只从焊接工艺方面分析工艺性和经济性是不全面的。以对接接头为例，对接焊缝每米长度上所需填充金属量随坡口形式而异，厚度为 40mm 的对接焊缝，V 形坡口为 14kg，X 形坡口为 7.6kg，U 形坡口为 8.3kg，双 U 形坡口为 7.2kg。从焊接工作量来看，双 U 形坡口最经济，但是双 U 形坡口必须要进行机械切削加工，而 X 形坡口可以用气割加工，所以双 U 形坡口的加工费用较高。

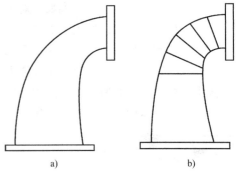

图 4-10　弯管接头形式

不仅坡口形式与经济性密切相关，结构形式和工艺也是密切相关的。如图 4-10 所示的带锥度的弯管头，图 4-10a 所示结构形式适合于铸件。如采用焊接方法制造，图 4-10b 所示结构形式比较合适。如果生产批量大，则可以将弯管分成两半压制成形，然后拼焊为一体，这样可使焊接工作量减少。显然，结构的合理性和生产条件也是密切相关的。

每条焊缝都应安排在能便于施焊的位置，否则不仅造成施焊劳动条件差，而且难以保证焊接质量。图 4-11 所示是常见结构焊缝可达性改进的几个实例。

设计者还必须充分考虑装配—焊接顺序，以保证装配—焊接顺利进行。正确的装配—焊接顺序不仅可以得到焊接变形小的优质结构，而且还能改善劳动条件，减少焊接工作量。例如，采暖锅炉的前脸，如图 4-12 所示，由两块平行的钢板组成，两块钢板相距 100mm，板间用许多拉杆支承，内部承受压力。如果将拉杆与两块钢板的连接设计成如图 4-12a 所示的形式，则工艺性将是很差的。试想把数百根拉杆焊在一块钢板上，必然会引起严重的翘曲变形，焊后把数百根拉杆同时对准另一块钢板上的数百个孔，这显然是难以实现的。如果把拉杆和钢板的连接设计成如图 4-12b 所示的形式，则装配—焊接方便，焊后变形也小。

焊接变形问题是焊接生产中经常遇到的问题。合理的焊接结构设计，可使焊后的变形较小。把复杂的结构分成几个部件制造，尽量减少最后总装配时的焊缝，对于防止结构的总体变形是有利的。例如火车底架的横梁与中梁装配，若按图 4-13a 所示结构形式总装配，上翼板是一块通长的钢板，上翼板与腹板间的翼缘焊缝必须在装配之后焊接，焊后横梁发生两端向上翘起的变形。如果把横梁分成两段,则横梁可分成两个部件制造,总装时把上翼板用对接焊缝连接起来,如图 4-13b 所示,这样既降低了总装时的焊接工作量,又减小了焊接残余变形,而横梁还可以在生产线上焊接,对于提高生产率和焊接质量都有利。

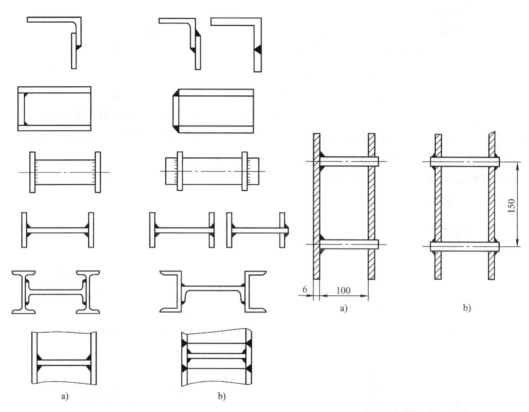

图 4-11 改进焊缝可达性的应用举例
a) 改进前可达性不好 b) 改进后可达性好

图 4-12 锅炉前脸拉杆的连接形式
a) 焊后翘曲变形严重
b) 装配—焊接方便,焊后变形也小

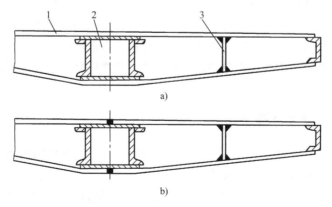

图 4-13 火车横梁的连接形式
1—上翼板 2—中梁 3—腹板

合理的焊接结构设计还应保证焊接工作有良好的劳动条件。如果在活动空间很小的位置施焊，或者在封闭空间操作，会对工人健康十分有害，所以在容器设计时应尽量选用单面V形或U形坡口，并采用单面焊双面成形的工艺方法确保焊透，使焊接工作在容器外部进行，把在容器内部施焊的工作量减少到最低限度。

充分利用材料是降低结构生产成本的重要方面之一，设计者和制造者都必须充分重视这个问题。节省材料和制造工艺有时会发生矛盾，如果出现这种情况，必须全面考虑，综合权衡。例如，降低结构的壁厚可以减轻重量，但是为了增加结构局部稳定性和刚度必须增加更多的肋板，因而增加了焊接工作量和矫正变形的工作量，产品的成本也因此而提高。在一般结构中，片面追求减轻重量不一定合理。对一些次要的板件，应尽量利用一些边料，例如桥式起重机主梁的内部隔板可以用边料拼焊而成，如图4-14所示，虽然这样增加了几条焊缝，却节省了整块钢板，使总的经济性提高了。如能在结构形式上充分挖掘材料潜力，则可以大量节省材料。例如，把轧制的工字钢按锯齿状切开，如图4-15a所示，然后按图4-15b所示结构形式焊成锯齿合成梁，在重量不变的情况下，刚度可以提高数倍，这种梁适用于大跨度而载荷不大的场所。

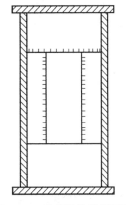

图4-14 箱型梁的拼焊隔板

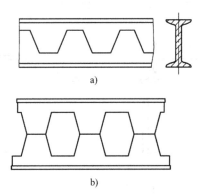

图4-15 锯齿合成梁

与焊接结构工艺性密切相关的另一个重要问题是材料的选择。选材时必须考虑材料的使用要求，如强度、耐蚀性和耐热性等。能满足要求的相近材料是很多的，但如果不考虑材料的焊接性，而选择了焊接性较差的材料，在生产中就会造成困难，影响结构的使用性能。例如，许多机器零件常用35钢和45钢制造，这些材料含碳量较高，作为铸钢件是合适的。但若改为焊接件，这些材料因焊接性较差而不宜采用，应选用强度相当、焊接性较好的低合金结构钢为宜。

三、部件的合理划分分析

对于部件装配—焊接法来说，部件的合理划分是发挥其优越性的关键。当设计图样中未规定时，部件划分应从以下几方面考虑。

（1）尽可能使各部件本身的结构形式是一个完整的构件　要考虑到结构特点，便于各部件间最后的总装；另外，各部件间的结合处应尽量避开结构上应力最大的地方，从而保证不因划分工艺部件而损害结构的强度。

(2) 要力求最大限度地发挥部件生产的优点　部件的选择应尽量合理,使装配工作和焊接工作方便,同时在工艺上便于达到技术条件的要求。如焊接变形的控制,防止因结构刚性过大而引起裂纹的产生等。

(3) 现场生产能力和条件的限制　主要是考虑到划分的部件在重量上、体积上的限制,如在建造船体时,分段划分必须考虑到起重设备的能力和场内装配—焊接场地的大小。对于焊后要进行热处理的大部件,要考虑到退火炉的容积大小等问题。

(4) 生产节奏的要求　主要是指在大量生产情况下,产品的零部件的生产和总装,使结构焊接的协调达到最高的效率。

第四节　焊接结构制造的质量检测与试验计划 (ITP)

一、ITP 的概念与特点

ITP 是 Inspection and Test Plan (检测和试验计划) 的缩写。

ITP 具有如下特点:

1) ITP 全面贯彻"过程控制"的思想,提高了"过程控制"的可操作性。每一个施工步骤都要经过有关方检查、验收和签证并形成记录,才能进入下一步工作。它真正体现了"上一道工序不合格不能进入下一道工序"的质量管理要求,有效地改变了事后把关的检查办法,充分体现了"凡事有人负责,凡事有章可循,凡事有据可查,凡事有人监督"的质量管理原则。

2) ITP 涵盖了所有施工活动,凡是有施工活动的事项都要有相应 ITP,包括运输、吊装、检修等,使工程施工的全过程处于受控状态。

3) ITP 主要是根据工作程序、图样和标准编制的。从施工准备开始,包含了某一项作业的全过程。

4) ITP 中的检查、验收和签证没有"优良"之分,只要达到图样和标准的要求就是合格。只有 1 个"合格"评定标准,简单、实用、可操作。

5) ITP 中的检查和验收标准主要是工作程序、技术规格书和图样、标准等。

6) ITP 是按照系统编制的,每一个系统可以有多个 ITP。

只有当所有施工工作 (包括相关的记录) 全部结束并合格时,ITP 方可关闭。

二、ITP 的应用

质量检测和试验计划是针对产品制订的专门的质量措施、资源和活动顺序的文件。ITP 中列有制造和验收中应进行的所有工艺、工作程序、工作细则、检验和试验的流程图或工序排列表以及控制点的类型和控制负责人等。

就焊接结构而言,ITP 根据 ISO 3834《焊接质量要求》中的要素,结合焊接工艺的实际应用条件列出项目、名称、检测和试验内容及技术依据,并规定了甲方 (业主)、乙方 (供方) 和第三方 (监理) 各自在验收工作中应承担的责任和类型。

表 4-11 是焊接质量检测和试验计划样单。

表 4-11 ITP 样单

项目	名称	检测和试验内容	技术规范	验收 甲方	验收 乙方	验收 第三方
1	焊接工艺评定报告(PQR)	焊接工艺评定试验	ASME Ⅸ 或 ISO 15614 或 GB/T 19869.1 或合同要求	VR	RH	RW
2	焊接工艺规程(WPS)	依 PQR 编制适合于施工的焊接工艺文件	ASME Ⅸ 或 ISO 15609 或 GB/T 19869.1 或合同要求	VR	RH	RW
3	焊工资格	按焊接工艺文件指导确定的适合施工的材质、厚度、焊接位置和焊接方法对焊工考试,并在有效期内	ASME Ⅸ 或 ISO 9606 或 GB/T 15169 或合同要求	XR	XRH	XR
4	无损检测人员资质	检测方法的适用性、确认机构及有效性	相关的制造规范或合同要求	XR	XRH	XR
5	母材复检	材质合同证明文件、标识和检验报告及复检报告、外观、厚度、锈蚀深度不大于该材质厚度负允许偏差值的1/2	材料技术条件标准、相关的制造规范或合同要求	VR	RH	RW
6	零件备料	下料放量检查	相关企业规范	V	V	V
6	零件备料	气割坡口和质量,注重坡口表面质量	GB/T 985.1 GB/T 985.2 JB/T 10045.3	V	V	V
6	零件备料	防止焊接变形措施或成形、矫正及中间金属加工偏差	ISO 13920 及相关企业规范	V	V	V
7	焊材复检	检查适合于施工的焊材品种、规格和性能,其质量合格证明、标识和检验报告即复检报告	相关的制造规范或合同要求	VR	RH	RW
8	焊材储存及保管	含适合于施工的焊材品种及其烘干温度和保温时间	GB/T 3223 及相关的制造规范	VR	VR	VR
9	焊接辅助材料准备	引弧板及工艺支撑制作	相关的制造规范及企业规范	V	V	V
10	焊接作业环境	环境温度≤0℃时,应有相应的预热措施,构件温度要保持在5℃以上;相对湿度≥90%或风速>8m/s(焊条电弧焊),风速>2m/s(气体保护焊)时,在无有效的防护措施下不能进行焊接作业	相关的制造规范	V	V	V
11	工装、设备和仪表量具	其量程和精度的适用范围及有效性	相关的制造规范及企业规范	VR	VR	VR

第四章 焊接结构工艺概述

(续)

项目	名称	检测和试验内容	技术规范	验收 甲方	验收 乙方	验收 第三方
12	焊接结构的装配	待焊焊缝两侧50mm范围内锈蚀、氧化皮和油污及其他异物清理	相关的制造规范及企业规范	V	V	V
13	焊接结构的焊接	执行工艺流程及焊接工艺规程（WPS）	工艺卡、流程图和WPS	V	V	V
		主要焊接参数控制	WPS	V	V	V
		焊接过程中检查，如焊接层数、预热/层间温度和清根等	工艺卡，WPS	V	V	V
14	焊后检测	焊缝外观质量	图样和ISO 5817或GB/T 19418	V	V	V
		结构形状、尺寸及其零件完整性	图样、工艺卡和ISO 13920	VR	RH	RW
		焊缝的无损检测方法、等级和比例	图样和ASME Ⅷ或NB/T 47013或合同要求	VR	RH	RW
		焊后热处理(温度)	图样	VR	RH	RW
		水压试验(压力)	相关的制造规范及企业规范			
15	清理及涂装	去除图样要求外的所有搭块、工艺支撑并打磨光滑	图样 相关的制造规范及企业规范	V	V	V
		工件在涂装前应喷丸或喷砂，并达到规定的等级	图样 相关的制造规范及企业规范	V	V	V
		清洁程度	图样 相关的制造规范及企业规范	V	V	V
		涂装用料的品种、色泽和漆膜厚度及标识	图样 相关的制造规范及企业规范	V	V	V
16	不符合项处置	手续办理，防止误用，修复及重新试验	图样 相关的制造规范及企业规范	VR	RH	RWV
17	完工报告	焊接工艺评定报告、焊接工艺规程、材质证书、焊工资质书、无损检测人员证书、热处理工艺规程记录、无损检测报告、尺寸报告及不符合项处置报告等记录	ISO 3834或合同要求	VR	RH	RWV

注：X—人员资格确认；V—现场见证点；R—书面报告；H—停止点；W—签字确认。

三、ITP 的应用说明

在施工应用中,ITP 并非要列出所有的项目内容,而是根据实际应用条件有所侧重或再进一步分解。ITP 通常由乙方(供方)编制,由甲方(业主)或第三方(监理)会审确认,在施工过程中执行。

第五节 综合训练

在焊接结构生产中,焊接结构的设计必须合理,主要从焊接结构的力学性能、可靠性方面及焊接结构的工艺性和经济性方面进行分析。图 4-16(见文后插页)为一供暖锅炉的总装图,试从焊接结构设计方面分析其焊接工作设计是否合理。如果焊接结构全部为合理的,请说出理由。如果焊接结构有不合理的地方,请指出,说明改进方案,并比较改进方案相对于原设计方案的优化之处。

第五章

典型焊接结构制造工艺流程

焊接结构的品种繁多，广泛应用于航空、能源、工程机械、建筑、桥梁、船舶等多个领域。在众多的焊接结构件中，压力容器的焊接制造工艺尤为具有代表性。为了便于读者掌握焊接结构件的制造工艺流程，现以气液分离器（压力容器）的焊接制造为主线，展开对焊接结构整个制造工艺流程的介绍。

第一节 气液分离器总装图分析

一、总装图

气液分离器是化工设备重要的组成部分，按《压力容器安全技术监察规程》属于Ⅱ类压力容器，主要受压元件的材质为Q245R，厚度为14mm，其总装图如图5-1（见文后插页）所示。

二、压力容器结构特点

压力容器的基本组成一般包括内件和外壳，外壳一般包括筒体、封头、密封装置、开孔接管、支座和安全附件，其功能是提供能承受一定温度和压力的密闭空间。一般根据压力容器的承压大小来选择容器壁厚。

筒体的作用是提供工艺所需的承压空间，是压力容器最主要的受压元件之一，其内直径和容积往往需由工艺计算确定。需根据筒体的直径、长度和壁厚，确定结构形式。筒体直径较大时，可采用钢板在卷板机上卷成圆筒或用钢板在水压机上压制成两个半圆筒，再将两者焊接在一起，形成完整的圆筒。焊缝的方向和圆筒的纵向（即轴向）平行，因此称为纵向焊缝，简称纵焊缝。筒体直径较小时（一般小于500mm时），可用无缝钢管制作，此时筒体上没有纵焊缝。当容器较长时，由于受钢板幅面尺寸的限制，需要先用钢板卷焊成若干段筒体（某一段筒体称为一个筒节），再由两个或两个以上筒节组焊成所需长度的筒体。筒节与筒节之间、筒体与端部封头之间的连接焊缝，由于其方向与筒体轴向垂直，因此称为环向焊缝，简称环焊缝。长度较短的容器可直接在一个圆筒的两端连接封头，构成一个封闭的压力空间，即可制成压力容器外壳。

封头按照几何形状的不同分为：球形、球冠形、椭圆形、碟形、平底形等，如图5-2所示。容器不需开启时，可把封头和筒体焊接在一起，从而有效地保证密封，节省材料和减少加工制造的工作量。对于因检修或更换内件的原因而需要多次开启的容器，封头和筒体的连接应采用可拆式的，此时在封头和筒体之间就必须要装有密封装置。

三、气液分离器结构特点

图 5-1 所示气液分离器的设计压力为 6MPa,最高工作压力为 5.5MPa,设计温度为 50℃,为中压容器。设计、制造、验收技术要求按照 GB 150—2011《压力容器》执行。

a)

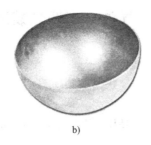

b)

c)

d)

图 5-2 封头形式
a)平底形封头 b)球形封头 c)椭圆形封头 d)球冠形封头

气液分离器主要由三个部分组成：筒体、封头及附件（管接头、法兰、补强圈、支座、铭牌等），共设计零部件24个。其中筒体、封头是气液分离器制造的关键部分。

（1）筒体　筒体是气液分离器最主要的组成部分，由它构成气液反应所需要承载大部分压力的空间。气液分离器由三个筒体组成，筒体一一般用钢板卷制或压制而成，直径较小的筒体二、筒体三可以直接选用无缝钢管制作。筒体一材料为Q245R，直径426mm、厚度14mm、长度2964mm，长度较长，需要由2个筒节拼接而成。

（2）封头　气液分离器采用的封头形式是椭圆形封头，其深度较浅，易于压力加工。

（3）法兰　法兰按照位置不同，可分为管法兰和容器法兰，气液分离器的法兰均为管法兰。

（4）接管　由于工艺要求和检修时的需要，在气液分离器上需开设许多孔，用以安装压力表、液位计、流量计、安全阀等接管。

（5）支座　气液分离器靠支座支撑并固定在基础上，属于卧式容器支座，采用的是鞍形结构，也叫作鞍座，属于非受压元件，制造过程比较简单。

第二节　气液分离器制造工艺流程

在实际生产中，制造工艺流程多以文件的形式来指导生产，工艺文件包括工艺流程图和工序签转表。

工艺流程图是指导结构生产的重要文件之一，工艺流程图所包含的内容有：

1）各个零部件名称。

2）零件装配—焊接顺序及各工序。

3）书面报告，通常用R表示，一般为重要工序书面检验报告，如无损检测、成形、水压试验、热处理。

4）现场见证点，通常用V表示，为工序检验（常规性）核实。

5）停止点，通常用H表示，该道工序在书面报告未合格之前，不准向下道工序进行，如在无损检测、力学性能试验、水压试验和热处理时。

6）人员资格确认点，通常用X表示，焊接时为焊工资格认可，无损检测时为检测人员资格认可。

7）签字确认点，通常用W表示，即相关人员在检验报告上签字确认。

技术部门一般还要根据审定后的工艺流程图编制工序签转表，在工艺签转表上标出检验点、见证点和停止点。每道工序完成后，在工艺签转表上履行签字手续，然后再转入下道工序，工艺签转表亦随之流转。

气液分离器制造工艺流程如图5-3所示。

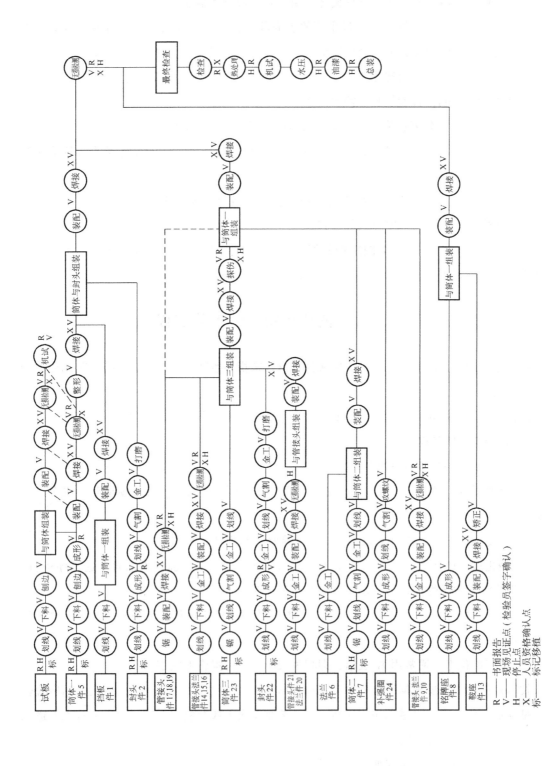

图 5-3 气液分离器制造工艺流程图

第六章

备料工艺编制及实施

焊接结构的备料（零件加工）对保证产品质量、缩短生产周期、节约材料等方面均有重要的影响。本单元以一般焊接结构的零件加工工序为顺序，介绍各工序的基本知识，并结合典型结构，说明备料工艺的编制方法与编制要点。

第一节 金属材料管理的基本知识

一、焊接结构常用钢材

焊接结构常用的钢材分为板材、型材、管材和线材四大类。

（一）板材

钢板是平板状，矩形，可直接轧制或由宽钢带剪切而成。薄板的宽度为 500～1500mm，厚板的宽度为 600～3000mm，长度 6～12m 不等。

钢板按厚度分为薄板、厚板、特厚板，薄钢板的厚度 <4mm（最薄 0.2mm），厚钢板的厚度为 4～60mm，特厚钢板的厚度为 60～115mm；按生产方法分为热轧钢板和冷轧钢板；按用途分为桥梁钢板、锅炉钢板、造船钢板、装甲钢板、汽车钢板、屋面钢板、结构钢板、电工钢板（硅钢片）、弹簧钢板等。

（二）型材

型钢是一种有一定截面形状和尺寸的条形钢材。

按照钢的冶炼质量不同，型钢分为普通型钢和优质型钢。普通型钢按现行金属产品目录又分为大型型钢、中型型钢、小型型钢。普通型钢按其断面形状又可分为工字钢、槽钢、角钢、圆钢等。

1. 大型型钢

大型型钢中的工字钢、槽钢、角钢、扁钢都是热轧成形的，圆钢、方钢、六角钢除热轧成形外，还有锻造、冷拉成形的。

工字钢、槽钢、角钢广泛应用于工业建筑和金属结构，如厂房、桥梁、船舶、农机车辆制造、输电铁塔、运输机械等，往往配合使用。扁钢在工程中用作桥梁、房架、栅栏、船舶、车辆等。圆钢、方钢用作各种机械零件、农机配件、工具等。

2. 中型型钢

中型型钢中的工字钢、槽钢、角钢、圆钢、扁钢的用途与大型型钢相似。

3. 小型型钢

小型型钢中的角钢、圆钢、方钢、扁钢的加工和用途与大型型钢相似，小直径圆钢常用作建筑钢筋。

型材中还有特殊的 H 形钢等。

（三）管材

钢管是指两端开口并具有中空断面，其长度与周边之比较大的钢材。钢管的规格用外形尺寸（如外径或边长）及壁厚表示，其尺寸范围很广，从直径很小的毛细管直到直径达数米的大口径管。钢管可用于管道、热工设备、机械工业、石油地质勘探、容器、化学工业和特殊用途。

钢管分无缝钢管和焊接钢管（有缝管）两大类。钢管按断面形状又可分为圆管和异形管，广泛应用的是圆形钢管，但也有一些方形、矩形、半圆形、六角形、等边三角形、八角形等异形钢管。对于承受流体压力的钢管，要进行液压试验来检验其耐压能力和质量，在规定的压力下不发生泄漏、浸湿或膨胀者为合格，有些钢管还要根据标准或需方要求进行卷边试验、扩口试验、压扁试验等。

无缝钢管按生产方法分为热轧管、冷拔管、挤压管、顶管、冷轧管等。焊接钢管按工艺分为电弧焊管、电阻焊管（高频和低频）、气焊管、炉焊管等；按焊缝分为直缝焊管、螺旋焊管等。

（四）钢材的规格标记

钢材规格的表示方法见表 6-1。

表 6-1 钢材规格的表示

名称	规格表示方法	示例
圆钢、线材	直径	圆钢 10mm 或 φ10mm
方钢	边长×边长	方钢 15mm×15mm 或 15mm^2
六角钢	内切圆直径	六角钢 8mm
八角钢	内切圆直径	八角钢 70mm
扁钢	边宽×厚度	扁钢 40mm×20mm
等边角钢	边宽×边宽×边厚	等边角钢 40mm×40mm×3mm 或（40mm^2）×3mm 或 4#
不等边角钢	长边宽×短边宽×边厚	不等边角钢 80mm×50mm×6mm 或 8/5#
槽钢	高度×腿宽×腰厚	槽钢 50mm×37mm×4.5mm 或 5#
工字钢	高度×腿宽×腰厚	工字钢 160mm×88mm×6mm 或 16#
钢轨	每米长的公称质量（kg）	钢轨 50kg
钢板	厚度×宽度×长度	钢板 10mm×1000mm×2000mm（若长度和宽度无要求，只写厚度）
钢带	厚度×宽度	钢带 0.5mm×100mm
无缝钢管	外径×壁厚×长度	无缝管 32mm×2.5mm×3000mm 或 32mm×2.5mm
焊接钢管	公称口径（内径近似值），或用英制	焊管 8mm 或 1/4#
圆形钢丝	直径或线规号	钢丝 0.16mm 或 φ0.16mm，或 AWG 线规号 34#
钢线绳（圆股）	股数×每股丝数—线直径	钢丝绳 6×7—3.8mm，捻向要求、强度要求等须分别注明

二、焊接结构金属材料的管理

焊接结构是整体的刚性结构，而焊接也能改变材料的部分性能，使焊接接头附近变为一个不均匀体，存在焊接残余应力和变形。要获得优质的焊接结构，首先要对焊接结构金属材料进行严格管理，尤其是锅炉、压力容器的制造与安装企业，对焊接结构用材应从采购、验收、管理、发放到使用的全过程建立一套严格的管理制度，同时还应坚持材料在使用过程中的标记移植及标记的可追踪性，保证材料在使用过程中不错用、不混用。

（一）原材料的进厂验收

1）建立原材料（板材、管材、焊材、锻件、棒材等）及外购件的验收控制程序文件。

2）原材料进厂验收首先应对材料质量证明书中的材料牌号、规格、供货状态、检验项目及数据执行标准等进行验收。

3）材料质量证明书经验收合格后，应对质量证明书与实物的一致性进行验收，即实物炉批号、材料牌号规格等应与质量证明书相一致。

4）经以上检验合格的原材料还需要对以下内容进行检验：

①外观质量。

②几何尺寸。

③凡需复验的原材料，应按复验要求的项目进行复验。

5）对于无质量证明书、材料无原始标记、质证书与原材料不一致或复验不合格的原材料，使用单位应拒绝入库。

6）经验收合格的原材料应按类别、牌号、规格码放在材料合格区内。材料保管员在材料上按规格进行标记移植，并经检验人员核实确认。

（二）材料在使用中的管理

用于制造压力容器元件的材料从保管、发放、下料到生产流转过程均应进行标记移植，防止材料的混用、错用，并从材料标记移植的范围、内容、方法、责任等方面建立完整的管理程序。标记移植的内容有：材料牌号、规格（材料厚度）、材检编号及检验人员的确认印记等。为确保材料标记移植的准确性，施工人员必须遵循先移植后消除的原则。

（三）焊接材料的管理

1）焊接材料进厂后，采购人员会同材料质控人员对焊接材料质量证明书的项目、数据、订货协议、技术条件及特殊要求进行检验，检验合格后材料质控负责人应给出检验编号。

2）焊接材料质量证明书经检验合格后，应对焊接材料实物的批号、包装等进行核实。

3）凡有特殊复验项目要求的还应按要求进行复验。

4）经检验和复验合格的焊接材料应码放在符合管理要求的焊材库中。

5）应设置二级库，用于保管生产过程中使用的焊接材料。

6）从焊材一级库领入二级库的焊材必须验收合格，并具有相应的材料检验号。应按类别和牌号规格进行存放。材料检验号应用明显的标牌标注清楚，对于特殊用途的焊材，应专门保管。

7）存放在焊材二级库中的焊材，其包装在尚未烘烤盘丝前任何人不能随意拆除。

8）存放在焊材二级库中的焊材在发放前，应按规定进行烘干，发放时应按产品、焊材牌号、规格、材检号、领用者领出数量、回收余量进行登记，每人每次领用的量不超过半天的用量。

(四) 外购件、外协件的进厂验收

1. 外购件（安全附件、标准件等）**的验收**

对于压力容器受压元件用的其他金属材料，均按原材料的验收原则进行验收。但对于压力容器用安全附件（安全阀、爆破片装置、紧急切断阀、压力表、液面计、测温仪表等）及其他辅助件（标准件、垫片等），还应按技术条件及相应标准的要求进行验收。

（1）安全附件 其验收要求为：

1）安全附件进厂后，采购人员会同保管员及检验人员对质量证明书的内容（型号、规格、适用范围、材质、相关标准、是否符合订货技术协议）进行验收。

2）质量证明书检验合格后，对实物的标记、标签及外形尺寸进行核实检验。

3）对安全附件还要校验的，待以上检验工作合格后进行校验工作，校验合格后入库保管。

（2）其他辅助材料 其验收要求为：

1）压力容器用标准件，如有专门技术要求的，应有质量证明书。质量证明书的内容应符合技术要求的项目内容，且标志清楚，对标志不清的拒绝入库。

2）有性能等级要求的标准件，必须有相应的国家标准要求的标志，对标志不清的拒绝入库。

2. 外协件的进厂验收

压力容器受压元件的外协加工，一般均为压力容器制造单位由于自身加工能力不够或生产时间需要而进行的。外协加工一般均带料加工，因此外协加工时应与外协单位签订协议，明确加工内容、要求、相关标准及各自的责任，或将施工图及加工技术要求连同坯料一并交外协单位加工，待外协件加工完毕进厂后，应按以下原则进行验收：

（1）冲压件、热作件的验收 冲压件、热作件是指只在外协单位通过压力加工或其他热加工方法制造的零件，其验收要求为：

1）冲压件、热作件进厂后，外协人员会同检验人员检验质量证明书（当有质量证明书时）与图样、技术协议或加工技术要求的内容是否相符。

2）对冲压件、热作件的实物按图样等对外观质量及尺寸进行检验。

3）检验材料标记是否为本单位原有标记（凡有标记要求的外协件应要求外协加工单位保留原有标记）。当外协单位无法保留原有标记时，应要求进行标记移植，并经外协加工单位检验人员确认，以防止外协单位发生混料情况。

（2）热处理外协件的进厂验收 其验收要求为：

1）热处理件进厂后，外协人员会同检验人员对热处理自动记录曲线与热处理工艺进行以下校对：进炉温度、升温速度、保温时间及温度、降温速度、出炉速度等是否相符。同时检查热处理自动记录曲线记录纸上是否记载有该热处理件的工程编号、部件号、名称、数量、随炉试板的名称及数量、操作人员及检验人的签章、热处理日期及热处理单位检验章等内容。

2）检验热处理件在热处理过程中有无变形、密封面是否予以保护等。

3）检验热处理随炉试件是否随炉热处理等。

（3）机械加工外协件的进厂验收 其验收要求为：

1）机械加工外协件进厂后，外协人员会同检验人员按图样、加工技术要求等对实物进行表面加工精度、加工尺寸及公差等检验。

2) 检验材料标记是否移植清楚。

第二节　原材料的矫正及预处理工艺

钢材因受到外力、加热等因素的影响，会使表面产生不平、弯曲、扭曲、波浪等变形缺陷，这些变形将直接影响零件和产品的制造质量，因此，必须对变形的钢材进行矫正。矫正就是对几何形状不适合产品要求的钢结构及原材料进行修正，使其发生一定程度的塑性变形，从而达到技术要求所规定的正确几何形状的工艺过程。

一、钢材产生变形的原因

引起钢材变形的原因很多，从钢材的生产到零件加工的各个环节，都可能因各种原因而导致钢材的变形。钢材的变形主要来自以下几个方面：

1. 钢材轧制过程中产生的变形

钢材在轧制过程中会因残余应力而引起变形。例如，轧制钢板时，由于轧辊沿长度方向受热不均匀、轧辊弯曲、调整设备失常等原因，而造成轧辊的间隙不一致，使板材在宽度方向的压缩力不一致，进而导致板材沿长度方向的延伸不相等而产生变形。

2. 钢材加工过程中产生的变形

当整张钢板被切割成零件时，由于轧制时造成的内应力得到部分释放而引起零件变形。平直的钢材在压力剪床或龙门式剪床上被剪切成零件时，在剪刀挤压力的作用下会产生弯曲或扭曲变形。采用氧乙炔气割时，由于局部加热不均匀，也会造成零件各种形式的变形。

3. 钢材因运输和不正确堆放产生的变形

焊接结构使用的钢材，均是较长、较大的钢板和型材，如果吊装、运输和存放不当，钢材就会因自重而产生弯曲、扭曲和局部变形。

钢材的变形会影响零件的号料、切割和其他加工工序的正常进行，并降低加工精度。在零件加工过程中所产生的变形如不加以矫正，则会影响整个结构的正确装配。所以，钢材无论何种原因造成变形，都必须进行矫正，以消除变形或将变形限制在规定的范围以内。

各种厚度的钢板，在经矫平机或手工矫正后，应用钢直尺检查，其表面翘曲度不得超过表 6-2 的规定。

表 6-2　钢板表面的允许翘曲度

钢板厚度/mm	3~5	6~8	9~11	>12
允许翘曲度/mm·m^{-1}	3.0	2.5	2.0	1.5

型钢的直线度、角钢两边的垂直度以及槽钢、工字钢翼板与腹板的垂直度，允许偏差如图 6-1 所示，图中 f 为型钢挠度，Δ 为偏差值。

二、钢材变形的实质和矫正方法

钢材产生变形的原因是其中一部分纤维较长而另一部分纤维较短造成的。矫正就是通过施加外力、锤击或局部加热，使较长的纤维缩短，较短的纤维伸长，最后使厚度上各层纤维长度趋于一致，以此消除变形或使变形减小到规定的范围之内。任何矫正方法都是形成新的、方向相反的变形，以抵消钢材原有的变形，使其达到规定的形状和尺寸要求。

钢材矫正的方法有多种，按矫正时的加热情况分为冷矫正和热矫正。冷矫正是钢材在常温下进行的矫正，通过锤击延展等手段进行。冷矫正将引起材料的冷作硬化，并消耗材料的塑性储备，所以只适用于塑性较好的钢材。变形较大或脆性材料一般不能采用冷矫正（普通钢材在较低温度下也要避免使用）。热矫正是将钢材加热至 700～1000℃ 高温时进行矫正，在钢材变形大、塑性差或缺少足够动力设备时使用。大面积加热可利用地炉，小面积加热则使用氧乙炔焰。

矫正方法可分为机械矫正、手工矫正、火焰矫正和高频热点矫正等。机械矫正的机床有多辊钢板矫平机、型钢矫直机、板缝碾压机、圆管矫直机（普通液压机和卷板机也可用于圆管矫正）。手工矫正是使用大锤、锤子、扳手、台虎钳等简单工具，通过锤击、拍打、扳扭等手工操作矫正小尺寸钢材或工件的变形。火焰矫正和高频热点矫正的矫正力来自金属局部加热时的热塑压缩变形。

各种矫正方法有时也结合使用。例如，在火焰加热矫正的同时对工件施加外力，进行锤击；在机械矫正时对工件局部加热，或机械矫正之后辅以手工矫正，都可以取得较好的矫正效果。

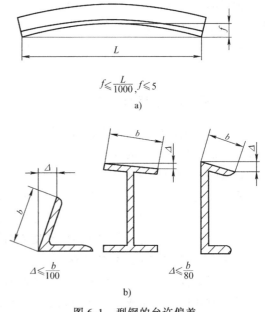

图 6-1　型钢的允许偏差
a) 挠度　b) 垂直度

目前，大量钢材的矫正，一般都在钢材预处理阶段采用专用设备进行。成批制作的小型焊接结构和各种焊接梁，常在大型液压机或撑直机上进行矫正，大型焊接结构则主要采用火焰矫正。有关火焰矫正工艺已在焊接残余变形矫正中叙述，这里只介绍机械及手工矫正工艺。

（一）钢材的机械矫正

1. 板材的矫正

机械矫正法矫正板材一般在多辊矫平机上进行，有时也可利用液压机或其他设备进行矫正。

（1）多辊矫平机矫正　矫平机的工作部分由上下两列轴辊组成，如图 6-2 所示，通常有 5～11 个工作轴辊。下列为主动辊，上列为从动辊。通过上列辊的垂直调节来改变上下辊列间的距离，以适应不同厚度钢板的矫正。工作时钢板随着轴辊的转动而啮入，在上下轴辊间方向相反力的作用下，钢板产生小曲率半径的反复弯曲。当应力超过材料的屈服强度时产生塑性变形，使板材内原长度不相等的纤维在反复拉伸与压缩中趋于一致，从而达到矫正的目的。

根据轴辊的排列形式和调节轴位置的不同，常见的矫平机有辊列平行矫平机和上辊列倾斜矫平机两种，如图 6-2 所示。

通常钢板越厚，矫正越容易。薄板容易变形，矫正起来比较困难。厚度在 3mm 以上的钢板，一般在五辊或七辊矫平机上矫平；厚度在 3mm 以下的薄板，必须在九辊、11 辊或更多辊矫平机上矫平。

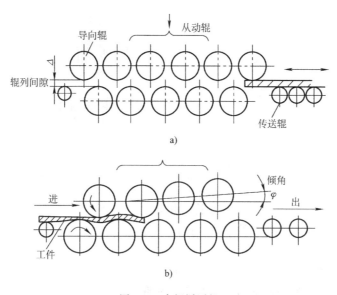

图 6-2 多辊矫平机
a) 辊列平行矫平机 b) 上辊列倾斜矫平机

（2）液压机矫正 在缺少专用钢板矫平机时，厚板的弯曲变形也可以在液压机上进行矫正。矫正时，应使钢板的凸起面向上，并用两条相同厚度的扁钢在凹面两侧支承钢板。钢板在外力作用下发生塑性变形，达到矫正的目的，如图 6-3 所示。施加外力时，钢板应超过平直状态（略呈反向变形），以抵消外力去除后钢板产生的回弹。当钢板受力点下面空间间隙较大时，应放置垫铁，其厚度应略小于两侧垫板的厚度。钢板的变形比较复杂时，应先矫正扭曲变形，后矫正弯曲变形，同时要适当改变垫铁和施加压力的位置，直至矫平为止。

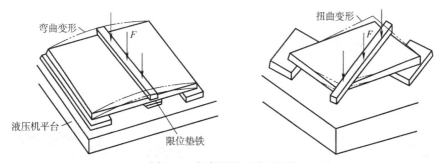

图 6-3 在液压机上矫正厚板

2. 型材的矫正

（1）多辊型钢矫正机矫正 多辊型钢矫正机可矫正角钢、槽钢、扁钢和方钢，矫辊可以调换，以适应矫正不同断面形状的型钢。其原理和多辊钢板矫平机相同，依靠型钢通过上下列辊时的交变反复弯曲使变形得到矫正，如图 6-4 所示。

（2）型钢撑直机（顶床）矫正 型钢撑直机采用反向弯曲的方式矫正型钢和各种焊接梁等结构的弯曲变形。撑直机的运动件成水平布置，有单头和双头两种。双头矫直机两面对称，可两面同时工作，工作效率高。撑直机的工作部分如图 6-5 所示，型钢置于支撑和推撑

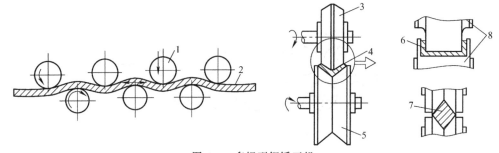

图 6-4 多辊型钢矫正机

1、3、5、8—辊轮 2—型钢 4—角钢 6—槽钢 7—方钢

之间,并可沿长度方向移动。支撑的间距可由操纵手轮调节,以适应型钢不同形式的弯曲。推撑由电动机驱动作水平往复运动,周期性地对被矫正的型钢施加推力,使其产生反向弯曲而达到矫正的目的。推撑的初始位置根据变形量的大小调节。撑直机工作台面设有滚柱,用以支承型钢,并可减小型钢来回移动时的摩擦力。型钢撑直机也可用于型钢的弯形加工,故为弯形、矫正两用机床。

(3) 液压机矫正 在没有型钢专用矫正设备的情况下,也可在普通液压机(油压机、水压机等)上矫正型钢的弯曲和扭曲变形,如图 6-6 所示。操作时,根据工件尺寸和变形的情况应考虑工件放置的位置、垫板的厚度和垫起的部位。合理的操作可以提高矫正的质量和速度。

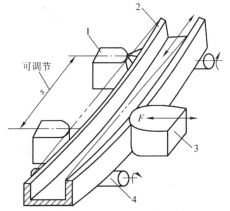

图 6-5 撑直机工作部分

1—支撑 2—型钢 3—推撑 4—滚柱

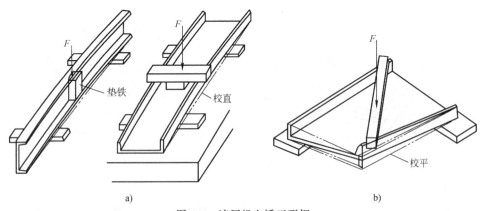

图 6-6 液压机上矫正型钢

a) 矫正弯曲 b) 矫正扭曲

(二) 钢材的手工矫正

无专用矫正设备时,对小尺寸的板材、型材、切割后的零件的变形可采用手工矫正。手工矫正是使用大锤或锤子锤击钢材的短纤维部位,使该部位的金属得到延伸扩展,最终使各层纤维长度趋于一致,达到矫正的目的。

1. 板材的矫正

（1）薄板变形的手工矫正　薄板中部凸起是由于板材四周紧、中间松造成的。矫正时，由凸起处的边缘开始向周边呈放射形锤击，越向外锤击密度越大，锤击力也加大，使由里向外各部分金属纤维层得到不同程度的延伸，凸起变形在锤击过程中逐渐消失（图6-7a）。若在薄钢板的中部有几处相邻的凸起，则应在凸起的交界处轻轻锤击，使数处凸起合并成一个凸起，然后再依照上述方法锤击四周，使之展平。

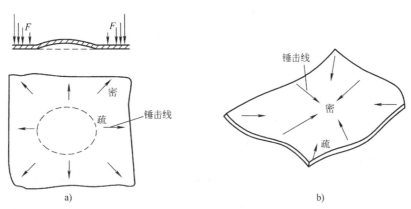

图 6-7　薄板的手工矫正
a）中部凸起变形　b）边缘呈波浪变形

如果薄板四周呈波浪变形，则表明板材四周松、中间紧。矫正时，由外向内锤击，锤击的密度和力度逐渐增加，板材中部纤维层将产生较大的延伸，使薄板的四周波浪变形得到矫正（图6-7b）。

（2）厚板变形的手工矫正　厚板变形主要是弯曲变形。厚板弯曲变形的手工矫正可以直接锤击凸起处，锤击力要大于材料的屈服点，使凸起处受到强制压缩产生塑性变形而矫正；也可锤击凸起区域的凹面，锤击可用较小的力度，使材料仅在凹面扩展，迫使凸面受到相对压缩，从而使厚板得到矫正。

2. 型材与管材变形的矫正

扁钢、角钢、圆钢、圆管的弯曲变形，也可用锤击延展的方法矫正（图6-8a），锤击点在工件凹入一侧（图中箭头表示锤击方向和材料伸展方向）。

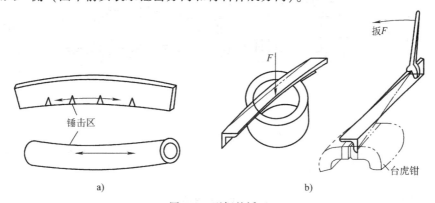

图 6-8　型钢的矫正
a）锤击延展　b）弯曲、扭转

此外，角钢的弯曲和扭曲变形也可在平台、圆墩和台虎钳上，用锤子、扳手等工具进行矫正（图6-8b），靠矫正外力所形成的弯矩达到矫正的目的。

槽钢的扭曲和弯曲变形，要用压力机进行矫正。

三、钢材的预处理

对钢材表面进行铁锈、油污、氧化皮清理等的工艺称为预处理。预处理的目的是把钢材表面清理干净，为后续加工作准备。为防止材料在加工过程中再一次被污染，一些预处理工艺还要在表面清理后喷保护底漆。常用的预处理方法有机械法和化学法。

1. 机械法

机械法常用的方法有喷砂（或喷丸）、手动砂轮或钢丝刷清理、砂布打磨、刮光或抛光等。喷砂（或喷丸）工艺是将干砂（或铁丸）从专用压缩空气装置中急速喷出，轰击到金属表面，将其表面的氧化物、污物打落。这种方法清除比较彻底，效率也较高，但喷砂（或喷丸）工艺粉尘大，需要在专用车间或封闭条件下进行，同时经喷砂（或喷丸）处理的材料会产生一定的表面硬化，对零件的弯曲加工有不良影响。另外，喷砂（或喷丸）也常用于焊接结构在涂装前的清理。图6-9为钢材预处理生产线，它是将钢板矫正、表面清理和防护作业合并在一起，组成了钢材预处理流水线，包括钢板的吊运、矫正、表面除锈清理、喷涂防护底漆和烘干等工艺过程。

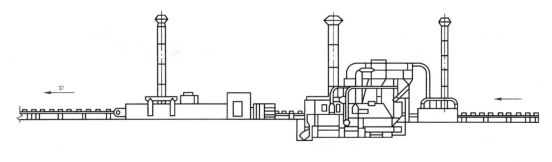

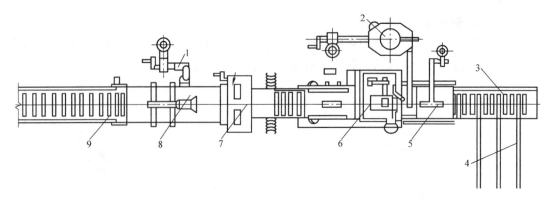

图6-9 钢材预处理生产线

1—滤气器 2—除尘器 3—进料辊道 4—横向上料机构 5—预热室
6—喷丸机 7—喷漆机 8—烘干室 9—出料辊道

钢材经喷砂（或喷丸）除锈后，随即进行防护处理，其步骤为：

1) 用净化过的压缩空气将原材料表面吹净。

2) 涂刷防护底漆或浸入钝化处理槽中做钝化处理，可用质量分数为10%的磷酸锰铁溶液处理10min，或用质量分数为2%的亚硝酸溶液处理1min。

3) 将涂刷防护底漆后的钢材送入烘干炉中，加热到70℃进行干燥处理。

2. 化学法

化学处理法一般分为酸洗法和碱洗法。酸洗法可除去金属表面的氧化皮、锈蚀物等污物；碱洗法主要用于去除金属表面的油污。其工艺过程一般是将配制好的酸、碱溶液装入槽内，把工件放入溶液中浸泡一定时间。工件取出后要用水冲洗干净，以防止残余酸、碱的腐蚀。

第三节 放样与划线工艺过程及质量要求

放样是制造金属结构的第一道工序，它对保证产品质量、缩短生产周期、节约原材料等都有重要的作用。本节以分析放样过程为重点，同时介绍划线（号料）的方法。

一、放样

所谓放样就是根据产品图样，依照产品的结构特点、制造工艺要求等，按一定比例（通常取1∶1），在放样平台上准确绘制结构的全部或部分投影图，并进行结构的工艺性处理和必要的计算及展开，最后获得产品制造所需要的数据、样杆、样板和草图等的工艺过程。

金属结构的放样一般要经过线型放样、结构放样、展开放样三个过程，但并不是所有的金属结构放样都包含这三个过程，有些构件（如桁架类）完全由平板或杆件组成而无须进行展开放样。本节主要介绍放样的程序，并结合实例分析放样的工艺过程。

（一）放样的目的

1) 详细复核产品图样所表现的构件的各部分投影关系、尺寸及外部轮廓形状（曲线或曲面）是否正确和符合设计要求。

2) 在不违背原设计基本要求的前提下，考虑工艺要求、所用材料、设备能力和加工条件等因素而进行结构处理。

图6-10a所示为一离心式通风机机壳中的零件——进风口结构，它是由锥形筒经过翻边而成。从工艺性角度看，按此方案制作加工难度大，在不降低原设计强度要求的前提下，改为图6-10b所示的三件组合形式（以图中双点画线为界），其中件A为一个法兰，可由钢板切割而成；件B为一个圆锥筒，可由卷板机卷制而成；件C为一个弧形外弯板筒，可以分为两块，经压制拼焊而成。改进后的产品降低了加工难度，质量容易得到保证，生产效率也将有所提高。

图6-11所示为某产品的一个部件——大圆筒，原设计中只给出了备料尺寸要求，但由于大圆筒直径较大，其展开较长，需要由几块钢板拼接而成。所以，放样时就应考虑拼接焊缝的位置

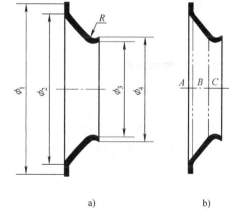

图6-10 进风口
a) 设计结构 b) 三件组合结构

和接头坡口的形式。从保证大圆筒的强度、避免应力集中、减小焊接变形的角度考虑，采用图 6-12 所示的拼接方式应该是一个较好的方案。

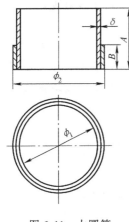

图 6-11　大圆筒

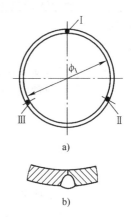

图 6-12　拼接位置与坡口形式
a) 拼接位置　b) 坡口形式

3) 利用放样图，可以确定复杂构件在缩小比例图样中无法表达、而在实际制造中又必须明确的尺寸。例如，锅炉、造船及飞机制造中，由于其形状和结构比较复杂，尺寸又大，设计图样一般是按 1:5、1:10 或更小的比例绘制的，所以在图样上一些构件尺寸不能表达出来，而在实际制造中又必须确定每一个构件的尺寸，这就需要通过放样才能解决。

4) 利用放样图，结合必要的计算，可以求出构件用料的真实形状和尺寸，有时还要画出与之连接的构件的位置线（即算料与展开）。

5) 利用放样图可以设计构件加工或装配时所需的胎具和模具，以满足制造工艺需要。

6) 为后续工序提供施工依据。即绘制供号料画线用的草图，制作各类样板、样杆或样箱，准备数据资料等。

7) 某些构件还可以直接利用放样图进行装配时的定位，即所谓"地样装配"。桁架类构件和某些组合框架的装配，经常采用这种方法，这时，放样图就绘在钢质装配平台上。

（二）放样程序与放样过程分析举例

放样方法有多种，但在长期的生产实践中，形成了以实尺放样为主的放样方法。随着科学技术的发展，又出现了比例放样、计算机放样等新工艺，并在逐步推广应用，但目前广泛应用的仍然是实尺放样。

1. 实尺放样程序

实尺放样就是采用 1:1 的比例，根据构件图样的形状和尺寸，用基本的作图方法，在放样台上画出其所需图形的过程。

（1）线型放样　线型放样就是根据结构制造需要，绘制构件整体或局部轮廓（或若干组剖面）的投影基本线型。进行线型放样时要注意：

1) 根据所要绘制图样的大小和数量多少，安排好各图样在放样台上的位置。为了节省放样台面积和减轻放样劳动量，对于大型结构的放样，允许采用部分视图重叠或单向缩小比例的方法。

2) 选定放样画线基准。放样画线基准，就是放样画线时用以确定其他点、线、面空间位置的依据。以线作为基准的称为基准线，以面作为基准的称为基准面。在零件图上用来确定其他点、线、面位置的基准，称为设计基准。放样画线基准的选择，通常与设计基准是一致的。

应当指出，较短的基准线可以直接用钢尺或弹粉线画出，而对于外形尺寸长达几十米甚至超过百米的大型金属结构，则需用拉钢丝配合角尺或悬挂线锤的方法画出基准线。目前，已采用激光经纬仪做出大型结构的放样基准线，可以获得较高的精确度。作好基准线后，还要经过必要的检验，并标注规定的符号。

3）线型放样时首先画基准线，其次才能画其他的线。对于图形对称的零件，一般先画中心线和垂直线，以此作为基准，然后再画圆周或圆弧，最后画出各段直线。对于非对称图形的零件，先要根据图样上所标注的尺寸找出零件的两个基准，当基准线画出后，再逐步画出其他的圆弧和直线段，完成整个放样工作。

4）线型放样以画出设计要求必须保证的轮廓线型为主，而那些因工艺需要可能变动的线型则可暂时不画。

5）线型放样必须严格遵循正投影规律。放样时，究竟画出构件的整体还是局部，可依工艺需要而定，但无论整体还是局部，所画出的线型所包含的几何投影，必须符合正投影关系，即必须保证投影的一致性。

6）对于具有复杂曲线的金属结构，如船舶、飞行器、车辆等，往往采用平行于投影面的剖面剖切，画出一组或几组线型，以表示结构的完整形状和尺寸。

(2) 结构放样　结构放样就是在线型放样的基础上，依制造工艺要求进行工艺性处理的过程。它包含以下内容：

1）确定各接合位置及连接形式。在实际生产中，由于受到材料规格及加工条件等的限制，往往需要将原设计中的产品整体分为几部分加工后再组合，这时，就需要根据构件的实际情况，正确、合理地确定结合的部位及连接形式。此外，对原设计中产品各连接部位的结构形式，也要进行工艺分析，不合理的部分要加以修改。

2）根据加工工艺及工厂实际生产加工能力，对结构中的某些部位或构件给予必要的改动，如图 6-10 所示。

3）计算或量取零、部件料长及平面零件的实际尺寸，绘制号料草图，制作号料样板、样杆或样箱，或按一定格式填写数据，供数控切割使用。

4）根据各加工工序的需要，设计胎具或胎架，绘制各类加工、装配草图，制作各类加工、装配用样板。

需要强调的是：结构的工艺性处理，一定要在不违背原设计要求的前提下进行。对设计上有特殊要求的结构或结构上的某些部位，即便加工有困难，也要尽量满足设计要求。对结构做较大改动时，须经设计部门或产品使用单位有关部门同意，并由本单位技术负责人批准，方可进行。

(3) 展开放样　展开放样是在结构放样的基础上，对不能反映实形或需要展开的部件进行展开，以求得实形的过程。具体过程如下：

1）板厚处理。根据加工过程中的各种因素，合理考虑板厚对构件形状、尺寸的影响，画出欲展开构件的单线图（即理论线），以便据此展开。

2）展开作图。即利用画出的构件单线图，运用正投影理论和钣金展开的基本方法，做出构件的展开图。

3) 根据做出的展开图,制作号料样板或绘制号料草图。

(4) 展开放样基本方法 就可展性而言,立体表面可分为可展表面和不可展表面。

立体的表面若能全部平整地摊开在一个平面上,而不发生撕裂或皱折,称为可展表面。可展表面相邻两素线应能构成一个平面。圆柱面和锥面相邻两素线平行或是相交,总可构成平面,故是可展表面。切线面在相邻两条素线无限接近情况下,也可构成一微小的平面,因此亦可视为可展的。此外,还可以这样认为:凡是在连续的滚动中以直素线与平面相切的立体表面,都是可展的。

如果立体表面不能自然平整摊开在一个平面上,称为不可展表面。圆球等曲面上不存在直素线,故不可展。螺旋面等扭曲面虽然由直素线构成,但相邻两素线是异面直线,因而也是不可展表面。

展开放样的基本方法有:

1) 放射线法展开。将零件的表面由锥顶起做一系列放射线,将锥面分成一系列小三角形,每一小三角形作为一个平面,将各三角形依次展开画在平面上,就得所求的展开图。放射线法适用于立体表面的素线相交于一点的形体(如圆锥、椭圆锥、棱锥等)表面的展开。

现以正圆锥管为例说明放射线展开法的基本原理。正圆锥的特点是锥顶到底圆任意一点的距离都相等,所以正圆锥管展开后的图形为一扇形,如图 6-13a 所示,它的展开图可以通过计算法(图 6-13b)或作图法(图 6-13c)求得。

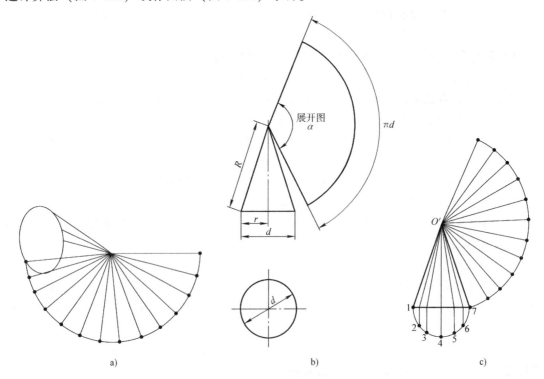

图 6-13 正圆锥管的展开

a) 正圆锥管展开原理 b) 计算法展开 c) 作图法展开

① 计算法展开:展开图的扇形半径等于圆锥素线的长度。扇形的弧长等于圆锥底圆的

周长（$2\pi r$ 或 πd），扇形的圆心角

$$\alpha = \frac{360\pi d}{2\pi R} = \frac{180d}{R}$$

② 作图法展开：用作图法画正圆锥管的展开图时，将底圆圆周等分并向主视图作投影，然后将各点与顶点连接，即将圆锥面划分成若干三角形，以 O' 为圆心，$\overline{O'1}$ 为半径作圆弧，在圆弧上量取圆锥底的周长便得展开图。

2）平行线法展开。将被展开物体的表面，看作由无数条相互平行的素线组成，取相邻两素线及其上下线所围成的微小面积作为平面。当分成的微小面积无限多的时候，各小面积的和就近似等于被展开物体的表面总面积。把所有微小面积，按照原先的先后顺序和相对位置，毫无遗漏、不重叠地铺平展开，就得到了被展开物体表面的展开图。棱柱、圆管类构件都可用平行线法展开。

平行线法展开的步骤为：

① 任意等分平面图（或断面图）的圆周，由各等分点向立面图引投射线，得到一系列的交点。

② 在立面图旁取一条线，垂直于立面图的直素线，并取长度等于断面图中圆周的周长。

③ 在周长直线上，画出断面图上对应的各等分点。过这些等分点作平行于立面图的素线，并将各交点连接便得到展开图。

如图 6-14 所示，作图步骤如下：

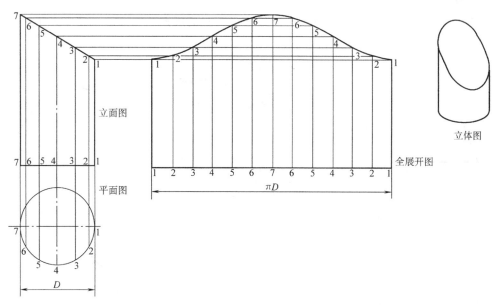

图 6-14 圆管斜切的展开

① 作立面图及平面图。

② 将平面图圆周 12 等分（直径大的，可以多取些等分点）。

③ 从平面图 1，2，…，7 等分点向上作投射线至立体图，得 1，2，…，7 点。

④ 展开圆周：圆周长 = 直径 × 圆周率（即 $C = D\pi$，D 为展开物体底圆的直径）。

⑤ 以圆周长画一直线段，并将它 12 等分，过各等分点作该直线的垂线。展开图中，

$\overline{12}=\overline{23}=\overline{34}=\overline{45}=\overline{56}=\overline{67}$;平面图中,$\overset{\frown}{12}=\overset{\frown}{23}=\overset{\frown}{34}=\overset{\frown}{45}=\overset{\frown}{56}=\overset{\frown}{67}$。

⑥ 从主立面图中1,2,…,7点向右作平行线且与各垂线按顺序相交得1,2,…,7点,连接所得的各交点,即完成展开图。

注:板料厚度在1.2mm以上时要考虑厚度,用平均直径展开。例如一个工件内径为500mm,板厚为5mm,外径为510mm。其平均直径为505mm(平均直径=内径+板厚),其展开圆周长为平均直径×圆周率,其计算式为 $C=($内径$+$板厚$)\pi$。

3)三角形法展开。三角形法展开是以立体表面素线(棱线)为主,并画出必要的辅助线,将零件的表面分成一组或很多组三角形平面,然后求出各三角形每边的实长,并把它们的实形依次画在平面上,从而得到整个立体表面展开图。

三角形展开法的步骤是:

① 将放样图(主视图、俯视图)分成若干个小三角形。

② 求展开实长线。分析小三角形中的各边,哪些是反映了实长的线,哪些是不反映实长的线。必须根据求实长线的方法,全面求出展开实长线。一般情况下,主视图与俯视图中的小三角形的边不是实长线,所以要把它们一条一条移到三角形中,求出展开的实长线。

③ 展开:以主视图、俯视图中各小三角形的相邻位置为依据,用已知的投影线求出展开的实长线,并以展开实长线为半径通过相交法,依次把所有的小三角形交点都画出来。最后把这些交点用曲线或折线连接起来,从而得到展开图。

如图6-15所示为两个不同尺寸正方形过渡接头管的展开。正方形过渡接头在通风管道中经常用到,用三角线法作展开图如下:

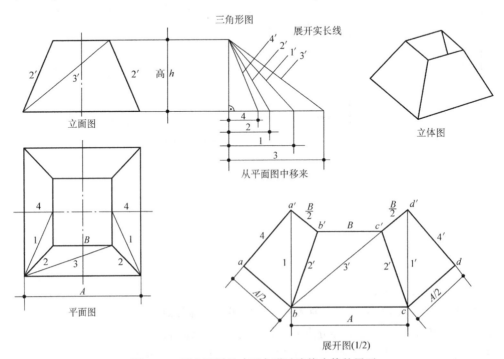

图6-15 两个不同尺寸正方形过渡接头管的展开

① 根据已知尺寸 $B×B$ 及 $A×A$，高度 h 作立面图和平面图，平面图由四个等腰梯形所组成，作辅助线 1、3 把等腰梯形分成两个小三角形。

② 1、2、3、4 线都是从立面图中投影下来的投影线，求出实长后以作展开图之用。

③ 作直角三角形图求展开实长线。1、2、3、4 线是从平面图中移来的，其展开实长线为 1′、2′、3′、4′。

④ 展开：

a. 从平面图中可以看出 A、B 线是实长线。1′、2′、3′、4′线为求出来的实长线。已知 A、2、3、B、3、2 各三条已知边，可以求出这两个三角形。

b. 展开图中的三角形 $A2'3'$ 及 $B3'2'$ 用相交法求得，组成一个展开等腰梯形。详细画法如下：作三角形 $bc = A$，$cc' = 2'$，$c'b = 3'$，$b'c' = B$，$b'b = 2'$；以 b 点为圆心，bc' 为半径作圆弧，以 c 点为圆心，cc' 为半径作圆弧交于 c' 点；再以 c' 点为圆心，$c'b'$ 为半径作圆弧，以 b 点为圆心，bb' 为半径作圆弧交于 b' 点，则 $\triangle bcc'$ 及 $\triangle c'bb'$ 求得。$\triangle aba'$ 及 $bb'a'$ 同样作法。$\triangle cc'd'$ 及 cdd' 同样作法。六个小三角形组成三个等腰梯形，于是正方形过渡接头被展开。4′线为接缝线，另外一半展开图的展开方法相同。在实际工作中，为了省时、省料，只作展开图的一半，另外一半只要覆在板料上照样画出即可。

2. 放样过程分析举例

在明确了放样的任务和程序之后，下面举一实例进行综合分析，以便对放样过程有一个具体而深入的了解。

图 6-16 所示为一个冶金炉炉壳主体部件图样，该部件的放样过程如下：

（1）识读、分析构件图样 在识读、分析构件图样的过程中，主要解决以下问题：

1）了解构件的用途及一般技术要求。该构件为冶金炉炉壳主体，主要应保证有足够的强度，尺寸精度要求并不高，因炉壳内还要砌筑耐火砖，所以连接部位允许按工艺要求做必要的变动。

2）了解构件的外部尺寸、质量、材质、加工数量等概况，并考虑本厂加工能力，确定产品制造工艺。通过分析可知该产品外形尺寸较大，质量较大，需要较大的工作场地和起重能力。加工过程中，尤其装配、焊接时，不宜多翻转。该产品加工数量少，故装配、焊接都不宜制作专门胎具。

3）明确各部分投影关系和尺寸要求，确定可变动与不可变动的部位及尺寸。

还应指出，对于某些大型、复杂的金属结构，在放样前，常常需要熟悉大量图样，全面了解所要制作的产品。

（2）线型放样 线型放样如图 6-17 所示。

1）确定放样画线基准。从图样看出：主视图应以中心线和炉上口轮廓线为放样画线基准，俯视图应以两中心线为放样画线基准。主、俯视图的放样画线基准确定后，应准确地画出各个视图中的基准线。

2）画出构件基本线型。这里件 1 的尺寸必须符合设计要求，可先画出。件 3 位置也已由设计给定，不得改动，亦应先画出。而件 2 的尺寸要待处理好连接部位后才能确定，不宜先画出。至于件 1 上的孔，则先画后画均可。

为便于展开放样，这里将构件按其使用位置倒置画出。

（3）结构放样

1）连接部位Ⅰ、Ⅱ的处理。首先看Ⅰ部位，它可以有三种连接形式，如图6-18所示。究竟选取哪种连接形式，工艺上主要从装配和焊接两个方面考虑。

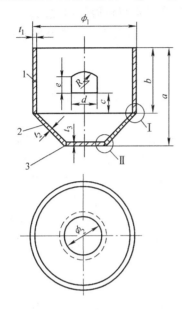

图6-16 炉壳主体部件图

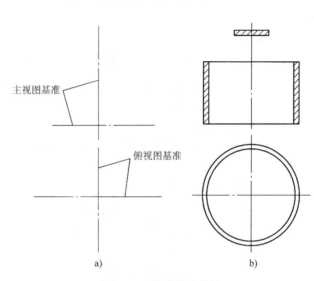

图6-17 炉壳线型放样
a）画基准线 b）画放样线

从构件装配方面看，因圆筒体（件1）大而重，形状也易于放稳，故装配时可将圆筒体置于装配平台上，再将圆锥台（包括件2、件3）落于其上。这样，三种连接形式除定位外，一般装配环节基本相同。从定位方面考虑，显然图6-18b所示的连接形式最不利，而图6-18c所示的连接形式最好。

从焊接工艺性方面看，显然图6-18b所示的连接形式不佳，因为内外两环缝的焊接均处于不利位置，装配后焊接外环缝时，处于横焊和仰焊之间；而翻转后焊内环缝时，

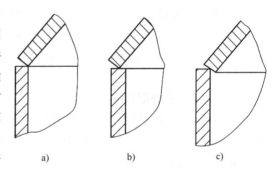

图6-18 Ⅰ部位连接形式比较
a）外环焊接 b）、c）内外环焊接

不但需要仰焊，且受构件尺寸限制，操作甚为不便。再比较图6-18a和图6-18c两种连接形式，图6-18c所示的连接形式更为有利，其外环缝焊接时接近平角焊，翻转后内环缝也处于平角焊位置，均有利于焊接操作。

综合以上两方面因素，Ⅰ部位采取图6-18c所示形式连接为好。

至于Ⅱ部位，因件3体积小，质量轻，易于装配、焊接，故可采用图样所给的连接形式。

Ⅰ、Ⅱ两部位连接形式确定后，即可按以下方法画出件2（图6-19）：以圆筒内表面1点为圆心，圆锥台侧板1/2板厚为半径画一圆。过炉底板下沿2点引已画出圆的切线，则此切线即为圆锥台侧板内表面线。分别过1、2两点引内表面线的垂线，使其长度等于板厚，

得 3、4、5 点。连接 4、5 点，得圆锥台侧板外表面线。同时画出板厚中心线 1—6，供展开放样用。

2）因构件尺寸（a、b、ϕ_1、ϕ_2）较大，且件 2 锥度太大，不能采取滚弯成形，需分几块压制成形或手工煨制，然后组对。组对接缝的部位，应按不削弱构件强度和尽量减少变形的原则确定，焊缝应交错排列，且不能选在孔眼位置，如图 6-20 所示。

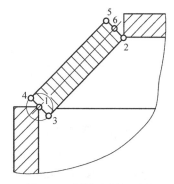

图 6-19　圆锥台侧板画法

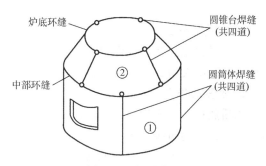

图 6-20　焊缝位置

3）计算料长、绘制草图和量取必要的数据。因为圆筒展开后为一个矩形，所以计算圆筒的料长时可不必制作号料样板，只需记录长、宽尺寸即可；做出炉底板的号料样板（或绘制出号料草图），即一个直径为 ϕ_2 的整圆，如图 6-21 所示。

由于锥台的结构尺寸发生变动，需要根据放样图上改动后的圆锥台尺寸绘制出圆锥台结构草图，以备展开放样和装配时使用，如图 6-22 所示。在结构草图上应标注必要的尺寸，如大端最外轮廓圆直径 ϕ'、总高度 h_1 等。

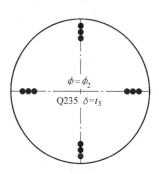

图 6-21　炉底板号料样板

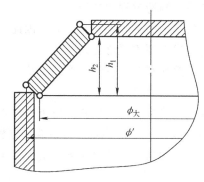

图 6-22　圆锥台结构草图

4）依据加工需要制作各类样板。圆筒卷制需要卡形样板一个，如图 6-23a 所示，其直径 $\phi = \phi_1 - 2t_1$。圆锥台弯曲加工需要卡形样板两个，如图 6-23b、c 所示。制作圆筒上开孔的定位样板或样杆，也可以采取实测定位或以号料样板代替。

（4）展开放样

1）做出圆锥台表面的展开图，并做出号料样板。

2）做出筒体开孔孔型的展开图，并做出号料样板。

（三）放样台

放样台是进行实尺放样的工作场地，有钢质和木质两种。

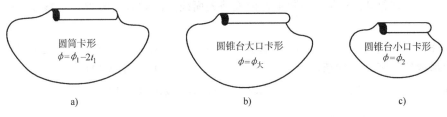

图 6-23　炉壳制作卡形样板

1. 钢质放样台

钢质样台是用铸铁或由 12mm 以上的低碳钢板制成。钢板连接处的焊缝应铲平磨光，板面要平整；必要时，在板面涂上带胶白粉，板下需用枕木或型钢垫高。

2. 木质放样台

木质放样台为木地板，一般设在室内（放样间），要求地板光滑平整、表面无裂缝，木材纹理要细，疤节少，还要有较好的弹性。为保证地板具有足够的刚度，防止产生较大的变形而影响放样精度，放样台地板的厚度应为 70~100mm。各板料之间必须紧密连接，接缝应该交错排列。

地板局部的平面度误差在 $5m^2$ 面积内为 ±3mm。地板表面要涂上二、三道底漆，待干后再涂抹一层暗灰色的无光漆，以免地板反光刺眼，同时，该面漆也能将各种色漆鲜明地映衬出来。

放样台应安放在光线充足的地方，以便于看图和画线。

（四）工艺余量与放样允许误差

1. 工艺余量

产品在制造过程中要经过许多道工序。由于产品结构的复杂程度、操作者的技术水平和所采取的工艺措施等不完全相同，因此各道工序都会存在一定的加工误差。此外，某些产品在制造过程中还不可避免地产生一定的加工损耗和结构变形。为了消除产品制造过程中的加工误差、损耗和结构变形对产品形状及尺寸精度的影响，在制造过程中会采取加放余量的措施，即留工艺余量。

确定工艺余量时，主要考虑下列因素：

（1）放样误差的影响　包括放样过程和号料过程中的误差。

（2）零件加工误差的影响　包括切割、边缘加工及各种成形加工过程中的误差。

（3）装配误差的影响　包括装配边缘的修整和装配间隙的控制、部件装配和总装的装配误差以及必要的反变形等。

（4）焊接变形的影响　包括进行火焰矫正变形时所产生的收缩。

放样时，应全面考虑上述因素，并参照经验合理确定余量加放的部位、方向及数值。

2. 放样允许误差

在放样过程中，由于受放样工具精度和操作者水平等因素的影响，实样图会出现一定的尺寸偏差。把这种偏差限制在一定的范围内，即放样允许误差。

在实际生产中，放样允许误差值往往随产品类型、尺寸大小和精度要求的不同而不同。表 6-3 列出了放样允许误差值，可供参考。

表 6-3 常用放样允许误差值

名称	允许误差/mm	名称	允许误差/mm
十字线	±0.5	两孔之间	±0.5
平行线和基准线	±(0.5~1)	样杆、样条和地样	±1
轮廓线	±(0.5~1)	加工样板	±1
结构线	±1	装配用样杆、样条	±1
样板和地样	±1		

(五) 光学放样与计算机放样

1. 光学放样

光学放样是在实尺放样的基础上发展起来的一种新工艺，它是比例放样和光学划线的总称。

所谓比例放样，是将构件按 1:5 或 1:10 的比例，采用与实尺放样相同的方法，在一种特制的变形较小的放样台上进行放样，然后再以相同比例将构件展开并绘制成样板图。光学划线就是将比例放样所绘制的样板图再缩小到原来的 1/10~1/5 进行摄影，然后通过投影机的光学系统，将摄制好的底片放大 25~100 倍成为构件的实际形状和尺寸，在钢板上进行画线。另外，由比例放样绘制成的仿形图，可供光电跟踪切割机使用。

光学放样虽优于实尺放样，但目前已逐渐被更先进的计算机放样所取代。

2. 计算机放样

计算机辅助设计（即 CAD）技术是利用计算机的图形系统和软件绘制工程图样，将此应用到冷作结构件的放样中，可实现冷作结构件的计算机放样，如将计算机放样技术与计算机排样技术相结合，就可以组成一个完整的计算机放样系统。

二、划线（号料）

利用样板、样杆、号料草图及放样得出的数据，在板料或型钢上划出零件真实的轮廓和孔口真实形状，以及与零件相连接构件的位置线、加工线等，并注出加工符号，这一工作过程称为划线，也称号料。划线通常由手工操作完成，如图 6-24 所示。目前，光学投影划线、数控划线等一些先进的划线方法正在被逐步采用，以代替手工划线。

划线是一项细致而重要的工作，必须按有关的技术要求进行；同时，还要着眼于产品的整个制造工艺过程，充分考虑合理用料问题，灵活而又准确地在各种板料、型钢及成形零件上进行划线。

(一) 划线的一般技术要求

1) 熟悉产品图样和制造工艺。应根据制造工艺的要求，合理安排各零件划线的先后顺序以及零件在材料上位置的排布等。例如，需要在剪床上剪切的零件，其零件位置的排布应保证剪切加工的可能性。

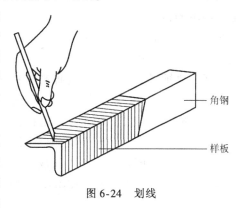

图 6-24 划线

2) 根据产品图样，验明样板、样杆、草图及划线数据，核对钢材牌号、规格，保证图样、样板、材料三者的一致。对重要产品所用的材料，还要核对其检验合格证书。

3）检查材料有无裂缝、夹层、表面疤痕或厚度不均匀等缺陷，并根据产品的技术要求酌情处理。当材料有较大变形，影响划线精度时，应先进行矫正。

4）划线前应将材料垫放平整、稳妥，既要便于划线和保证划线精度，又要保证安全且不影响他人工作。

5）正确使用划线工具、量具、样板和样杆，尽量减小由于操作不当而引起的划线偏差。例如，弹画粉线时，拽起的粉线应在欲划线的垂直平面内，不得偏斜；用石笔划出的线不应过粗。

6）划线后，在零件的加工线、接缝线及孔的中心位置等处，应根据加工需要打上錾印或样冲眼。同时，按样板上的技术说明，应用涂料标注清楚，为下道工序提供方便。要求文字、符号、线条端正、清晰。

7）合理用料。利用各种方法、技巧，合理铺排零件在材料上的位置，最大限度地提高材料的利用率，是划线的一项重要内容。生产中，常采用下述排料方法来达到合理用料的目的：

①集中套排。由于零件的材质、规格是多种多样的，为了合理使用原材料，在零件数量较多时，可将使用相同牌号材料且厚度相同的零件集中在一起，统筹安排，长短搭配，凸凹相就，这样可以充分利用原材料，提高材料的利用率，如图 6-25 所示。

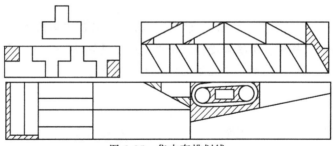

图 6-25　集中套排划线

②余料利用。由于每一张钢板或每一根型钢划线后，经常会出现一些形状或长度大小不同的余料。将这些余料按牌号、规格集中在一起，用于小零件的划线，可最大限度地提高材料的利用率。

③分块排料法。生产中为提高材料的利用率，在工艺许可的条件下，常采用"以小拼整"的方式。例如，在钢板上割制圆环零件时，可将圆环分成 2 个半圆环或 4 个四分之一圆环，再拼焊而成，这比整体割制时材料利用率高，如图 6-26 所示。以四分之一圆环为单元比以二分之一圆环为单元，材料利用率更高。

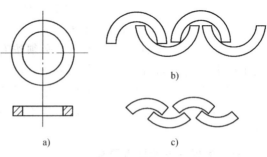

图 6-26　分块排料法
a）整体一环　b）二分之一环　c）四分之一环

目前，上述合理用料的工作已由计算机来完成（即计算机排样），并与数控切割等先进下料方法相配合。

（二）划线允许误差

划线为加工提供直接依据。为保证产品质量，对划线偏差要加以限制。常用的划线允许误差值见表6-4。

表6-4 常用划线允许误差值

名 称	允许误差/mm	名 称	允许误差/mm
直线	±0.5	料宽和长	±1
曲线	±(0.5~1)	两孔(钻孔)距离	±(0.5~1)
结构线	±1	焊接孔距	±0.5
钻孔	±0.5	样冲眼和线间	±0.5
减轻孔	±(2~5)	扁铲(主印)	±0.5

第四节 下料工艺过程及质量要求

下料是将零件或毛坯从原材料上分离下来的工序。在焊接结构制造中常用的下料方法有机械切割和热切割两大类。机械切割是指材料在常温下利用切割设备进行切割的方法，热切割是利用氧乙炔焰、等离子弧等进行切割的方法。

一、机械切割

（一）锯割

锯割主要用于管子、型钢、圆钢等的下料，分为以下两种：

（1）手工锯割 一般用弓形锯，也可采用手工电动锯，如图6-27所示。

（2）机械锯割（锯床） 有弓锯床（图6-28）、带锯床（图6-29）、圆盘锯床等。

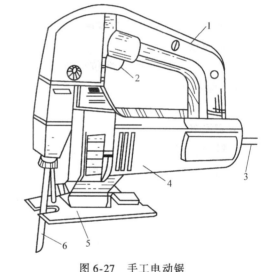

图6-27 手工电动锯
1—手柄 2—开关 3—电源线 4—机身 5—底板 6—锯条

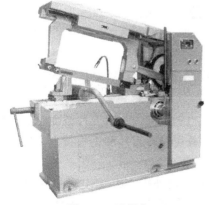

图6-28 弓锯床

图6-29 带锯床

(二) 砂轮切割

根据砂轮磨削特性,利用高速旋转的薄片砂轮进行切割。主要用于切割角钢、钢筋、钢管等小截面钢材。图6-30为砂轮切割机示意图。

操作时用底板上的工件夹具夹紧工件,按下手柄使砂轮薄片轻轻接触工件,平稳匀速地进行切割。因切割时有大量火星,需注意远离木器、油漆等易燃物品。调整工件夹具的夹紧板角度,可对工件进行有角度的切割。当砂轮磨损到一半时,应更换新片。

(三) 剪切

剪切是利用剪板机将材料剪裁成一定外形的毛料,以作为后续冲压成形、边缘加工和焊接等工序的备料。它是通过上下剪刃的相对运动对材料施加剪切力,使材料发生剪切变形,最后断裂分离的一种切割方法。

图6-30 砂轮切割机示意图
1—电动机 2—手柄及开关 3—砂轮片
4—工件夹具 5—夹紧调节轮 6—底板

1. 剪切原理

通过剪刃对钢材的剪切部位施加一定的剪切力,使剪刃压入钢材表面,当其内部产生的内应力超过金属的抗剪强度时,便会使金属产生断裂和分离,如图6-31所示。

2. 剪切设备

(1) 斜口剪床(图6-31b) 斜口剪床的剪切部分是上下两剪刀刃,刀刃长度一般为300~600mm,下刀刃片固定在剪床的工作台部分,靠上刀片的上下运动完成材料的剪切过程。

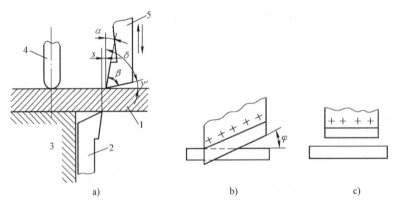

图6-31 剪板机切割示意图
1—被切割的钢板 2—下剪刃 3—机床工作台 4—压夹具 5—上剪刃

剪刀片在剪切中具有一定的斜度,斜度一般在10°~15°范围内。沿刀片截面也有一定的角度,其角度为75°~80°,此角度主要是为了避免在剪切时剪刀片和钢板材料之间产生摩擦。除此以外,上下剪刀刃的刃口部分也具有5°~7°的刃口角。

由于上刀刃的下降将拨开已剪部分板料,使其向下弯、向外扭,从而使剪切的板料产生弯扭变形,如图6-32所示。上刀刃倾斜角度越大,弯扭现象越严重。在大块钢板上剪切窄而长的条料时，变形更突出。

(2) 平口剪床（图 6-31c） 平口剪床有上、下两个刀刃，下刀刃固定在剪床工作台的前沿，上刀刃固定在剪床的滑块上，由上刀刃的运动将板料分离。因上、下刀刃互相平行，故称为平口剪床。上、下刀刃与被剪切的板料在整个宽度方向同时接触，板料的整个宽度同时被剪断，因此所需的剪切力较大。

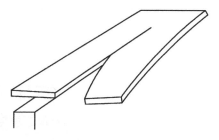

图 6-32　斜口剪床剪切弯扭现象

(3) 圆盘剪床　圆盘剪床的剪切部分由上、下两个滚刀组成。剪切时，上、下滚刀同速反向转动，材料在两滚刀间边剪切、边输送，如图 6-33a 所示。常用的是滚刀斜置式圆盘剪床（图 6-33b）。

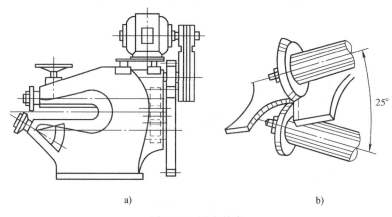

图 6-33　圆盘剪床

圆盘剪床由于上、下剪刃重叠甚少，瞬时剪切长度极短，且板料转动基本不受限制，适用于剪切曲线，并能连续剪切，但被剪材料弯曲较大，边缘有毛刺。一般圆盘剪床只能剪切较薄的板料。

(4) 振动剪床　振动剪床如图 6-34 所示，它的上、下刃板都是倾斜的，交角较大，剪切部分极短。工作时，上剪刃每分钟的往复运动可达数千次，呈振动状。

振动剪床可在板料上剪切各种曲线和内孔，但其刃口容易磨损，剪断面有毛刺，生产率低，而且只能剪切较薄的板料。

(5) 龙门剪床（图 6-35）　龙门剪床主要用于剪切直线，它的刀刃比其他剪切机的刀刃长，能剪切较宽的板料，因此龙门剪床是生产中应用最广的一种剪切设备。

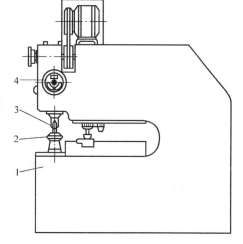

图 6-34　振动剪床
1—机床　2—下剪刃　3—上剪刃　4—升降柄

(6) 联合冲剪机（图 6-36）　联合冲剪机通常由斜口剪、型钢剪和小冲头组成，属多功能剪床，既可剪板材，又可剪型材，还可进行冲孔。在焊接结构生产中，主要用于冲孔和剪切中小型材。

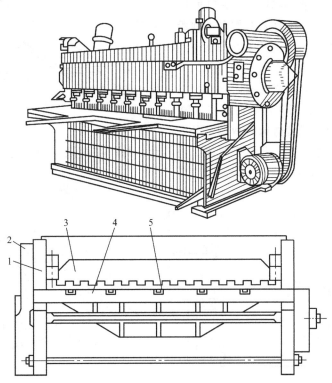

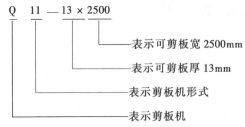

图 6-35　龙门剪床
1—床身　2—传动机构　3—压紧机构　4—工作台　5—托料架

3. 剪床的型号及剪切件尺寸允许偏差

剪床的型号表示剪床的类型、特性及基本工作参数等。例如 Q11—13×2500 型龙门式剪板机，其型号所表示的含义为：

```
Q  11  — 13 × 2500
                    表示可剪板宽 2500mm
               表示可剪板厚 13mm
        表示剪板机形式
   表示剪板机
```

剪切件尺寸允许偏差见表 6-5。

（四）冲裁

冲裁是冲压工序的一种。利用冲模将板料以封闭的轮廓与坯料分离的一种冲压方法，称为冲裁。用于小型零件的批量生产。

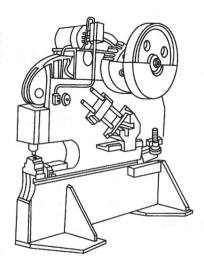

图 6-36　联合冲剪机

冲裁是常见的下料方法之一。板材的冲裁分离有两类：若冲裁的目的是为了制取一定外形轮廓的工件，即被冲下的为所需部分，而剩余的为废料，这种冲裁称为落料。反之，若冲

表 6-5　剪切件尺寸允许偏差　　　　　　　　　　（单位：mm）

毛坯公称尺寸	钢板厚度						
	1~3	3~6	6~10	10~12	12~16	16~20	20~25
≤100	±0.5	±0.5	±0.5	±0.5	±0.5	±1.0	±1.0
>100~250	±0.5	±0.8	±1.0	±1.5	±1.8	±2.0	±2.0
>250~650	±1.0	±1.0	±1.5	±1.5	±2.0	±2.0	±2.0
>650~1000	±1.0	±1.2	±1.8	±2.0	±2.3	±2.5	±2.5
>1000~1500	±1.5	±1.5	±2.0	±2.3	±2.5	±2.5	±3.0
>1500~2000	±1.8	±1.8	±2.3	±2.5	±2.8	±3.0	±3.5
>2000~3000	±2.0	±2.0	±2.5	±2.8	±3.0	±3.5	±4.0

裁的目的是为了加工一定形状和尺寸的内孔，冲下的为废料，剩余的为所需部分，这种冲裁称为冲孔。

图 6-37 为冲裁工件示意图，图 6-37a 为落料制取的变压器铁心片，图 6-37b 为经冲孔制取的长方垫。图 6-37b 所示的长方带孔垫，若能在压力机的一次行程中同时完成冲孔和落料，则称为冲孔-落料复合冲裁，使用的模具称为复合冲裁模。

1. 冲裁原理

冲裁时，材料置于凸、凹模之间，在外力作用下，凸、凹模产生一对剪切力（剪切线通常是封闭的），材料在剪切力作用下被分离（图 6-38）。冲裁的基本原理与剪切相同，只不过是将剪切时的直线刀刃改变成封闭的圆形或其他形式的刀刃。冲裁过程中材料的变形情况及断面状态与剪切时大致相同。板料分离的过程分为三个阶段，即弹性变形、塑性变形和断裂，但由于凹模通常是封闭曲线，因此零件对刃口有一个张紧力，使零件和刃口的受力状态与剪切有所不同。

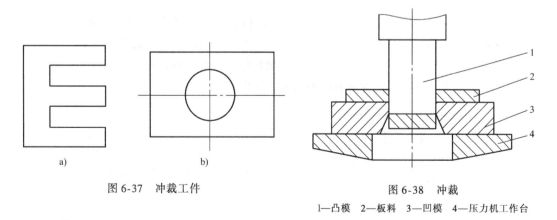

图 6-37　冲裁工件　　　　　图 6-38　冲裁
　　　　　　　　　　　　　1—凸模　2—板料　3—凹模　4—压力机工作台

2. 压力机

冲裁一般在压力机上进行。常用的压力机有曲轴压力机和偏心压力机两种，两者的工作原理相同，差异主要是工作的主轴不同。

曲轴压力机的基本结构如图 6-39a 所示，工作原理如图 6-39b 所示。压力机的床身与工作台是一体的，床身上有与工作台面垂直的导轨，滑块可沿导轨上下运动。上、下冲裁模分别安装在滑块和工作台面上。

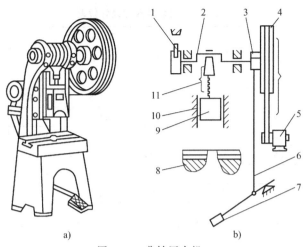

图 6-39 曲轴压力机
a) 外形 b) 工作原理图
1—制动器 2—曲轴 3—离合器 4—大带轮 5—电动机
6—拉杆 7—脚踏板 8—工作台 9—滑块 10—导轨 11—连杆

压力机工作时，先是电动机通过传动带带动大带轮空转。踏下脚踏板后，离合器闭合，带动曲轴旋转，再经过连杆带动滑块沿导轨上下往复运动，进行冲裁。如果将脚踏板踏下后立即抬起，滑块冲裁一次后，便在制动器的作用下停止在最高位置上。如果一直踩住踏板，滑块就不停地上、下往复运动，进行连续冲裁。

3. 冲裁加工的一般工艺要求

（1）冲裁件的工艺性　冲裁件的工艺性是指冲裁件对冲裁工艺的适用性，即冲裁加工的难易程度。冲裁件的工艺性主要包括冲裁件的结构与尺寸、精度与断面表面粗糙度、材料等三个方面。

（2）合理排样　排样是指冲裁件在条料、带料或板料上的布置方法。排样是否合理，将直接影响材料利用率、冲裁件质量、生产效率、冲模结构与使用寿命等。因此，排样是冲压工艺中一项重要的、技术性很强的工作。合理排样，就是在保证必要搭边值的前提下，尽量减少废料，最大限度地提高原材料的利用率，如图 6-40 所示。

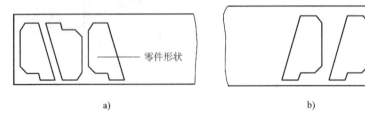

图 6-40 排样
a) 合理 b) 不合理

各种冲裁件的具体排样方法，应根据冲裁件形状、尺寸和材料规格灵活考虑。

（3）搭边　搭边是指排样时冲件之间以及冲件与条料边缘之间留下的工艺废料。搭边在冲裁工艺中有很大的作用：可以补偿定位误差和送料误差，保证冲裁出合格的零件；增加条料刚度，方便条料送进，提高生产效率；避免冲裁时条料边缘的毛刺被拉入模具间隙，提高模具使用寿命等。

二、热切割

(一) 气体火焰切割（气割）

1. 气割原理

气割的实质是金属在氧中的燃烧过程。它利用可燃气体和氧气混合燃烧形成的预热火焰，将被切割金属材料加热到其燃烧温度，由于很多金属材料能在氧气中燃烧并放出大量的热，被加热到燃点的金属材料在高速喷射的氧气流作用下，就会发生剧烈燃烧，产生氧化物，放出热量，同时氧化物熔渣被氧气流从切口处吹掉，使金属分割开来，达到切割的目的。

气割过程包括三步：①火焰预热——使金属表面达到燃点。②喷氧燃烧——氧化、放热（上层金属燃烧放出的热量加热下层金属到燃点）。③吹除熔渣——金属分离。

气割的特点：设备简单、使用方便；切割速度快、生产效率高；成本低、适用范围广；可切割各种形状的金属零件，厚度可达1000mm；主要切割碳钢、低合金钢；可用于毛坯加工，亦可用于开坡口或割孔。

2. 气割使用气体

气割使用气体分为两类，即助燃气体和可燃气体。助燃气体是氧气，可燃气体是乙炔气或液化石油气等。气体火焰是助燃气体和可燃气体混合燃烧而成的，形成火焰的温度可达3150℃以上，最适宜于焊接和切割。

纯氧本身不能燃烧，但在高温下非常活泼，当温度不变而压力增大时，氧气可与油类发生剧烈化学反应而自燃，产生强烈爆炸，所以要严防氧气瓶与油脂接触。

乙炔气（C_2H_2）又称为电石气，为不饱和的碳氢化合物，是一种可燃气体。乙炔在温度超过300℃或压力超过0.15MPa时，遇火就会爆炸。当空气中乙炔的体积分数为2.2%～81%时，遇到明火在常压下也会爆炸，所以焊接和气割现场要特别注意通风。

液化石油气是裂化石油的副产品，主要由丙烷（体积占50%～80%）、丁烷等组成，在常压下为气态，在0.8～1.5kPa压力下可变为液态。其中，丙烷在纯氧中燃烧的火焰温度可达2800℃左右，达到完全燃烧所需的氧气量比乙炔约大1倍，但其燃烧速度约为乙炔的一半。当丙烷与空气混合，若丙烷的体积分数为2.3%～9.5%时，遇有火星也会爆炸。

气割常用的可燃气体为乙炔气。

3. 实现气割的条件

金属材料只有满足下列条件，才能进行气割：

1）金属材料的燃点必须低于熔点。低燃点是金属进行气割的基本条件，否则，切割时金属将在燃烧前先行熔化，使之变为熔割过程，不仅割口宽、极不整齐，而且易粘连，达不到切割质量要求。

2）燃烧生成的金属氧化物的熔点，应低于金属本身的熔点，同时流动性要好，否则，就会在割口表面形成固态氧化物，阻碍氧流与下层金属的接触，使切割过程不能正常进行。

3）金属燃烧时，能放出大量的热，而且金属本身的导热性要差，以保证下层金属有足够的预热温度，使切割过程能连续进行。

4）金属中阻碍气割过程进行和提高钢的淬硬性的杂质要少。

满足上述条件的金属材料有纯铁、低碳钢、中碳钢和普通低合金钢，而铸铁、高碳钢、高合金钢及铜、铝等有色金属及合金，均难以气割。例如，铸铁不能用普通方法气割，是因为其燃点高于熔点，并产生高熔点的二氧化硅，且氧化物的黏度大、流动性差，高速氧流不易把它吹除。此外，由于铸铁的含碳量高，碳燃烧时产生一氧化碳及二氧化碳气体，降低了切割氧的纯度，也造成气割困难。

4. 气割设备及工具

（1）氧气瓶　氧气瓶是储存和运送高压氧气的容器（图6-41），常用氧气瓶容积为40L，工作压力为15 MPa，可以储存$6m^3$氧气。氧气瓶瓶体上部装有瓶阀，通过旋转手轮可开关瓶阀并能控制氧气的进出流量。瓶帽旋在瓶头上，以保护瓶阀。

氧气瓶外表应漆成天蓝色，并用黑漆标明"氧气"字样。

（2）乙炔瓶　乙炔瓶是一种储存和运输乙炔用的压力容器（图6-42），是用优质碳素结构钢或低合金结构钢经轧制而成的圆柱形无缝瓶体，瓶体外表漆成白色，并用红漆标注"乙炔"字样。在瓶内装有浸满丙酮的多孔性填料，使乙炔气能稳定、安全地储存在瓶内。使用时，溶解在丙酮内的乙炔分解出来，通过乙炔瓶阀流出，而丙酮仍留在瓶内，以便溶解再次压入的乙炔。乙炔瓶阀下面填料中心部分的长孔内放有石棉，其作用是帮助乙炔从多孔填料中分解出来。

在使用乙炔瓶时，必须严格遵守安全操作规程。

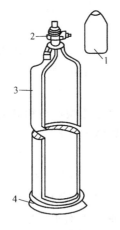

图6-41　氧气瓶
1—瓶帽　2—瓶阀　3—瓶体　4—瓶座

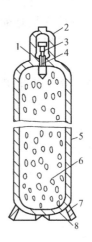

图6-42　乙炔瓶
1—瓶口　2—瓶帽　3—瓶阀　4—石棉　5—瓶体
6—多孔性填料　7—瓶座　8—瓶底

（3）氧气减压器　氧气减压器是用来调节氧气工作压力的装置。气割时，所需氧气压力有一定的规范，要使氧气瓶中的高压氧气转变为气割需要的稳定的低压氧气，就需减压器来调节。

（4）橡胶软管　氧气和乙炔气是通过橡胶软管输送到割炬中去的，橡胶软管用优质橡胶掺入麻织物或棉纱纤维制成。氧气胶管允许工作压力为1.5MPa，孔径为$\phi 8mm$；乙炔胶管允许工作压力为0.5MPa，孔径为$\phi 10mm$。为便于识别，按GB 9448—1999《焊接与切割安全》的规定，氧气胶管采用蓝色，乙炔胶管采用红色。氧气胶管与乙炔胶管的强度不同，不能混用或互相代替。

(5) 割炬 割炬的作用是使乙炔气与氧气以一定的比例和方式混合,形成具有一定热量和形状的预热火焰,并在预热火焰的中心喷射切割氧气进行气割。割炬的种类很多,按形成混合气体的方式可分为射吸式和等压式两种,按用途不同又可分为普通割炬、重型割炬及焊割两用炬。就目前应用情况来看,以射吸式割炬应用较为普遍。图6-43为射吸式割炬外部结构示意图。

射吸式割炬的工作原理(图6-44)为:打开氧气调节阀,氧气由通道进入喷射管,再从直径细小的喷射孔喷出,使喷嘴外围形成真空,造成负压,产生吸力。乙炔气在喷嘴的外围被氧流吸出,并以一定比例混合,经过射吸管和混合气管从割嘴喷出。

气割时,应根据有关规范选择割炬型号和割嘴规格。

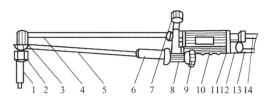 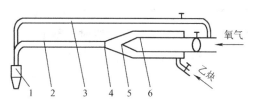

图6-43 射吸式割炬外部结构
1—割嘴 2—割嘴螺母 3—割嘴接头 4—切割氧气管 5—混合气管 6—射吸管 7—切割氧开关 8—中部整体 9—预热氧开关 10—手柄 11—后部接体 12—乙炔开关 13—乙炔接头 14—氧气接头

图6-44 射吸式割炬工作原理
1—割嘴 2—混合气管 3—切割氧气管 4—射吸管 5—喷嘴 6—喷射管

5. 半自动气割机

图6-45所示为CG1—30型半自动气割机,是目前应用最普遍的一种半自动气割机,它由一台小车带动割嘴在专用轨道上移动,但轨道的轨迹需要人工调整。当轨道是直线时,割嘴可以进行直线切割;当轨道呈一定的曲率时,割嘴可以进行一定的曲线气割;如果轨道是一根带有磁铁的导轨,小车利用爬行齿轮在导轨上爬行,割嘴可以在倾斜面或垂直面上进行气割。半自动气割机在切割时,除可以以一定速度沿切割线自动移动外,其他操作均由手工完成。

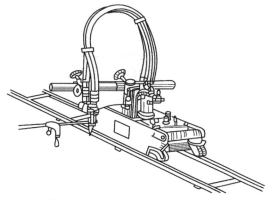

图6-45 CG1—30型半自动气割机

6. 仿形气割机

仿形气割机由运动机构、仿形机构和切割器三大部分组成。运动机构常见的有活动肘臂和小车带伸缩杆两种形式。气割时,将制好的样板置于仿形台上,仿形头按样板轮廓移动,切割器则在钢板上切割出与样板相同的轮廓形状。

CG2—150摇臂仿形气割机是目前应用比较普遍的一种小型仿形气割机,外形如图6-46所示。它是采用磁轮跟踪靠模板的方法进行各种形状零件的切割,行走机构采用四轮自动调平,可在钢板和轨道上行走,移动方便,固定可靠,适合批量切割钢板件。

仿形气割的样板可用 3~6mm 厚的低碳钢板制成，由于割缝的宽度与磁轮直径不一样大，因此样板的尺寸就不能与零件尺寸完全一样。图 6-47 所示为样板与被切割零件的关系。仿形气割的样板有外形样板（沿样板外轮廓切割）和内形样板（沿样板内轮廓线切割）两种，可根据切割的具体情况来选用。

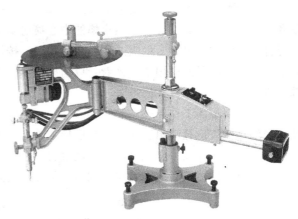

图 6-46　CG2—150 摇臂仿形气割机

（1）外形样板（图 6-47a）　在进行气割时，由于割缝具有一定的宽度，这样在切割封闭形状或曲线时，割下的零件和余料（或弃去部分）在相同部分具有不同的尺寸，因此在计算样板尺寸时，应考虑零件上切割部分是外形还是内形。

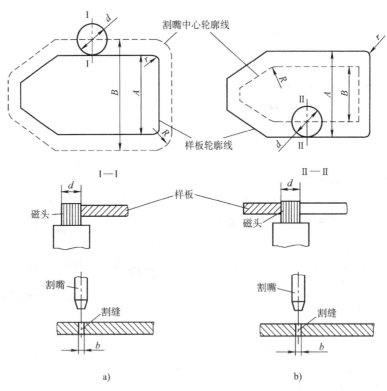

图 6-47　样板与被切割零件的关系
a）外形样板　b）内形样板

切割零件的外形时，可按下式计算

$$A = B - (d - b) \tag{6-1}$$

$$r = R - (d - b)/2 \tag{6-2}$$

式中　A——样板尺寸；

B——零件尺寸；

d——磁头滚轮直径；

b——割缝的宽度；

r——样板的圆弧半径；

R——零件的圆弧半径。

切割零件的内形时，按下式计算

$$A = B - (d + b) \tag{6-3}$$

$$r = R - (d + b)/2 \tag{6-4}$$

（2）内形样板（图6-47b） 切割零件的外形时，按下式计算

$$A = B + (d + b) \tag{6-5}$$

$$r = R + (d + b)/2 \tag{6-6}$$

或

$$r = (d + b)/2 \quad (R = 0) \tag{6-7}$$

切割零件的内形时，按下式计算

$$A = B + (d - b) \tag{6-8}$$

$$r = R + (d - b)/2 \tag{6-9}$$

应当指出，只有用内形样板切割零件的外形时，才能切出 $R = 0$ 的尖角，其余情况下都不能切出尖角，切出零件的最小 R 值为 $b/2$。

（二）等离子弧切割

等离子弧切割是利用高温高速等离子弧，将切口金属及氧化物熔化，并将其吹走而完成切割过程。等离子弧切割属于熔化切割，这与气割在本质上是不同的。由于等离子弧的温度和速度极高，所以任何高熔点的金属及氧化物都能被熔化并吹走，因此可切割各种金属。

目前等离子弧切割主要用于切割不锈钢、铝、镍、铜及其合金等金属以及非金属材料。

等离子弧切割可采用转移型电弧或非转移型电弧。非转移型等离子弧适宜于切割非金属材料，但由于工件不接电，电弧挺度差，若用于切割金属材料，其切割厚度小。因此，切割金属材料通常都采用转移型等离子弧。

一般的等离子弧切割不用保护气，工作气体和切割气体从同一喷嘴内喷出。引弧时，以喷出的小气流离子气体作为电离介质，切割时，同时喷出大气流气体以排除熔化金属。

（三）数控切割

1. 数控切割工作流程

数控切割是按照数学指令规定的程序进行的热切割。它是根据被切割零件的图样和工艺要求，编制成以数码表示的程序，并输入到设备的数控装置或控制计算机中，以控制切割器具按照给定的程序自动地进行切割的工艺方法。数控切割的工作流程如图6-48所示。

（1）编制数控切割程序 要把被加工零件的切割顺序、切割方向及有关参数等信息，按一定格式记录在切割机所需要的输入介质（如磁盘）上，然后再输入切割机数控装置，经数控装置运算变换以后控制切割机的运动，从而实现零件的自动切割。从被加工的零件图样到获得切割机所需控制介质的全过程称为切割程序编制。

（2）数控切割 切割时，编制好的数控切割程序通过光电输入机读入专用计算机中，专用计算机根据输入的切割程序计算出气割头的走向和应走的距离，并以一个个脉冲向自动

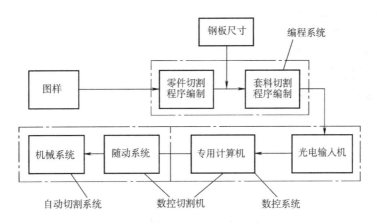

图 6-48　数控切割的工作流程图

切割机构发出工作指令，控制自动切割机构进行点火、钢板预热、钢板穿孔、切割和空行程等动作，从而完成整张钢板上所有零件的切割工作。

2. 数控切割机的组成

数控切割机的组成如图 6-49 所示，其组成可以概括为两大部分：控制装置和执行机构。

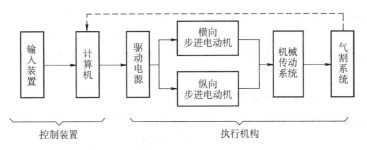

图 6-49　数控切割机的组成

（1）控制装置　控制装置包括输入装置和计算机。

1）输入装置。输入装置的作用是将编制好的用数码表示的指令，读入到计算机中，将人的命令语言翻译成计算机能识别的语言。

2）计算机。计算机的作用是对读入的指令和切割过程中反馈回来的切割器具所处的位置信号进行计算，将计算结果不断地提供给执行机构，以控制执行机构按照预定的速度和方向进行切割。

（2）执行机构　执行机构包括驱动系统、机械系统和气割系统。

1）驱动系统。由于计算机输出的是一些微弱的脉冲信号，不能直接驱动数控切割机使用的步进电动机，所以，还需将这些微弱的脉冲信号真实地加以放大，以驱动步进电动机转动。驱动系统正是这样一套特殊的供电系统：一方面，它能保持计算机输出的脉冲信号不变，同时，又能依据脉冲信号提供给步进电动机转动所需要的电能。

2）机械系统。机械系统的作用是通过丝杠、齿轮或齿条传动，将步进电动机的转动转变为直线运动。纵向步进电动机驱动机体做纵向运动，横向步进电动机驱动横梁上的气割系统做横向运动。控制和改变纵、横向步进电动机运动的速度和方向，便可在二维平面上割出各种各样的直线或曲线来。

3) 气割系统。气割系统包括割炬、驱动割炬升降的电动机和传动系统，以及点火装置、燃气和氧气管道的开关控制系统等。在大型数控切割机上，往往装有多套割炬，可实现同时切割，有效地提高工作效率。

(四) 光电跟踪切割

光电跟踪切割机是一台利用光电原理对切割线进行自动跟踪移动的切割机，它适用于形状复杂的零件切割，是一种高效率、多比例的自动化切割设备。

光电跟踪原理有光量感应法和脉冲相位法两种基本形式。光量感应法是将灯光聚焦形成的光点投射到钢板所划的线上（要求线粗一些，以便跟踪），并使光点的中心位于所划线的边缘，如图 6-50 所示，若光点的中心位于线条的中心时，白色线条会使反射光减少，光感应电流也

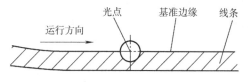

图 6-50 光电跟踪原理图

相应减少，通过放大器后控制和调节伺服电动机，使光点中心恢复到线条边缘的正常位置。

光电跟踪切割机不需要编程和输入大量的数据，可省去制作划线样板，节约划线所需的材料和工时，而且能同时切割出多个零件。缺点是除了切割平台外，还需配备跟踪平台，切割机的占地面积较大，因此，光电跟踪切割长度和跟踪宽度大多数在 2m 以下。

(五) 激光切割

激光是利用原子受激辐射的原理在激光器中使工作物质受激励而获得的经放大后射出的光。激光切割原理是利用经聚焦的高功率密度激光束的热能量将被切割工件切口区熔化、汽化、烧蚀或达到燃点，同时借助与光束同轴的高速气流（这种气体称为辅助气体）吹除熔化物而形成切口。

激光切割的优点：①切口窄小，表面精度高。②可进行薄板高速切割和曲面切割，切割后变形小。③适合可达性较差部位的切割，可切割三维零件。④可切割软、硬、脆、易碎及合成材料。⑤是无接触切割，所以无工具磨损。⑥切割时噪声低，污染小。

激光切割的缺点：设备昂贵，受激光发生器输出功率的限制，目前只能切割中、小厚度材料，一般切割厚度小于 15mm。

第五节 边缘（坡口）加工及质量要求

一、边缘加工及其目的

边缘加工是将工件的边缘或端面加工成符合工艺要求的形状和尺寸及精度要求的加工工序。在焊接结构制造中主要指结构件的坡口加工。

边缘加工的目的：①边缘加工可消除前道工序所产生的加工硬化层和热影响区。②根据工艺要求完成坡口加工。③采用边缘加工可消除装配、焊接工件边缘或自由边的各类缺陷，以提高结构的整体质量。④边缘加工可提高结构的表面质量，也可为产品的后期制作创造条件。

二、常用边缘（坡口）加工方法

（一）机械切削加工

1. 刨边机加工

这是机械切削加工中运用最广的一种方式，如图 6-51 所示。刨边机可进行钢板的直线边缘加工和开坡口，且加工精度高，坡口尺寸准确，刚性夹紧装置可以防止产生加工变形，不会出现加工硬化和热切割中出现的脆硬组织和渣等，特别适合低合金高强度钢、高合金钢以及复合钢板的加工。刨边机可加工任意形式的坡口，但只能加工直线，且设备较贵，占地面积较大，加工速度也比火焰切割慢。

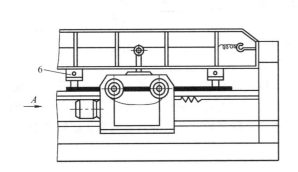
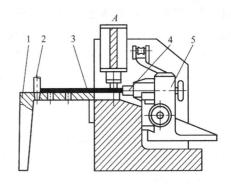

图 6-51 刨边机加工
1—工作台 2—挡销 3—工件 4—刀具 5—主轴箱 6—压紧器

2. 坡口铣边机加工

坡口铣边机如图 6-52 所示。坡口铣边机体积小、结构简单、操作方便、工效高，所加工的板材无论是圆板还是直板，在理论上不受直径、长度、厚度的限制。但受铣刀结构的限制，不能加工 U 形坡口，坡口的钝边部分也无法加工。

除上述两种机械切削加工外，铣床、车床等各种通用机床也常用于零件的边缘加工，如容器封头的环缝坡口常用立式车床进行加工。

（二）热切割加工

边缘（坡口）加工所用的气割设备和工艺规范与钢材下料时完全相同。在进行边缘加工时，使用气割具有以下特点：

1) 适用范围广：不仅可切割直线，也可进行曲线加工，而且特别适用于大厚度工件的加工。

2) 加工速度快：利用多个割炬，一次可加工 V 形或 X 形坡口。

3) 切口处残存渣和一定的硬化层，必须

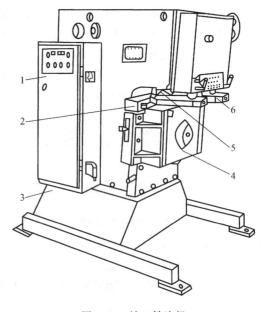

图 6-52 坡口铣边机
1—控制柜 2—导向装置 3—床身 4—压紧和防翘装置 5—铣刀 6—升降工作台

进行打磨和清理。

4) 有裂纹敏感性的材料不适合采用气割进行边缘加工。

单面坡口可用半自动气割机进行切割,气割规范可比同厚度直线气割时大些。采用两把割炬时,应将其中一把割炬倾斜一定角度,如图 6-53 所示。

第一种方法(图 6-53a)适用于切割厚度不大的钢板。切割时垂直割炬在前面割开钢板,倾斜割炬在后面割出坡口。两把割炬之间的距离与被割钢板的厚度有关,钢板增厚,距离可小些,一般取 15~35mm。

第二种方法(图 6-53b)是垂直割炬在前面割开钢板,倾斜割炬紧跟在后面(相距约 10~20mm)割出坡口。由于两割炬距离近,气割速度可略提高些。切割时,倾斜割炬起割时不需预热钢板,可直接开启切割氧进行连续切割。

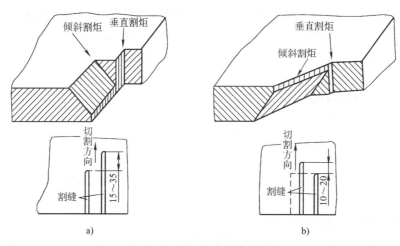

图 6-53　V 形坡口气割
a)第一种方法　b)第二种方法

(三) 炭弧气刨加工

炭弧气刨是一种对金属进行"刨削"加工的工艺方法。它主要用于清理焊根、清除有缺陷的焊缝,也可用于焊缝开坡口,特别是开 U 形坡口,同时可用于切割气割难以加工的金属。

图 6-54 为炭弧气刨示意图。

三、坡口的检查

不论采用何种方法加工坡口,都必须对其形状、尺寸精度认真检查,以利于零件的正式焊接。例如,坡口由于铲削、刨削和切割中的偏差,容易产生高低不平的现象,或者与规定

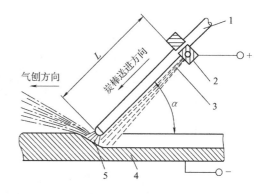

图 6-54　炭弧气刨
1—炭棒　2—气刨钳　3—压缩空气
4—工件　5—炭极电弧

坡口形状、尺寸不符,若不处理就进行焊接,将很难保证焊接质量。所以,当坡口加工完成后,必须按标准坡口的形状和尺寸(JB/T 10045.3—1999《热切割　气割质量和尺寸偏

差》）进行认真检查，若坡口表面有超标沟槽，必须由具有资格认证的焊工焊补，并作打底，合格后方可进入下道工序。

坡口检查的主要项目有：
1) 坡口形状是否符合标准。
2) 坡口是否光滑平整，有无毛刺和氧化铁熔渣等。
3) 坡口角度、钝边尺寸、圆弧半径等是否在允许偏差之内。

第六节 零件成形过程及质量要求

在焊接结构制造中，有相当一部分构件，如压力容器、石化设备中的塔、罐、锅炉的锅筒、球形、椭圆形或锥形封头，大直径管道，大型拱顶钢结构，车辆、船舶中的弧形构件等，都需在焊接之前对材料进行成形加工。最常用的成形加工方法有压弯、卷圆、拉延等。

一、机械压弯成形

即在压力机上使用弯曲模进行弯曲成形的加工方法。

（一）压弯变形过程

压弯成形时，材料的弯曲变形可以有自由弯形、接触弯形和校正弯形三种方式。图6-55所示为在V形模上进行三种方式弯形的情况。若材料弯形时仅与凸、凹模在三条线接触，弯形圆角半径 r_1 是自然形成的（图6-55a），这种弯形方式叫作自由弯形；若材料弯形到直边与凹模表面平行，而且在长度 ab 上相互靠紧时，停止弯形，弯形件的角度等于模具的角度，而弯形圆角半径 r_2 仍是自然形成（图6-55b），这种弯形方式叫作接触弯形；若将材料弯形到与凸、凹模完全靠紧，弯形圆角半径 r_3 等于模具圆角半径 $r_凸$（图6-55c）时，这种弯形方式叫作校正弯形。这里应指出，自由弯形、接触弯形和校正弯形三种方式是在材料弯形时的塑性变形阶段依次发生的。

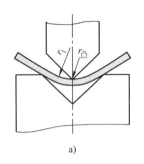
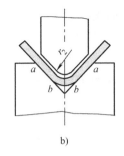
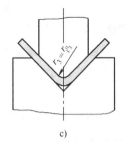

a) b) c)

图6-55 材料压弯时的三种变形方式
a) 自由弯形 b) 接触弯形 c) 校正弯形

（二）最小弯曲半径

材料在不发生破坏的情况下所能弯曲的最小曲率半径称为最小弯曲半径。弯曲时，最小弯曲半径受板料外层最大许可拉伸变形程度的限制，超过这个变形程度，板料将产生裂纹。因此，板料的最小弯曲半径是设计弯曲件、制订工艺规程所必须考虑的一个重要问题。

影响材料最小弯曲半径的因素有：

(1) 材料的力学性能　材料的塑性越好，其允许变形程度越大，则最小弯曲半径可以越小。

(2) 弯曲角 α　在相对弯曲半径 r/δ 相同的条件下，弯曲角 α 越小，材料外层受拉伸的程度越小而不易弯裂，最小弯曲半径可以取较小值。反之，弯曲角 α 越大，变形增大，外表面拉伸加剧，最小弯曲半径也应增大。

(3) 材料的方向性　钢材平行于纤维方向的塑性指标比垂直于纤维方向的塑性指标大。因此，当弯曲线与纤维方向垂直时，材料不易断裂，弯曲半径可以小些。

(4) 材料的表面质量和剪断面质量　当材料剪断面质量和表面质量较差时，弯曲时易造成应力集中而使材料过早破坏，这种情况下应采用较大的弯曲半径。

(5) 其他因素　材料的厚度和宽度等因素也对最小弯曲半径有影响。如薄板可以取较小的弯曲半径，窄板料也可取较小的弯曲半径。

在一般情况下，弯曲半径应大于最小弯曲半径。若由于结构要求等原因，弯曲半径必须小于或等于最小弯曲半径时，应该分两次或多次弯曲，也可采用热弯或预先退火的方法，以提高材料的塑性。

通常，最小弯曲半径可参见表6-6。

表 6-6　最小弯曲半径　　　　　　　　　　　　　　　（单位：mm）

板厚 最小弯曲半径	1.2	1.6	2.3	3.2	4.5	6	9	12	16	19	22	25
冷弯曲	2	2	3	4	6	10	16	20	45	55	65	70
退火后弯曲					5	6	10	14	30	35	40	45
热弯曲					3	4	6	8	12	14	18	20

对于在压力机上压制圆筒瓦瓣，弯曲半径 $R>5\delta$（δ 为板厚）时，可在冷态下弯曲；弯曲半径 $R<5\delta$ 时，应在热态下弯曲。

(三) 弯曲回弹

材料弯曲时，其过程由弹性变形发展到塑性变形，但在塑性变形中，也存在有一定的弹性变形。在板料弯曲区域内的材料，外层受拉，内层受压。因此，当外力去除后，弯曲部分要产生一定程度的回弹，如图6-56所示。

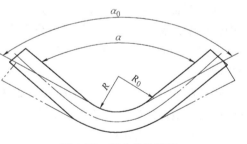

图 6-56　弯曲件的回弹

影响回弹的主要因素为：

1) 材料的力学性能。回弹与屈服强度成正比，与弹性模量成反比。
2) 相对弯曲半径 r/δ 越大，回弹越大。
3) 弯曲角度越大，回弹越大。
4) 弯曲形状。一般 U 形件较 Π 形件回弹小，Π 形件较 V 形件回弹小。
5) 模具间隙越大，回弹越大。

减小回弹的主要措施有：

1) 将凸模角度减去一个回弹角（图6-57）。
2) 采用校正弯曲（图6-58）。

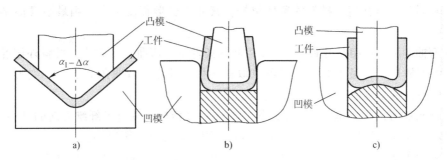

图 6-57 修正模具法

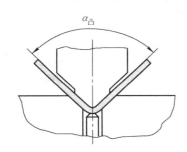
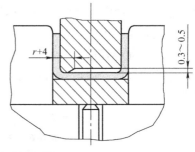

图 6-58 加压校正法

3) 减小凸模和凹模的间隙。
4) 采用拉弯工艺（图 6-59）。
5) 必要时采用加热弯曲。

（四）弯曲件展开长度计算

计算弯曲件展开长度时，先确定中性层，以中性层作为展开的依据，再通过作图和计算，将断面图中的直线和曲线逐段相加即可得到展开长度。

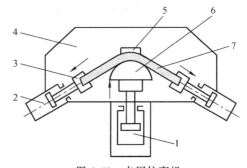

图 6-59 专用拉弯机
1—弯曲液压缸 2—拉伸液压缸 3—夹钳
4—机座 5—凹模 6—凸模 7—工件

钢板弯曲时，中性层的位置随弯曲变形的程度而定。当弯曲的内半径 r 与板厚 δ 之比大于 5 时，中性层的位置在板厚中间，中性层与中心层重合（多数弯板属于这种情况）；当弯曲的内半径 r 与板厚 δ 之比小于或等于 5 时，中性层的位置会向弯板的内侧移动。中性层半径可由经验公式求得，即

$$R = r + K\delta$$

式中　R——中性层的曲率半径；
　　　r——弯板内弧的曲率半径；
　　　δ——钢板的厚度；
　　　K——中性层偏移系数，其值见表 6-7。

表 6-7 中性层偏移系数

r/δ	0.2	0.3	0.4	0.5	0.8	1.0	1.5	2.0	3.0	4.0	5.0	>5.0
K	0.33	0.35	0.35	0.36	0.38	0.40	0.42	0.44	0.47	0.47	0.48	0.50

二、钢板卷圆（滚弯）成形

(一) 卷板（滚弯）原理

滚弯即通过旋转辊轴使材料（钢板）弯曲成形的方法，如图 6-60 所示。滚弯时，板料置于卷板机上、下轴辊之间，当上轴辊下降时，板料受到弯曲力矩的作用，发生弯曲变形。随着上、下轴辊的转动，并通过轴辊与板料间的摩擦力带动板料移动，使板料受压位置连续不断地发生变化，从而形成平滑的弯曲面，完成滚弯成形。

滚弯成形时，要防止因多次冷滚压引起的材料冷加工硬化。冷滚压成形的允许弯形半径 R 不能以板料的最小弯曲半径为界限，而应大些。通常 $R = 20\delta$（δ 为板厚），当 $R < 20\delta$ 时，则应进行热滚弯。

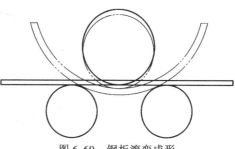

图 6-60 钢板滚弯成形

滚弯成形的优点是通用性强。板材滚弯时，一般不需要在滚弯机上附加工艺装备。型钢滚弯时，只需附加适用于不同截面形状、尺寸的滚轮。滚弯机床结构简单，使用和维护方便。滚弯的缺点是效率较低且精度不高。

(二) 卷板机

滚弯机床包括卷板机和型钢卷弯机。由于滚弯加工的大多是板材，而且卷板机附加一些工艺装备后也能进行一般的型钢滚弯，所以滚弯机床以卷板机为主。

卷板机的基本类型有对称式三辊卷板机、不对称式三辊卷板机和四辊卷板机三种。这三种类型卷板机的轴辊布置形式及运动方向如图 6-61 所示。

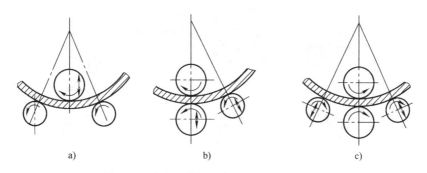

图 6-61 卷板机轴辊的布置形式及运动方向
a) 对称式三辊卷板机　b) 不对称式三辊卷板机　c) 四辊卷板机

对称式三辊卷板机的特点是中间的上轴辊位于两个下轴辊的中线上（图 6-61a），其结构简单，应用普遍。它的主要缺点是弯形件两端各有一段位于弯曲变形区以外，在滚弯后成为直边。因此，为使板料全部弯曲，需要采取特殊的工艺措施。

不对称式三辊卷板机，其轴辊的布置是不对称的，上轴辊位于两下轴辊之上而向一侧偏移（图 6-61b）。因此，板料的一端边缘也能得到弯形，剩余直边的长度极短。若在滚制完一端后，将板料从卷板机上取出调头，再放入进行弯形，就可使板料接近全部得到弯形。这种卷板机的缺点是由于支点距离不相等，轴辊在滚弯时受力很大，易产生弯曲，从而影响弯形件精度，而且弯形过程中的板料调头，也增加了操作工作量。

四辊卷板机相当于在对称的三辊卷板机的基础上又增加了一个侧下辊（图6-61c），这样不仅能使板料全部得以弯曲，还避免了板料在不对称三辊卷板机上需要调头滚弯的麻烦。它的主要缺点是结构复杂、造价高，因此应用不太普遍。

各种卷板机的滚弯过程如图6-62所示。

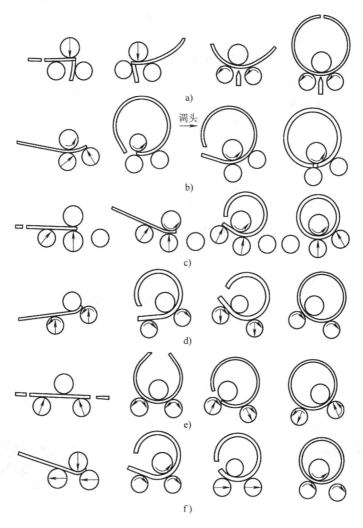

图 6-62　各种卷板机的滚弯过程
a) 带弯边垫板的对称三辊卷板机　b) 不对称三辊卷板机　c) 四辊卷板机
d) 偏心三辊卷板机　e) 对称下调式三辊卷板机　f) 水平下调式三辊卷板机

（三）钢板的卷制过程

1. 圆柱面的卷制

1) 圆柱面的几何特征是表面素线为相互平行的直线，因此在卷制圆柱面工件前，应检查卷板机上、下轴辊是否平行，若不平行，则要进行调整。卷板机上、下轴辊不平行将导致卷制出的工件有锥度。

2) 使用对称式三辊卷板机进行钢板的卷制时，在钢板的两端各存在一个平直段（长度约为两下辊中心距的一半）无法卷弯。为此，在卷制之前，应预先将钢板两端弯曲成所要求的曲率，即进行预弯处理。

预弯的方法有：

①模压预弯。在压力机上利用模具进行，主要用于大厚度板材的预弯（图6-63c）。

②弯胎预弯。利用弯曲胎板在卷板机上进行，主要用于较薄板的预弯。预弯胎板一般用厚度大于筒体厚度两倍以上的板材制成（图6-63a）。

③垫板、垫块预弯，如图6-63b所示。

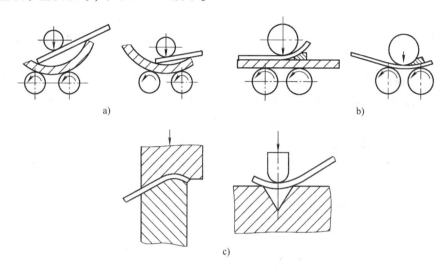

图 6-63　预弯的方法
a）弯胎预弯　b）垫板、垫块预弯　c）模压预弯

3）对中。为了防止钢板在卷制过程中出现扭斜，产生轴线方向的错边，滚卷之前在卷板机上摆正钢板（使工件的素线与轴辊轴线平行）的过程为对中。对中的方法有侧辊对中、专用挡板对中、倾斜进料对中、侧辊开槽对中等，如图6-64所示。

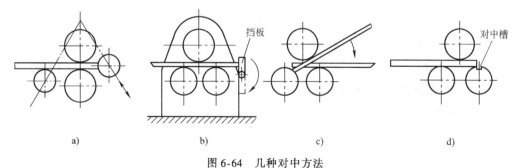

图 6-64　几种对中方法
a）用四辊卷板机的侧辊对中　b）用三辊卷板机的专用挡板对中
c）倾斜进料对中　d）用侧辊对中槽对中

4）调节轴辊间的距离，以控制滚弯件的曲率。由于弯曲回弹等因素的影响，往往不能一次调节、滚压，使坯料获得需要的曲率。通常是先凭经验初步调节好轴辊间距离，然后滚压一段并用样板测量；根据测量结果，对轴辊间距离进一步调整，再滚压、测量。如此数次，直至工件曲率符合要求为止。

5) 较大的工件滚弯时，为避免其自重引起附加变形，应将板料分为三个区域，先滚压两侧区，再滚压中间区；必要时，还要由吊车予以配合。

6) 滚制非圆柱面工件时，应依次按不同的曲率半径，在板料上划分区域。分区域调节轴辊间距离，进行滚压和测量。

7) 滚弯前，应将轴辊和板料表面清理干净，还要将板料上气割留下的残渣或焊接留下的疤痕除去、磨平，以免损伤板料和轴辊。

2. 锥面的卷制

锥面的素线呈放射状分布，而且素线上各点的曲率都不相等。为使滚弯过程的每一瞬间，上轴辊均接近压在锥面素线上，并得到沿素线各点不同的曲率半径而形成锥面，应采取以下措施：

1) 调整上轴辊与下轴辊倾斜成一定角度。这样，就可以沿板料与上轴辊的接触线，压出各点不同的曲率。上轴辊倾斜角度的大小，由操作者先根据滚弯件的锥度凭经验初步调整，再经试滚压、测量，最后确定，或通过经验公式进行计算得出。

2) 扇形大小口送料速度不一致（小口慢、大口快，保证扇形每条素线进入卷板机时与轴辊轴线平行）。方法有分区卷制法（图 6-65）、小口减速法（图 6-66）、旋转送料法（图 6-67）等。

此外，在检查锥面工件的曲率时，对锥面的大口与小口都要进行测量，只有当锥面两口的曲率都符合要求时，工件曲率才算合格。

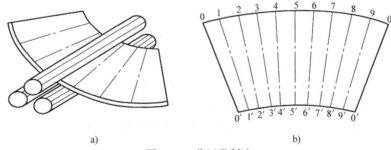

图 6-65 分区卷制法

3. 圆筒棱角的矫正

由于板材两端在预弯时的曲率半径不符合要求，或卷弯时曲率不均匀，卷板后会在接口处出现棱角（外凸或内凹）。要矫正这些棱角，可以在定位焊或焊接后进行局部压制卷弯，图 6-68 所示为矫正棱角的几种方法。对于较厚圆筒，焊后适当加热后再放入卷板机内经长时间加压滚动，也可达到矫圆的目的。

三、拉延成形

拉延也称为拉深，是利用模具使一定形状的平板毛坯变成开口空心形状零件的冲压工艺方法，如图 6-69 所示。拉延具有生产率高、成本低、成形美观等特点。

（一）拉延基本原理

如图 6-70 所示为拉延成形过程。凸模往下压时先与坯料接触，然后强行把坯料压入凹模，迫使坯料分别转变为筒底、筒壁和凸缘；随着凸模的下压，凸缘的径向逐渐缩小，筒壁部分逐渐增长，最后凸缘部分全部转变为筒壁。

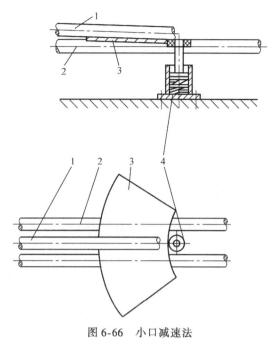

图 6-66 小口减速法
1—上轴辊 2—侧辊 3—坯料 4—减速装置

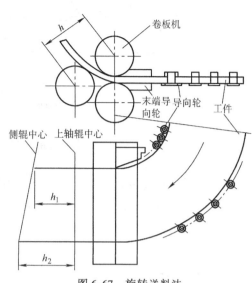

图 6-67 旋转送料法

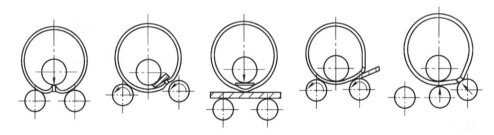

图 6-68 矫正棱角的几种方法

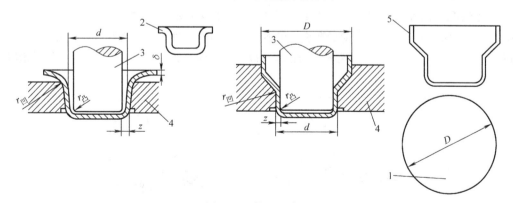

图 6-69 拉延工序图
1—坯料 2—第一次拉延的产品 3—凸模 4—凹模 5—成品

（二）拉延时的变形情况

1. 起皱

在圆筒形件拉延过程中，凸缘部分的材料受切向应力的作用。当切向应力达到一定值

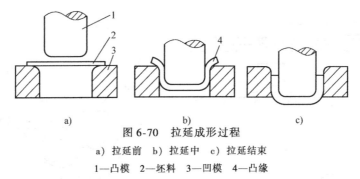

图 6-70 拉延成形过程

a) 拉延前 b) 拉延中 c) 拉延结束

1—凸模 2—坯料 3—凹模 4—凸缘

时,凸缘部分材料由于失去稳定而在整个周边方向出现连续的波浪形弯曲,这种现象称为起皱,如图 6-71 所示。

防止起皱的有效方法是采用压边圈。压边圈安装在凹模上面,与凹模表面之间留有 1.15~1.2 倍板厚的间隙,如图 6-72 所示。

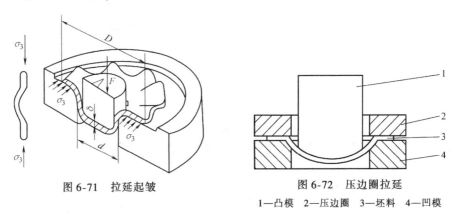

图 6-71 拉延起皱

图 6-72 压边圈拉延

1—凸模 2—压边圈 3—坯料 4—凹模

2. 壁厚的变化

拉延过程中拉延件各部位的壁厚都会发生变化。图 6-73 所示是碳钢封头拉延后测得的壁厚变化情况。图 6-73a 中,椭圆形封头在曲率半径最小处变薄量最大,可达 8%~10%;图 6-73b 中,球形封头在底部变薄最严重,可达 12%~14%。封头边缘增厚最大。为了弥补封头壁厚的变薄,可以适当加大封头毛坯料的板厚,以使封头变薄处的厚度不低于容器的设计壁厚。

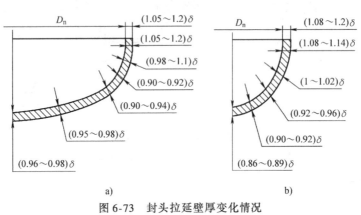

图 6-73 封头拉延壁厚变化情况

a) 椭圆封头 b) 球形封头

影响封头壁厚变化的因素有:
1) 材料强度越低,壁厚变薄量越大。
2) 变形程度越大,封头底部越尖,壁厚变薄量越大。
3) 凸、凹模间隙及凹模圆角越小,壁厚变薄量越大。
4) 压边力过大或过小,压制温度越高,都会导致壁厚减小。

(三) 封头坯料的计算

整体封头坯料的计算方法见表6-8。由于影响坯料尺寸的因素很多,如钢板厚度、加热温度、拉延次数、压制设备等,所以在批量生产时,应先通过试制确定坯料尺寸,再成批生产。

表 6-8 封头坯料展开计算

名称	图形	坯料直径
平底形封头	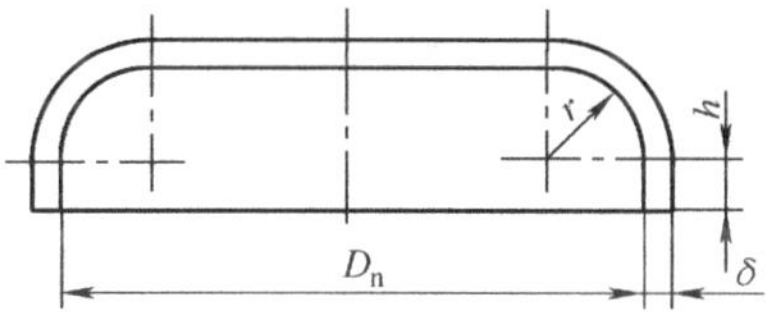	$D_p = D_n + r + 1.5\delta + 2h$ $h > 5\% D_n$ 时, $2h$ 值应按 $h + 5\% D_n$ 代入
椭圆形封头	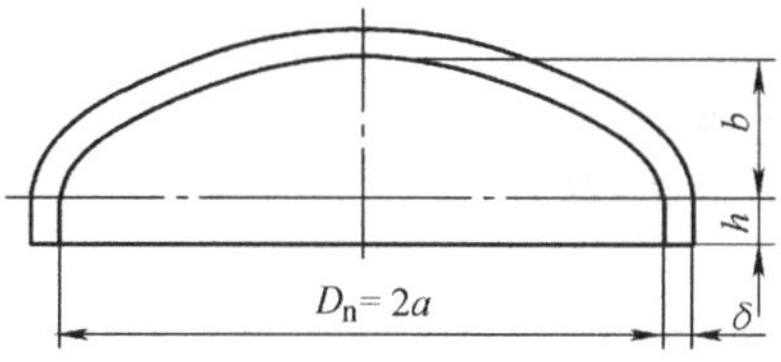	$D_p = \dfrac{\pi}{2}\sqrt{2(a^2+b^2) - \dfrac{1}{4}(a-b)^2} + 2hk_0 + 2s$ k_0—封头冲压成形时的拉深系数,通常可取为0.75 s—封头边缘加工余量 对于 $a = 2b$ 的标准椭圆形封头,可按下式计算 $D_p = 1.223 D_n + 2hk_0 + 2s$
球形封头	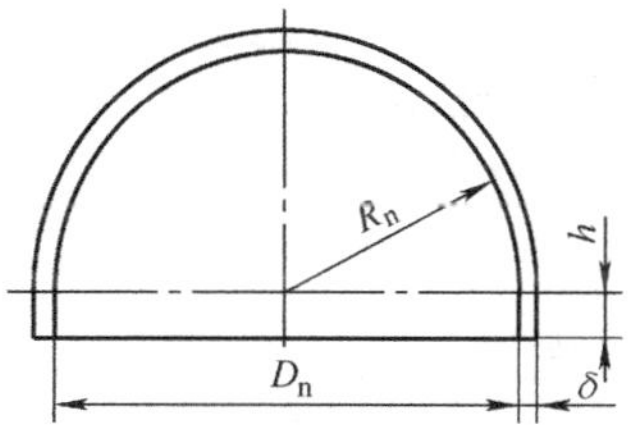	$D_p = 1.43(D_n + \delta) + 2h$

(四) 封头的拉延成形

封头的拉延成形过程如图 6-74 所示。

(1) 中厚壁封头 ($6\delta \leqslant D_p - D_n \leqslant 45\delta$) 用普通模具一次拉延成形,不需要特殊措施。

(2) 薄壁封头 ($D_p - D_n > 45\delta$) 需通过二次拉延成形,如图 6-75 所示。先用比封头内径小200mm的凹模压成碟状,可2~3块坯料叠压,再用配套的凹模压成所需要的封头形状,必要时可分3~4次拉延。

(3) 厚壁封头（$D_p - D_n < 6\delta$） 多为球形封头,拉延时边缘增厚严重,尤其直边高度>100mm的球形封头,增厚率常达10%以上。拉延时必须增大模具间隙,或将坯料边缘削薄后再进行拉延,如图6-76所示。

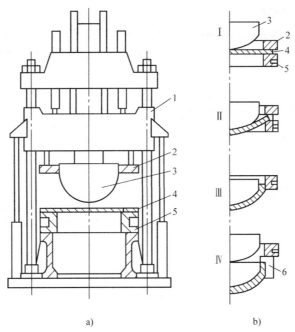

图6-74 封头拉延成形
1—活动横梁 2—压边圈 3—凸模（冲头）
4—毛坯 5—凹模（冲环） 6—脱模装置

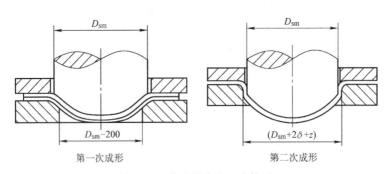

图6-75 薄壁封头的二次拉延

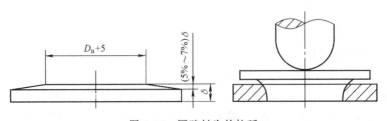

图6-76 厚壁封头的拉延

四、旋压成形

(一) 旋压成形原理

旋压是在专用的旋压机上进行的。图 6-77 所示为旋压工作简图。毛坯 3 用尾顶针 4 上的压块 5 紧紧地压在模胎 2 上，当主轴 1 旋转时，毛坯和模胎一起旋转，操作旋棒 6 对毛坯施加压力，同时旋棒纵向运动。开始旋棒与毛坯是一点接触，由于主轴旋转和旋棒向前运动，毛坯在旋棒的压力作用下产生由点到线及由线到面的变形，逐渐地被赶向模胎，直到最后与模胎贴合为止，完成旋压成形。这种方法的优点是不需要复杂的冲模，变形力较小，但生产率较低，故一般用于中小批生产。

(二) 旋压封头

封头的旋压有立式和卧式两种。图 6-78 所示为在立式旋压机上旋压封头。

目前，有的旋压机不设置加热炉，采用二步冷旋压成形，如图 6-79 所示。其工作过程是：先将切割好的圆形坯料在压鼓机上压制成球冠形，使封头的中心部位达到所要求的曲率半径，然后再在翻边机上将封头的边缘部分旋压成形。

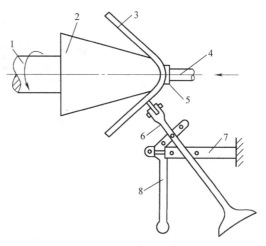

图 6-77 旋压成形原理
1—主轴　2—模胎　3—毛坯　4—尾顶针
5—压块　6—旋棒　7—支架　8—助力臂

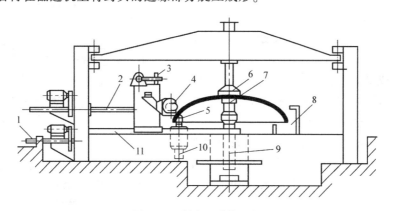

图 6-78 封头立式旋压机
1、2—水平轴　3、10—垂直轴　4—外滚轮　5—内滚轮
6—上转筒　7—下转筒　8—加热炉　9—主轴　11—底座

五、爆炸成形

(一) 爆炸成形的基本原理

如图 6-80 所示，爆炸成形是将爆炸物质放在一个特制的装置中，点燃爆炸后，在极短的时间内产生高压冲击波，使坯料变形，从而达到成形的目的。

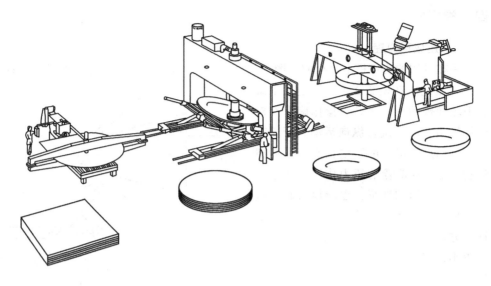

图 6-79　二步旋压机组示意图

爆炸成形可以对板料进行多种成形加工，例如压延、翻边、胀形、弯形、矫正、压花纹等。此外，还可以进行爆炸焊接。

（二）爆炸成形的主要特点

1）爆炸成形不需要成对的刚性凸、凹模，而是通过传压介质（空气或水）来代替刚性凸模的作用。因此，可使模具结构简化。

2）爆炸成形可以加工形状复杂、刚性模具难以加工的空心零件。

3）爆炸成形属于高速成形，零件回弹极小，贴模性能好，只要模具尺寸准确、表面光洁，则零件的精度高、表面质量好。

4）爆炸成形不需要冲压设备，成形零件的尺寸不受设备能力限制，而且成形速度快，操作方便，成本低，在试制或小批生产大型构件时，经济效果显著。

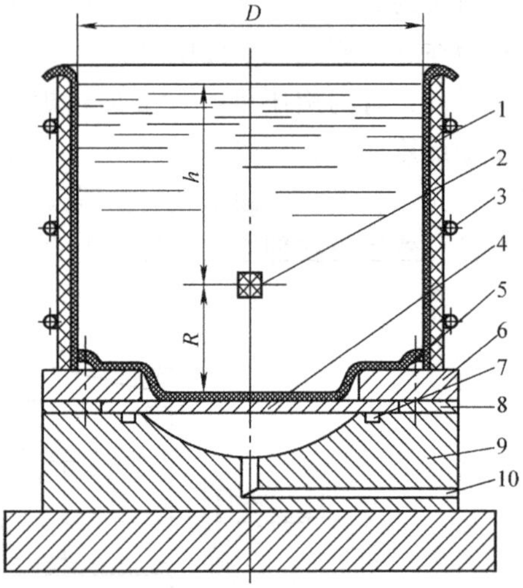

图 6-80　爆炸成形装置
1—纤维板　2—炸药　3—钢绳　4—坯料
5—密封袋　6—压边圈　7—密封圈　8—定位圈　9—凹板　10—抽气孔

六、成形件的一般质量要求

不论采用哪一种成形工艺，对成形件一般有如下要求：

1）表面压伤应在规定的范围之内。

2）压制或卷圆过程中要限制变形率，消除坯料表面可能导致应力集中的因素，避免压裂或卷裂。

3）压制或卷圆圆筒形零件时，预弯边十分重要，对控制棱角度起关键作用。

4) 成形件在制作过程中,通常用样板检查其弯角或曲率。

5) 成形件制作后,除用样板检查外,还可根据工件大小及特异性的需求,进行实尺放样,检查其形位尺寸或型线,当达不到图样规定的形位和尺寸允许偏差时,应进行机械或火焰矫正。

第七节 气液分离器备料工艺规程的编制

备料是一项细致而重要的工作,必须按有关技术要求进行,同时要着眼于产品制造的整个工艺,还应充分地考虑合理用料问题。在产品投料前,要求编制出正确的备料工艺,以指导操作者灵活而准确地在各种板料、型材或某些成形零件上直接画出工件的切割线并进行零件加工。下面以气液分离器为例,说明焊接结构零件的备料工艺编制的过程。气液分离器总装图见图5-1(书后插页)。

一、备料前的准备

1. 分析产品总装图,划分出零部件,并根据明细表的内容,列出产品用材的种类、牌号及规格

从气液分离器总装图可知,该产品属二类压力容器,其受压元件有封头、筒体、法兰、接口、补强圈。其中,主要受压元件是封头与筒体,用料的主体也是封头与筒体。封头 $\phi 426mm \times 14mm$、筒体 $\phi 426mm \times 14mm \times 2700mm$、试板 $400mm \times 150mm \times 14mm$,它们用料的类型、牌号、规格相同,应统一划线。

2. 计算封头与筒体坯料的展开尺寸

1) 从零件图可知,气液分离器的封头是非标准椭圆形封头,可用表6-8推荐公式计算坯料展开尺寸,即

$$D_0 = \frac{\pi}{2} \sqrt{2(a^2+b^2) - \frac{1}{4}(a-b)^2} + 2hk_0 + 2s$$

由此可以计算出 $\phi 426mm \times 14mm$、$\phi 219mm \times 10mm$ 封头的坯料展开直径。

2) 筒体坯料的展开尺寸:

$$r/t = 199/14 = 14.2 > 5$$

中性层与板料的中心层重回,可按中径计算,即

$$L = 2\pi R = 2 \times 3.14 \times 206mm = 1294mm$$

在生产实践中,封头零件加工工序全部结束后,以封头实际中径计算筒体的展开尺寸,在没有预弯模的情况下,应考虑在展开长度两端留出余量。

用同样的方法可以计算出 $\phi 219mm \times 10mm$ 筒体的展开长度。

3) 筒体试板尺寸下料:$400mm \times 150mm \times 14mm$ 两件。

3. 排料

将计算好的封头、筒体、试板用料尺寸在钢板上排料。排料时筒体的展开长度应与钢板的轧制方向相一致,若采用火焰切割下料,还应留出切割余量。以下为主要零件备料工艺示例。

二、备料工艺编制

(一) 封头 (φ426mm×14mm)

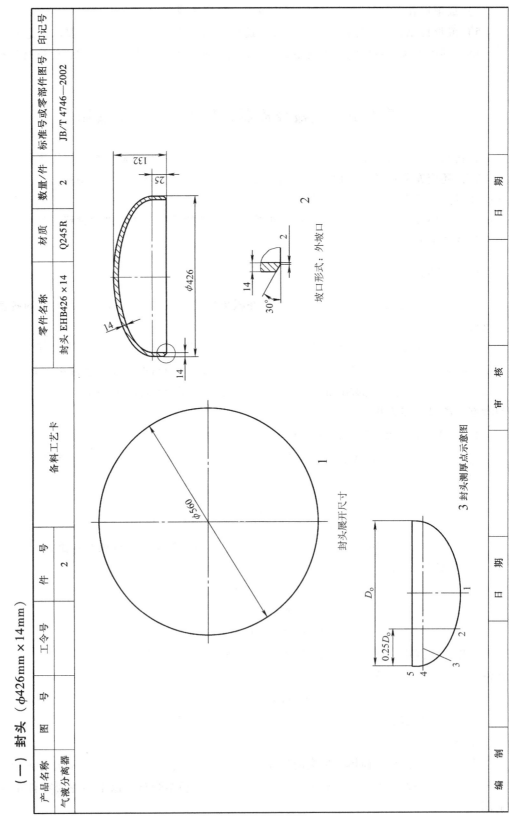

产品名称	内控标记	图号	工令号	件号	备料工艺卡		零件名称	材质	数量/件	标准号或零部件图号	印记号
气液分离器				2			封头 EHB426×14	Q245R	2	JB/T 4746—2002	
监检标记	工序编号	工序名称			工序内容及技术要求		设备工装	检验数据	操作者/日期	检验员/日期	
A	1	材料检验			材料应有符合 GB 713—2014 标准要求的质证书；外观检查要求材料表面不得有裂纹、结疤、夹渣、分层等缺陷；实测钢板厚度，要求 $\delta_{\min} \geq 13.75\,\text{mm}$		测厚仪				
RH	2	发料			保管员依据《压力容器材料表》和《领料单》并经材检验员到现场确认后发放材料						
E	3	下料			按理论展开尺寸 φ560mm 及排料要求划线，材检员做好材料标记移植，检验员检查确认后，按线下料		氧气、乙炔、圆规				
E	4	压制成形			冷压模具要考虑成形后的回弹量 热压模具要考虑成形后的收缩量，热压温度，起始温度 1050℃，终止温度≥700℃，防止过烧、过热		模具、油压机、加热炉				
RE	5	检验			1) 检查验收《封头质量证明书》《封头产品合格证》及《质量检验报告》 2) 用弦长等于封头内直径的内样板检查封头内表面形状偏差，其最大间隙：外凸≤5mm，内凹≤2.5mm		内样板				
编	制				审 核				日 期		

产品名称	图号		工令号	件号	备料工艺卡					零件名称		材质	数量/件	标准号或零部件图号	印记
气液分离器				2						封头 EHB426×14		Q245R	2	JB/T 4746—2002	
内控标记	工序编号	工序名称			工序内容及技术要求					设备工装			检验数据	操作者/日期	检验员/日期
监检标记	5	检验			3) 封头直边不允许存在纵向折皱 4) 尺寸检查					测厚仪					
					公称直径 /mm	内直径公差 /mm	最大最小内直径差 /mm	直边倾斜度 /mm	直边高度公差 /mm	总深度允许公差 /mm	直边允许公差 /mm	最小壁厚 /mm			
					426	−3 ~ +3	2	向内≤1.0 向外≤1.5		−0.8 ~ +2.4	−1.25 ~ +2.5	≥12.1			
										直尺					
										钢卷尺					
E	6	铆			划直边余量线,工装位置线										
	7	气			气割余量					氧气、乙炔					
	8	车			按坡口形式图车上封头坡口,下封头坡口										
E	9	铆/气			去除工装,打磨封头达要求										
编	制		日 期				审	核				日 期			

(二) 筒体一 (ϕ426mm × 14mm × 2700mm)

工令号	产品名称	排 板 图	图 号	生产台数	共 页
	气液分离器				第 页

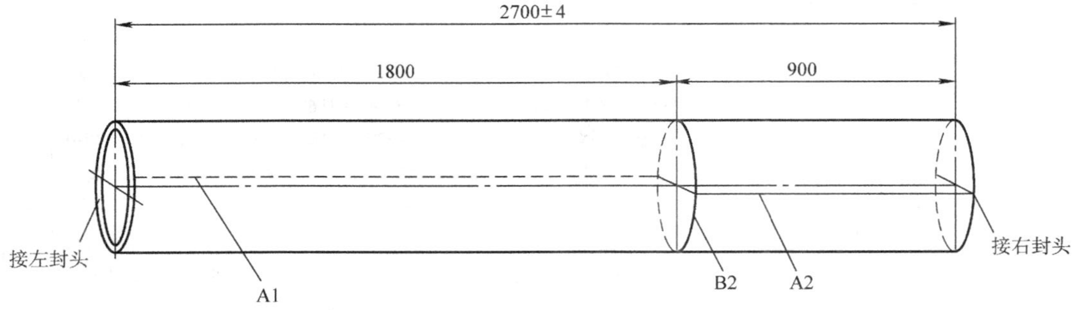

筒体排板示意图

技术要求

筒节的外周长展开尺寸公差不得大于 ±3mm。

编制	日期	审核	日期

产品名称	图号	工令号	件号	备料工艺卡		零件名称	材质	数量/件	标准号或零部件图号	印记号
气液分离器			5			筒体—φ426×14	Q245R	1		
监检标记	内控标记	工序编号	工序名称	工序内容及技术要求	设备工装	检验数据			操作者/日期	检验员/日期
A	R H	1	材料检验	材料应有符合 GB 713—2014 标准要求的质证书;外观检查要求材料表面不得有裂纹、结疤、夹渣、分层等缺陷;实测钢板厚度,要求 $\delta_{min} \geq 13.75mm$	钢卷尺 测厚仪					
	E	2	发料	保管员依据《压力容器材料表》和《领料单》并经材检员到场确认后发放材料						
	E	3	下料	按排料要求划线,材检员做好材料标记移植,检验员检查确认后,按理论下料并开 30°外坡口;同时下试板 1 副,引弧板。筒体分两段下料,其理论下料尺寸为:1294mm×1800mm 1 件、1294mm×900mm 1 件,实际下料尺寸以封头实际中径计算周长为准;试板下料尺寸:400mm×150mm,2 件	氧气、乙炔					
	E	4	卷板	按卷板通用工艺滚卷钢板,筒体 A 类焊缝对口错边量 $b \leq 3mm$,棱角度 $E \leq 3.4mm$。筒节纵焊缝延长部位固定点焊筒体试板、引弧板,定位焊长度 20~50mm,间距 150~200mm	卷板机 直尺					
	E	5	铆焊施焊	清除坡口两侧 20mm 范围内的污物等,然后按焊接工艺施焊,清除熔渣及焊接飞溅,补焊回坑、咬边、弧坑等缺陷并修磨;打焊工钢印;填写焊接记录;检验员检查外观质量	直流焊机 焊检尺					
编 制				审 核					日 期	

第六章 备料工艺编制及实施

产品名称	图号	工令号	件号	备料工艺卡	零件名称	材质	数量/件	标准号或零部件图号	印记号
气液分离器			5		筒体—φ426×14	Q245R	1		
监检标记	内控标记	工序编号	工序名称	工序内容及技术要求	设备工装		检验数据	操作者/日期	检验员/日期
H		6	理化	割除试板,将筒体试板进行力学性能试验,拉伸1件,侧弯2件,焊缝金属的冲击3件,试验合格后方可进行下道工序					
	E	7	矫圆	筒体矫圆,要求最大最小直径差 e≤4mm,棱角度 E≤3.4mm	卷板机				
	E	8	组对	按筒体排板图要求组对两段筒节,定位焊要求同工序4;筒体B类环缝组对错边量 b≤3.5mm,棱角度 E≤3.4mm,壳体直线度允差≤H/1000,即≤2.7mm,两筒体纵缝相互错开180°	转台 钢直尺				
	E	9	焊接	要求同工序5	直流焊机				
	E	10	检验	按筒体零件图检查筒体各项尺寸					
	E	11	无损检测	纵缝经外观检查合格后,按无损检测工艺对纵缝及试板进行100% RT检测,按 NB/T 47013.2—2015标准Ⅱ级合格	X射线探伤机				

编制	审核	日期

（三）试板（400mm×150mm×14mm）

| 产品名称 | 气液分离器 | 图号 | | 工令号 | | 零件名称 | 试板 | 材质 | Q245R | 数量/件 | 1 | 标准号或零部件图号 | NB/T 47016—2011 |

备料工艺卡

监检标记	内控标记	工序编号	工序名称	工序内容及技术要求	设备工装	检验数据	操作者/日期	检验员/日期	印记号
A	RH	1	材料检验	材料应有符合 GB 713—2014 标准要求的质量证书；外观检查要求材料表面不得有裂纹、结疤、夹渣、分层等缺陷；实测钢板厚度，要求 $\delta_{min} \geq 13.75$mm	测厚仪				
	E	2	发料	保管员依据《压力容器材料表》和《领料单》并经材检员到场确认后发放材料					
	E	3	下料	按排料要求划线，材检员做好材料标记移植，检验员检查确认后，按线下料开坡口，下试板1副，试板下料尺寸为：400mm×150mm，2件	直尺 氧气、乙炔				
	E	4	铆焊	在筒节纵缝延长部位组对焊接试板，错边量 $b \leq 3$mm，棱角度 $E \leq 3.4$mm					
	E	5	焊接	清除坡口两侧20mm范围内清理污物，然后按焊接工艺随筒体纵缝一起施焊，清除焊渣及焊接飞溅，打焊工钢印，填写施焊记录，检验员检查外观熔合质量	直流焊机				
	E	6	无损检测	按无损检测工艺对焊缝进行100% RT检测，按 NB/T 47013.2—2015 标准 II 级合格	X 射线探伤机				
	E	7	划线	试板随设备同炉热处理后按规定顺序划线，侧弯2个，拉伸1个，冲击3个					
	E	8	气割	按划线切割试样坯料	氧气、乙炔				
	E	9	金属加工	按试样零件图要求进行机械加工					
	H	10	理化	按 GB 150—2011 标准要求进行力学性能试验					
	R	11	判定	整理试验记录，出具焊接试板试验报告					

| 编制 | | 日 期 | | 审 核 | | 日 期 | |

(四) 筒体二 ($\phi219\text{mm} \times 10\text{mm}$)

产品名称	图号	工令号	件号	备料工艺卡	零件名称	材质	数量/件	标准号或零部件图号	印记号
气液分离器			7		筒体二 $\phi219\times10$	Q245R	1	GB/T 8163—2008	
监检标记	内控标记	工序编号	工序名称	工序内容及技术要求	设备工装	检验数据	操作者/日期	检验员/日期	
A	RH	1	材料检验	材料应有符合 GB/T 8163—2008 标准要求的质证书；外观检查要求材料表面不得有裂纹、结疤、夹渣、分层等缺陷；实测钢管外径、厚度，要求：外径 $\phi219\text{mm}\pm2\text{mm}$，壁厚 $8.8\text{mm}\leqslant\delta\leqslant11.5\text{mm}$	游标卡尺测厚仪				
	E	2	发料	保管员依据《压力容器材料表》和《领料单》并经材检员到现场确认后发放材料					
	E	3	下料	划下料尺寸线 $L=545\text{mm}$ 1 件，已预留 10mm 加工余量，放线气割下料，材检员按规定做好材料标记移植	氧气、乙炔				
	E	4	车	两端车平，车后长度 $L=535\text{mm}\pm2\text{mm}$，1 件，一端车 $30°$ 外坡口，钝边 2mm，另一端不车坡口	CW6310				
	E	5	划线	划筒体二 $\phi219\text{mm}\times10\text{mm}$ 与筒体一 $\phi426\text{mm}\times14\text{mm}$ 的正交相贯线，要求：筒体二 $\phi219\text{mm}\times10\text{mm}$ 按图组对后与筒体一内壁齐平					
编制			日期		审核		日期		

（五）补强圈

产品名称	图号	工令号	件号		备料工艺卡		零件名称		标准号或零部件图号	印记号
							补强圈 dN200×14-C		JB/T 4736—2002	
气液分离器			24				材质	数量/件		
							Q245R	2		

监检标记	内控标记	工序编号	工序名称	工序内容及技术要求	设备工装	检验数据	操作者/日期	检验员/日期
A	R H	1	材料检验	材料应有符合 GB 713—2014 标准要求的质证书；外观检查要求材料表面不得有裂纹、结疤、夹渣、分层等缺陷；实测钢板厚度，要求 $\delta_{min} \geq 13.75mm$	测厚仪			
				日 期	审 核	日 期		

编制

第六章 备料工艺编制及实施

产品名称	图号	工令号	件号	备料工艺卡		零件名称	材质	数量/件	标准号或零部件图号	印记号
气液分离器			24			补强圈 dN200×14-C	Q245R	2	JB/T 4736—2002	
内衬标记	工序编号	工序名称		工序内容及技术要求		设备工装	检验数据	操作者/日期	检验员/日期	
E	2	发料		保管员依据《压力容器材料表》和《领料单》并经材检员到场确认后发放材料						
E	3	下料		按要求划拓料线 1100mm×420mm，材检员做好材料标记移植，检验员检查确认后，按线下料		氧气、乙炔 直尺、圆规				
E	4	成形		按要求滚卷钢板，要求内径 R213mm，圆弧部分应与所补强的壳体紧密贴合		卷板机				
E	5	气割		按补强圈零件图划线，按线气割并开坡口		氧气、乙炔				
E	6	攻螺纹		在补强板下部，距边缘 15mm 处划线，钻底孔 ϕ8.4mm，丝锥攻内螺纹 M10，精度 7H		摇臂钻				
E	7	检验		按补强圈零件图检验，合格后转入总装待焊						
监检标记										
编制				审核				日期		

（六）法兰

产品名称	图号	工令号	件号	零件名称	备料工艺卡			
气液分离器			6	法兰 WN200-6.3FM				

材质	数量/件	参数名称	标准号或零部件图号	标准规定	实测	印记号
16Mn	1	法兰外径 D/mm	JB/T 4726—2010	按左图		
		法兰内径 B/mm	HG/T 20592—2009	按左图		
		螺栓孔中心圆直径 K/mm		按左图		
		法兰凸台外径 d/mm		按左图		
		法兰凹面高度 f_2/mm		按左图		
		法兰凹面高度 f_3/mm		按左图		
		凹面直径 Y/mm		按左图		
		法兰焊端外径 A/mm		按左图		
		法兰颈部大端直径 N/mm		按左图		
		法兰厚度 C/mm		按左图		
		法兰高度 H/mm		按左图		
		螺栓孔直径 L/mm		按左图		
		颈部厚度 s/mm		按左图		
		坡口角度/(°)		按左图		
		相邻两螺栓孔间距/mm		±0.5		
		任意两螺栓孔的弦距/mm		±1.0		

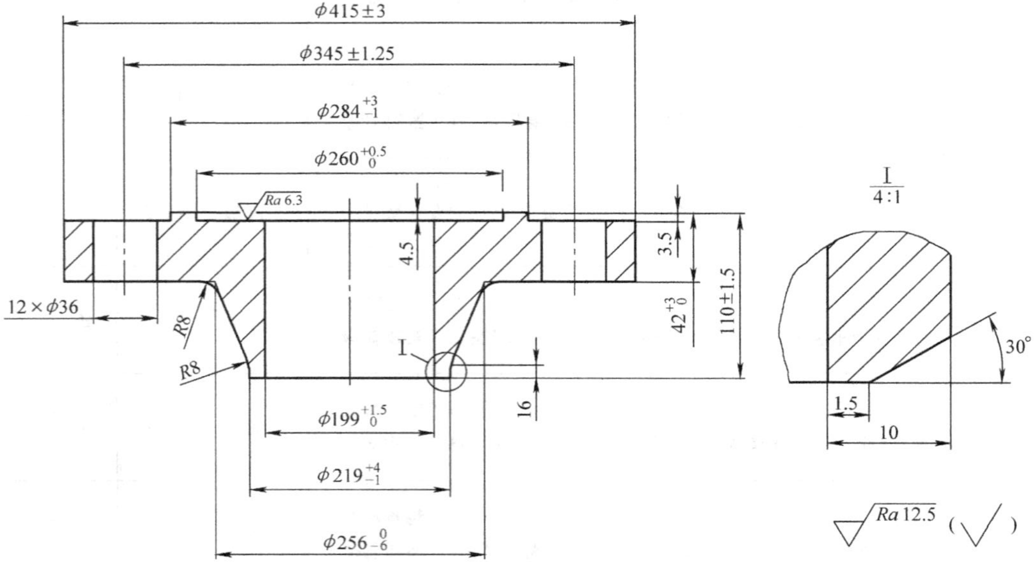

检验结论		检验员/日期	
编制	日期	审核	日期

第六章 备料工艺编制及实施

产品名称	图号	工令号	件号		备料工艺卡		零件名称	材质	数量/件	标准号或零部件图号	印记号
气液分离器			6				法兰 WN200-6.3 FM	16Mn	1	JB/T 4726—2010 HG/T 20592—2009	
监检标记	内控标记	工序编号	工序名称	工序内容及技术要求			设备工装	检验数据		操作者/日期	检验员/日期
	R	1	外购	按《采购计划》及图样要求外购锻制法兰							
B	RH	1	材料检验	材料应有符合 JB/T 4726—2010 标准及各规要求的Ⅱ级锻件质证书,锻件产品合格证、质量检验报告;按法兰零件图及 HG/T 20592—2009 标准要求实测法兰外形尺寸			游标卡尺				
	E	2	发料	保管员依据《压力容器材料表》和《领料单》并经材检员到场确认后发放材料							
	E	3	标记	材检员按规定做好材料标记移植,并在规定位置打上主要受压元件印记号							

编制　　　　　　　日期　　　　　　　审核　　　　　　　日期

第八节 综合训练

顶盖是水力发电设备的一个部件，为一典型的钢制焊接结构。图 6-81 所示为顶盖的三维图，图 6-82（见文后插页）为顶盖的总装配图。从图中可以看出，该结构件尺寸大，所用钢板厚度的规格多。法兰类的零件：例如件 3 面板、件 4 法兰、件 7 法兰、件 10 圆环必须采用放样、套裁才能提高钢板的利用率。下料、组焊后会产生较大的变形，因此，还要考虑图中所有零件组焊后的加工余量。该结构件的制作工艺难点就是控制变形，减少组焊后的变形量。

结合本章所学知识，试确定各零件的下料尺寸（必要时先经放样），绘制下料零件图并编制备料工艺。

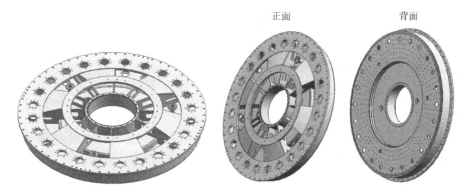

图 6-81　顶盖三维图

思 考 题

1. 火焰矫正有哪些特点？作图说明矫正加热时的加热方式有哪几种。
2. 已知圆锥管的上口外径为 $\phi1000$mm，下口外径为 $\phi350$mm，总高度 $H=500$mm，壁厚 $\delta=5$mm，求作展开图（要进行板厚处理）。
3. 什么是放样、划线和下料？它们的区别是什么？
4. 什么是冲裁间隙？试确定 $\delta=3$mm 的 Q235 钢工件的冲裁间隙。
5. 坯料边缘加工的方法有哪几种？各适合于什么情况？
6. 试计算图 6-83 所示椭圆封头的坯料直径。
7. 什么是弯形中性层？试确定内直径 $d=500$mm，厚度 $\delta=12$mm 的弯形中性层。

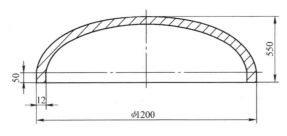

图 6-83　第 6 题图

第七章

装配—焊接工艺装备

第一节 装配—焊接工艺装备的类型及特点

工艺装备是装配—焊接夹具（也称焊接工装夹具）与焊接变位设备在焊接结构生产中的总称。其中工装夹具包括定位器、夹紧器、推拉装置等；变位设备主要包括各种焊件、焊机、焊工变位设备等装置。在现代焊接结构生产中，积极推广和使用与产品结构相适应的工艺装备，对提高产品质量，减轻焊接工人的劳动强度，加速焊接生产实现机械化、自动化进程等诸方面起着非常重要的作用。

一、工艺装备在焊接生产中的地位和作用

在焊接结构生产全过程中，焊接所需要的工时较少，而约占全部加工工时的 2/3 是用于备料、装配及其他辅助工作，影响了焊接结构生产进度，特别是伴随高效率焊接方法的应用，这种影响日益突出。解决好这一影响的最佳途径，是大力推广使用机械化和自动化程度较高的装配焊接工艺装备。

工艺装备的正确选用，是生产合格焊接结构的重要保证。除减少对生产进度的影响外，其主要作用还表现在如下几方面：

1) 准确、可靠的定位和夹紧，可以减轻甚至取消下料和装配时的划线工作。减小制品的尺寸偏差，提高零件的精度和互换性，通常在夹具上装配—焊接可使结构的尺寸公差等级达到 IT12~IT13。

2) 有效地防止和减小焊接变形，从而减轻焊接后的矫正工作量，达到减少工时消耗和提高劳动生产率的目的。

3) 能够保证最佳的施焊位置，焊缝的成形优良，工艺缺陷明显降低，焊接速度提高，可获得满意的焊接接头。

4) 采用工艺装备，实现以机械装置取代装配零部件的定位、夹紧及工件翻转等繁重的工作，改善了工人的劳动条件。

5) 可以扩大先进工艺方法和设备的使用范围，促进焊接结构生产机械化和自动化的综合发展。

二、工艺装备的分类与特点

(一) 工艺装备的分类

工装夹具及变位设备的形式多种多样，以适应品种繁多、工艺性复杂、形状尺寸各异的

焊接结构生产的需要。按照功用不同工艺装备可分为以下几类：

1. 工装夹具

工装夹具是将工件进行准确定位和可靠夹紧，便于零部件进行装配和焊接的工艺装置、装备或工具等。在焊接结构生产中，装配和焊接是两道重要的生产工序，根据工艺通常以两种方式完成两道工序，一种是先装配后焊接；一种是边装配边焊接。我们把用来装配以进行定位焊的夹具叫作装配夹具；专门用来焊接的夹具称为焊接夹具；把既用来装配又用来焊接的夹具称为装配—焊接夹具。工装夹具按动力源不同可分为：手动夹具、气动夹具、液压夹具、电动夹具和组合夹具等。

2. 焊接变位设备

焊接变位设备是通过改变焊件、焊机或焊工位置来实现机械化、自动化焊接的各种机械装置。其中，焊件移动装置包括焊接变位设备、滚轮架、回转台和翻转机等；焊机移动装置包括焊接操作机、电渣焊立架等；焊工升降台是改变工人操作位置的机械装置。此外，这类机械装备中还包括焊接机器人及多种机具组合应用装置等。

3. 辅助装置

此类装置包括焊丝处理、焊剂回收、焊剂垫以及各类吊具、地面运输设备、起重机、运输机等。

（二）工艺装备的特点

工艺装备的使用与焊接结构产品的各项技术及经济指标（如产品的质量、产量、成本等）有着密切的联系。

1. 工艺装备与备料加工的关系

焊接结构零件加工具有工序多（如矫正、划线、下料、边缘加工、弯曲成形等）与工作量大的特点。采用工艺装备进行备料加工，要与零件几何形状、尺寸偏差和位置精度的要求相匹配，尽可能使零件具有互换性，提高坡口的加工质量以及减小弯曲成形的缺陷。

2. 工艺装备与装配工艺的关系

利用定位器和夹紧器等装置进行焊接结构的装配，其定位基准和定位点的选择与零件的装配顺序、零件尺寸精度和表面粗糙度有关。例如：尺寸精度高、表面粗糙度值低的零件，装配时应选用具有刚性固定和退让式的定位元件，快速而夹紧力不太大的夹紧元件；对于尺寸精度较差、表面粗糙度值较高的零件，所选用的定位元件应具有足够的耐磨性并可及时拆换和调整；当零件表面不平时，可选用夹紧力较大的夹紧器。

3. 工艺装备与焊接工艺的关系

不同的焊接方法对焊接工艺装备的结构和性能要求也不尽相同。采用自动焊生产时，一般对焊接机头的定位有较高的精度要求，以保证工作时的稳定性，并可以在较宽的范围内调节焊接速度。当采用手工操作焊接时，则对工艺装备的运动速度要求不太严格。

4. 工艺装备与生产规模的关系

焊接结构的生产规模和批量，对工艺装备的专用化程度、完善性、效率及构造具有一定的影响。

单件生产时，一般选用通用的工装夹具，这类夹具无须调整或稍加调整就能适用于不同焊接结构的装配或焊接工作。

成批量生产某种产品时，通常选用较为专用的工装夹具，也可以利用通用的、标准的夹具的零件或组件，使用时只需将这些零件或组件加以不同的组合即可。

对于专业化大量生产的结构产品，每道装配、焊接工序都应采用专门的装备来完成，例如采用气压、液压、电磁式等快动夹具和电动机械化、自动化装置以及焊接机床生产，形成专门生产线。

第二节　装配—焊接工装夹具

按照工装夹具的功用不同，在焊接结构生产中经常采用的有装配定位焊夹具、焊接夹具、矫正夹具等。按照夹具夹紧的动力源不同，可分为手动夹具、气动夹具、液压夹具、电动夹具、磁力夹具及真空夹具等。

一个完整的工装夹具，一般由定位器、夹紧机构和夹具体三部分组成。夹具体起着连接定位和夹紧器件的作用，有时还用于对焊件的支承。其中，定位是夹具结构设计的关键问题，定位方案一旦确定，则其他组成部分的总体配置也基本随之确定。

一、零件的定位及定位器

（一）零件的定位

1. 定位原理——六点定位规则

自由物体在空间直角坐标系中有六个自由度，即沿 Ox、Oy、Oz 三个轴向的相对移动和三个绕轴的相对转动。要使工件在夹具中具有准确和确定不变的位置，则必须限制这六个自由度。每限制一个自由度，工件就需与夹具上的一个定位点相接触，这种以六点限制工件六个自由度的方法称为"六点定位规则"。如图7-1a所示，在 Oxz 面上设置了三个定位点，可以限制工件沿 Oy 轴方向的移动和绕 Ox 轴、Oz 轴的转动三个自由度；在 Oyz 面上有两个定位点，可以限制工件沿 Ox 轴方向的移动和绕 Oy 轴的转动两个自由度；在 Oxy 面上设置一个定位点，用以限制工件沿 Oz 轴方向的移动一个自由度。

若将坐标平面看作是夹具平面，将支承点（图7-1b中的小圆块）视为定位点，依靠夹紧力 F_1、F_2、F_3 来保证零件与夹具上支承点间的紧密接触，则可得到零件在夹具中完全定位的典型方式。利用零件上具体表面与夹具定位件表面接触，达到消除零件自由度的目的，从而确定了零件在夹具上的位置。零件上这些具体表面在装配过程中叫作定位基准。根据图7-1可作如下分析：

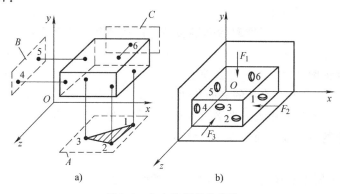

图7-1　六方体零件的定位

1) 表面 A 上的三个支承点限制了零件的三个自由度，这个表面叫作主要定位基准。连接三个支承点所得到的三角形面积越大，零件的定位越稳定，也越能保持零件间的位置精度，所以通常选择零件上的最大表面作为主要定位基准。

2) 表面 B 上的两个支承点限制了零件的两个自由度，这个表面叫作导向定位基准。表面 B 越长，这两个支承点间的距离越远，零件对准坐标平面的位置就越准确、可靠。所以通常选取零件上最长的表面作为导向定位基准。

3) 表面 C 上有一个支承点，可以限制零件最后一个自由度，这个表面叫作止推定位基准或定程定位基准。通常选择零件上最短、最狭小的表面作为止推定位基准。

2. 六点定位规则的应用及工件的定位

六点定位规则对于任何形状工件的定位都是适用的，如果违背这个规则，工件在夹具中的位置就不能完全确定。然而，工件用六点定位规则进行定位时，必须根据具体加工要求灵活运用，工件形状不同，定位表面不同，定位点的布置情况会各不相同。应考虑使用最简单的定位方法，使工件在夹具中迅速获得正确的位置。

1) 完全定位。工件的六个自由度全部被夹具中的定位元件所限制，而在夹具中占有完全确定的唯一位置，称为完全定位。

2) 不完全定位。根据工件表面的不同加工要求，定位支承点的数目可以少于六个，但仍能保证加工要求的定位称为不完全定位。在焊接生产中，为了调整和控制不可避免产生的焊接应力与变形，有些自由度是不宜限制的，故可采用不完全定位的方法。

3) 欠定位。按照加工要求应该限制的自由度没有被限制的定位称为欠定位。欠定位是不允许的，因为欠定位不能保证加工要求。

4) 过定位。工件的一个或几个自由度被不同的定位元件重复限制的定位称为过定位。当过定位导致工件或定位元件变形、影响加工精度时，一般不宜采用。当过定位不仅不影响加工精度，反而对提高加工精度有利时，也可以采用。

3. 定位基准的选择

定位基准的选择是定位器设计中的一个关键问题。零件进行装配或焊接时的定位基准，是由工艺人员在编制产品结构的工艺规程时确定的。夹具设计人员进行夹具设计时，也是以工艺规程中所规定的定位基准作为研究和确定零件定位方案的依据。当工艺规程确定的定位基准对夹具结构制造和应用有不利影响时，夹具设计人员应以减少定位误差和简化夹具结构为目的再另行选择定位基准。

选择定位基准时应着重考虑以下几点：

1) 定位基准应尽可能与焊件起始基准重合，以便消除由于基准不重合而产生的误差。当零件上的某些尺寸具有配合要求时，如孔中心距、支承点间距等，通常可选取这些地方作为定位基准，以保证配合尺寸的尺寸公差。

2) 应选用零件上平整、光洁的表面作为定位基准。当定位基准面上因有焊接飞溅物、焊渣等而不平整时，不宜采用大基准平面或整面与零件相接触的定位方式，而应采取一些突出的定位块以较小的点、线、面与零件接触的定位方式，以利于对基准点的调整和修配，减小定位误差。

3) 定位基准夹紧力的作用点应尽量靠近焊缝区。这是为使零件在加工过程中受夹紧力或焊接热应力等作用所产生的变形最小。

4) 可根据焊接结构的布置、装配顺序等综合因素来考虑。当焊件由多个零件组成时，某些零件可以利用已装配好的零件进行定位。

5) 应尽可能使夹具的定位基准统一。这样，便于组织生产和有利于夹具的设计和制造，尤其是对于大批量生产的产品，所应用的工装夹具较多时。

(二) 定位器及其应用

定位器可作为一种独立的工艺装置，也可以是复杂夹具中的一种基本元件。定位器的制造和安装精度对工件的精度和互换性产生直接的影响，因此保证定位器本身的设计合理性、加工精度和它在夹具中的安装精度，是设计和选用定位器的重要环节。定位器的形式有多种，如挡铁、支承钉或支承板、定位销及 V 形块等。使用时，可根据工件的结构形式和定位要求进行选择，大致分类如下。

1. 平面定位用定位器

工件以平面定位时常采用挡铁、支承钉（板）进行定位。表 7-1 中列举了几种平面定位器的结构形式及其特点与使用说明。

表 7-1 工件以平面定位用定位器

名称与形式		结构简图	特点与使用说明
挡铁	固定式	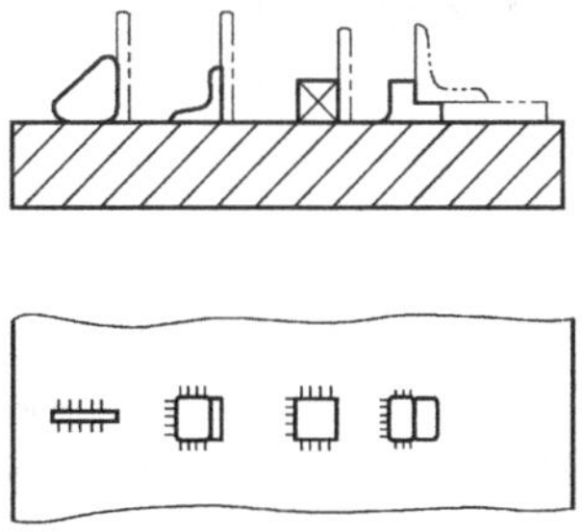	可使工件在水平面或垂直面内固定，高度不低于被定位件截面重心线，它用于单一产品且批量较大的生产中
	可拆式	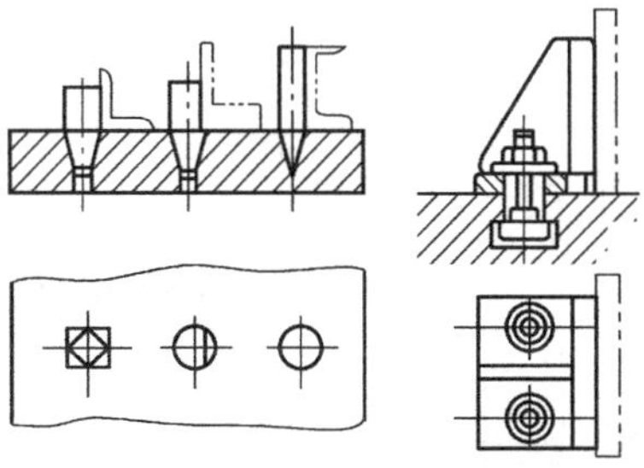	挡铁直接插入夹具体或装配平台的锥孔上，不用时可以拔除（见左图），也可用螺栓固定在平台上，它适用于单件或多品种焊件的装配
	永磁式	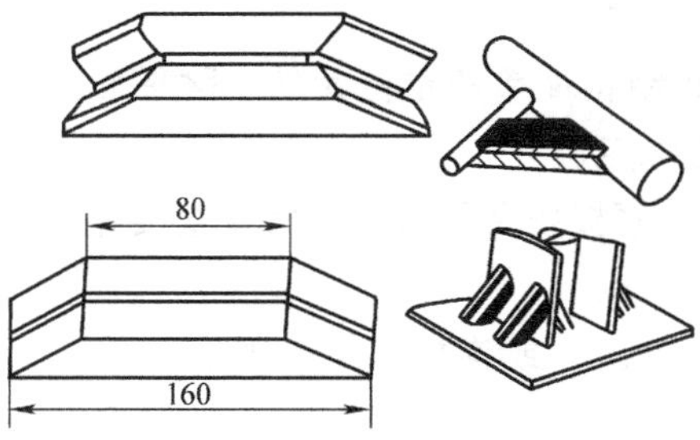	采用永磁性材料制成，适用于装配铁磁性金属材料中、小型板材或管材的焊接件

(续)

名称与形式		结 构 简 图	特点与使用说明
挡铁	可退出式		为了便于工件装上或卸下，通过铰链结构使挡铁用后能退出
支承钉(板)	固定式	a)　b)　c)	固定安装在夹具体上，配合为过盈配合或过渡配合，用于刚性较大的工件定位。支承钉已标准化
	可调式		装配形状相同而规格不同的焊件，常须调整定位元件，这类支承钉的高度可按需要调整，调好后即锁死，防止使用时发生松动
	支承板	a) b)	用螺钉紧固在夹具体上，适用于工件经切削加工平面或较大平面作基准平面

（1）挡铁　挡铁是一种应用较广且结构简单的定位元件，除平面定位外，也常利用挡铁对板焊结构和型钢结构的端部进行边缘定位。

1）固定挡铁可采用一段型钢或一块钢板按夹具的定位尺寸直接焊接在夹具体或装配平台上使用。

2）可拆挡铁在定位平面上一般加工出孔或沟槽，便于固定工件；为了提高挡铁的强度，常在挡铁两平面间设置加强肋。

3) 永磁式挡铁使用非常方便,一般可定位30°、45°、75°、90°夹角的铁磁性金属材料工件,用于中小型焊件的装配。在不受冲击振动的场合,利用永磁铁的吸力直接夹紧工件,可起到定位和夹紧的组合作用。

4) 可退出式挡铁是为适应焊接结构多种多样的形式,保证复杂的结构件经定位焊或焊接后,能从夹具中顺利取出。

挡铁的定位方法虽简便,但定位精度不太高,所用挡铁的数量和位置,主要取决于结构形式、选取的基准以及夹紧装置的位置。对于受力(重力、热应力、夹紧力等)较大的挡铁,必须保证挡铁具有足够的强度,使用时受力挡铁与零件接触线的长度一般不小于零件接触边缘厚度的一倍。

(2) 支承钉和支承板 主要用于平面定位。支承钉(板)的形式有多种。

1) 固定式支承钉。又分三种类型:平头支承钉用于已加工过的平面定位;球头支承钉用于未经加工粗糙不平毛坯表面或工件窄小表面的定位,此种支承钉的缺点是表面容易磨损;带花纹头的支承钉多用在工件侧面,增大摩擦系数,防止工件滑动,使定位更加稳定。固定支承钉可采用通过衬套与夹具骨架配合的结构形式,当支承钉磨损时,可更换衬套,避免因更换支承钉而损坏夹具。

2) 可调式支承钉。一般在零件表面未经加工或表面精度相差较大,而又需以此平面作定位基准时选用。此类可调支承钉基本上采用与螺母旋合的方式调整高度,以补偿零件的尺寸误差。

3) 支承板定位。表7-1中支承板a构造简单,但螺纹孔易积聚灰尘使支承面不平而影响定位作用,所以适于零件的侧面和顶面定位。支承板b利于排除尘屑,适于底面定位。

应注意在使用支承钉或支承板定位时,已装配好的工件表面尽可能一次加工完成,以保证定位平面的精度。

2. 圆孔定位用定位器

利用零件上的装配孔、螺钉或螺栓孔及专用定位孔等作为定位基准时多采用定位销定位。销钉定位限制零件自由度的情况,视销钉与工件接触面积的大小而异。一般销钉直径大于销钉高度的短定位销起到两个支承点的作用;销钉直径小于销钉高度的长定位销可起到四个支承点的作用。表7-2列举了常用定位销结构图及工作特点与使用说明。

表7-2 圆孔定位用定位器

名称与形式	结构简图	特点与使用说明
固定式定位销		定位销装在夹具体上,配合为过盈配合或过渡配合,工作部分的直径按工艺要求和安装方便,按 g5、g6、f6、f7 制造。头部有 15°倒角。已标准化

（续）

名称与形式	结构简图	特点与使用说明
可换式定位销		大批量生产时，定位销磨损快，为保证精度须定期维修或更换
可拆式定位销（插销）		零件之间靠孔用定位销来定位，定位焊后须拆除该定位销才能进行焊接，这时应使用可拆式定位销
可退出式定位销		通过铰链使口锥形定位销用后可以退出，让工件能装上或卸下

定位销一般按过渡配合压入夹具体内，其工作部分应根据零件上的孔径按间隙配合制造。

3. 外圆表面定位用定位器

生产中，圆柱表面的定位多采用 V 形块。V 形块的优点较多，应用广泛，表 7-3 列出了 V 形块的结构尺寸。V 形块上两斜面的夹角 α 一般选用 60°、90°、120° 三种，焊接夹具中 V 形块两斜面夹角多为 90°。表 7-4 列出了几种 V 形块的结构图、工作特点与使用说明。

表 7-3　V 形块的结构尺寸

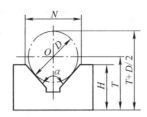

两斜面夹角	α	60°	90°	120°
标准定位高度	T	$T = H + D - 0.866N$	$T = H + 0.707D - 0.5N$	$T = H + 0.707D - 0.5N$
开口尺寸	N	$N = 1.15D - 1.15k$	$N = 1.41D - 2k$	$N = 2D - 3.46k$
参数	k		$k = (0.14 \sim 0.16)D$	

注：D—工件定位基准直径（mm）。
　　H—V 形块的高度（mm），用于大直径时，取 $H \leq 0.5D$，用于小直径时，取 $H \leq 1.2D$。

表 7-4　外圆表面定位用定位器

名称与形式		结构简图	特点与使用说明
V 形块	固定式	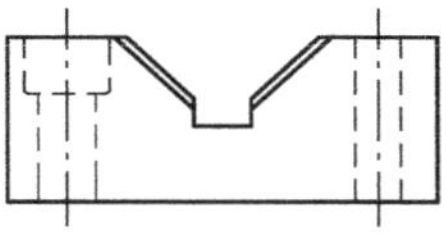 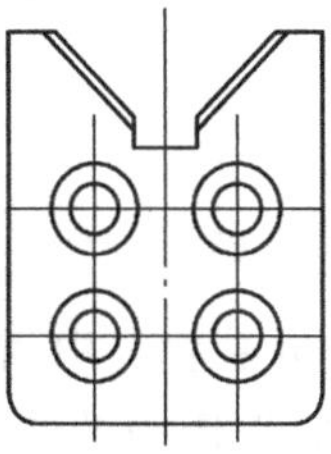	对中性好,能使工件的定位基准轴线在 V 形块两斜面的对称平面上,而不受定位基准直径误差的影响,并且安装方便;粗、精基准均可使用,已标准化
	调整式	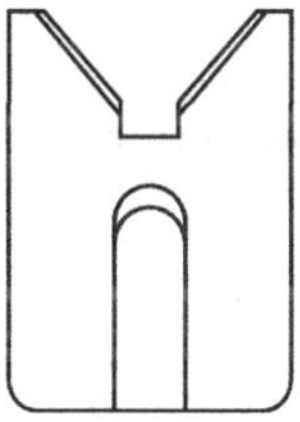	用于同一类型但尺寸有变化的工件,或用于可调整夹具中
	活动式	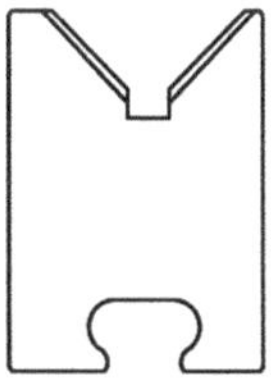	用于定位夹紧机构中,起消除一个自由度的作用,常与固定式 V 形块配合使用

V 形块的定位作用与零件外圆的接触线长度有关。一般短 V 形块起两个支承点的作用,长 V 形块起四个支承点的作用。当零件的直径经常变化时,应选用可调整式 V 形块。

定位元件在使用时一般不应作为受力构件,以免损伤其精度。然而,在与夹紧器配合完成焊接工作过程中,常受到各种受力因素的影响,因此,凡受力定位元件一般要进行强度和刚度计算。定位元件上的定位基准应具有足够的精度,且加工性能良好,结构简单,便于制造和安装。

(三) 夹具体

夹具体是夹具上安装定位器和夹紧机构以及承受焊件重量的部分,各种焊接变位机以及各种固定的平台,就是通用的夹具体。在夹具体上开有安装槽、孔,用来安放和固定各种定位器和夹紧机构。对夹具体的要求是:

1) 有足够的强度和刚度。
2) 操作方便,便于装配和焊接作业的实施并且容易清理。
3) 满足必要的导电、导热、通水、通气等条件。
4) 有利于定位器和夹紧机构的调节。

5）必要时还应具有反变形功能。

通常，作为通用夹具体的装配—焊接平台多为铸造结构，而专用夹具体多为板焊结构。

二、零件的夹紧机构

定位和夹紧是两个完全不同的概念，夹紧件不起定位作用，只是协助定位件使定位可靠。因此，夹紧机构的作用是保持定位器的准确定位和防止零件在装配和焊接过程中因受力和翻转而发生位移。

（一）夹紧机构的组成及特点

1. 夹紧机构的组成

典型的夹紧机构基本上由三部分组成，包括力源装置、中间传力机构和夹紧元件。如图7-2 所示，力源装置（图7-2 中气缸1）是产生夹紧作用力的装置，通常是指机动夹紧时所用的气压、液压、电动等动力装置；中间传力机构（图7-2 中斜楔2）起着传递夹紧力的作用，工作时可以通过它改变夹紧作用力的方向和大小，并保证夹紧机构在自锁状态下安全可靠；夹紧元件（图7-2 中压板4）是夹紧机构的最终执行元件，通过它和零件受压表面直接接触完成夹紧。一般手动夹具，主要由中间传力机构和夹紧元件组成。

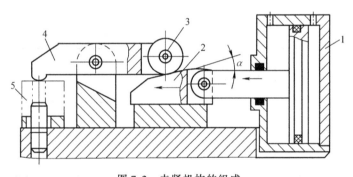

图 7-2 夹紧机构的组成
1—气缸 2—斜楔 3—滚子 4—压板 5—零件

2. 夹紧机构的特点

选用夹紧机构的核心问题是如何正确施加夹紧力，即确定夹紧力的大小、方向和作用点三个要素。

（1）夹紧力方向的确定 夹紧力的方向主要和零件定位基准的配置及零件所受外力的作用方向有关。夹紧力一般应垂直于主要定位基准，使这一表面与夹具定位件的接触面积最大，即接触点的单位压力相应减小，有利于减小零件因受夹紧力作用而产生的变形。夹紧力的方向应尽可能与零件的重力和所受外力的方向相同，使所需设计的夹紧力最小，因此主要定位基准的位置最好是水平的。

（2）夹紧力作用点的确定 作用点的位置主要考虑如何保证定位稳固和最小的夹紧变形。作用点应位于零件的定位支承之上或几个支承所组成的定位平面内，以防止支承反力与夹紧力或支承反力与重力形成力偶造成零件的位移和偏转。作用点应安置在零件刚性最大的部位上，必要时，可将单点夹紧改为双点夹紧或适当增加夹紧接触面积。图 7-3 是夹紧力作用点布置方式的比较。

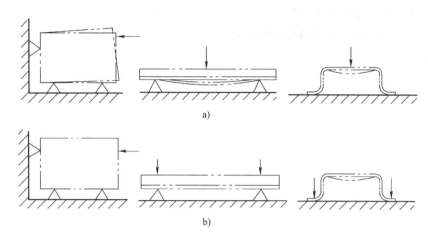

图 7-3 夹紧力作用点布置方式
a) 不正确 b) 正确

(3) 夹紧力大小的确定 确定夹紧力的大小需考虑以下几方面因素：

1) 当焊件在夹具上有翻转或回转动作时，夹紧力要足以克服重力和惯性力的影响，保持夹具夹紧焊件的牢固性。

2) 需要在夹具上实现弹性反变形时，夹紧装置就应具有使零件获得预定反变形量所需的夹紧力。

3) 夹紧力要足以克服焊接过程热应力引起的约束应力。由于焊接热引起的作用力很难精确计算，只能粗略估计，因此一般将估算的理论值提高 1~2 倍作为夹具的夹紧力。

4) 夹紧力应能克服零件因备料、运输等造成的局部变形，以便于顺利装配。

3. 对夹紧机构的基本要求

1) 夹紧作用准确，手动夹紧机构处于夹紧状态时应能保持自锁，保证夹紧定位安全可靠。

2) 夹紧动作迅速，操作方便省力，夹紧时不应损坏零件表面质量。

3) 夹紧元件应具备一定的刚性和强度，夹紧作用力应是可调节的。

4) 结构力求简单，便于制造和维修。

(二) 夹紧机构的分类

夹紧机构的种类很多，常用的结构形式有以下几种：

1. 手动夹紧机构

(1) 楔形夹紧器 楔形夹紧器是一种最基本、最简单的夹紧元件。工作时，主要通过斜面的移动所产生的压力夹紧工件。其结构如图 7-4 所示。楔形夹紧器的应用如图 7-5 所示。

为了保证安全稳定地工作，斜楔应能自锁，自锁条件是斜楔的升角 $\alpha = 10° \sim 17°$。设计时，考虑到

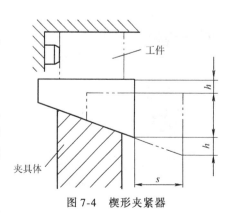

图 7-4 楔形夹紧器

斜楔与零件或夹具体之间接触不良的因素，为了安全，手动夹紧时 $\alpha = 6° \sim 8°$。当斜楔动力源由气压或液压提供时，可将斜楔升角扩大至 $\alpha = 15° \sim 30°$，此时为非自锁式。

斜楔的夹紧行程可按下式确定

$$h = s\tan\alpha \tag{7-1}$$

式中　h——斜楔夹紧行程（mm）；
　　　s——斜楔移动距离（mm）。

加大斜楔升角和制成双斜面斜楔，可减小夹紧时斜楔的夹紧行程，提高生产效率。

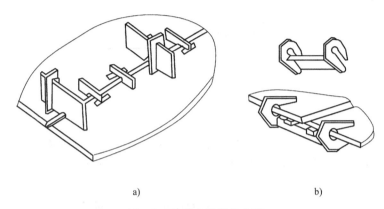

图 7-5　楔形夹紧器的应用
a）对齐平板　b）对齐平板端部

（2）螺旋夹紧器　螺旋夹紧器一般由螺杆、螺母和主体三部分组成，配合使用的有压块、手柄等零件，其结构如图 7-6 所示。使用时，通过螺杆与螺母的相对旋动达到夹紧工件的目的。旋压时，若螺杆直接压紧工件，容易造成零件表面的压伤和产生位移，因此，通常是在螺杆的端部装有可以摆动的压块，即可使夹紧的零件不随螺旋拧动而转动，又不致压伤零件。图 7-7 是摆动压块的结构形式。图 7-7a 所示压块端面光滑，用来夹紧已加工表面；图 7-7b 所示压块端面带有齿纹，用于比较粗糙的零件表面。压块与螺杆间采用螺纹或钢丝挡圈略微活动的连接方式。

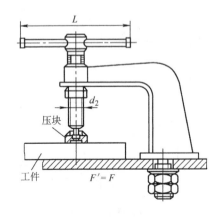

图 7-6　螺旋夹紧器

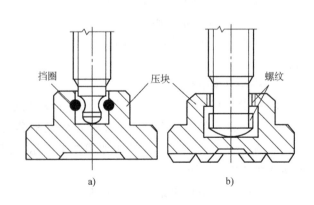

图 7-7　摆动压块的结构形式

螺旋夹紧器根据零件形状和工作情况的差异具有多种形式，生产中最常见的是弓形夹紧器，其结构如图7-8所示。螺纹形状与螺杆直径有关，一般直径在12mm以下采用三角螺纹；超过12mm则采用梯形螺纹。螺母容易磨损，一般做得较厚，还可以设计成套筒螺母固定在主体上。

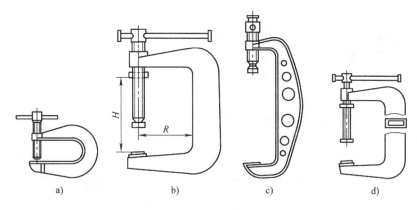

图7-8 弓形夹紧器

为了克服螺旋夹紧器夹紧动作缓慢（每转一圈前进一个螺距）、辅助时间长和工作效率不高的缺点，研制出了几种快速夹紧的结构形式。图7-9a是旋转式螺旋夹紧器，特点是夹紧机构的横臂可以绕转轴进行旋转，便于快速装卸焊件。图7-9b是铰接式螺旋夹紧器，特点是夹紧主体可以绕铰接点旋转到夹具体下面，工件可顺利装卸，螺旋的行程可根据焊件的厚度和夹紧装置确定。图7-9c是快撤式螺旋夹紧器，螺母套筒1不直接固定在主体4上，而是以它外圆上的L形槽沿着主体上的定位销3来回移动。工件装入后推动手柄2使螺母套筒1连同螺栓5快速接近工件。转动手柄使定位销3进入螺母套筒的圆周槽内，螺母不能轴向移动，再旋转螺栓便可夹紧工件。卸下焊件时，只要稍松螺栓，再用手柄转动螺母套筒使销钉进入螺母套筒外圆的直槽位置，便可快速撤回螺栓，取出工件。

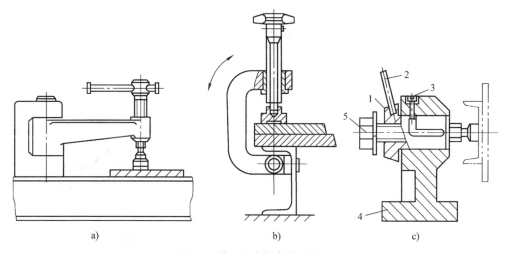

图7-9 快速夹紧的螺旋夹紧器
a) 旋转式 b) 铰接式 c) 快撤式
1—螺母套筒 2—手柄 3—定位销 4—主体 5—螺栓

(3) 偏心轮夹紧器 偏心轮是指绕一个与几何中心相对偏移一定距离的回转中心而旋转的零件。偏心轮夹紧器是由偏心轮或凸轮的自锁性能来实现夹紧作用的夹紧装置。此种机构夹紧动作迅速（手柄转动一次即可夹紧零件），应用较广，特别适用于尺寸偏差较小、夹紧力不大及很少振动情况下的成批生产。

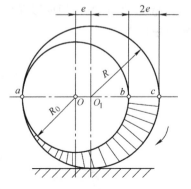

常见的偏心轮有两种：圆偏心轮和曲线偏心轮。曲线偏心轮的外轮廓为一螺旋线，制造麻烦，很少采用；圆偏心轮应用较多，图 7-10 是其结构特性示意图。O_1 是圆偏心轮的几何中心，R 是圆半径；O 是圆偏心轮的回转中心，R_0 是最小回转半径；两中心的距离为 e，即 $e = R - R_0$。当圆偏心轮绕 O 点回转时，外圆上与零件接触的各点到 O 点的距离逐渐增加，增加的部分相当于一个弧形楔，回转时

图 7-10 偏心轮夹紧器结构特性

依靠弧形楔卡紧在半径为 R_0 的圆与零件被压表面之间，将零件夹紧。可见，圆偏心轮工作表面的升角（即斜楔的斜角）是变化的，按图中位置在转动 90°时升角最大，此时，偏心距为 $2e$。要求偏心轮在任何位置都能自锁的条件是：偏心距 $e < 0.05D$。

图 7-11 是具有弹簧自动复位装置的偏心轮夹紧器。图 7-11a 是钩形压头靠转动偏心轮夹紧作用固定工件，松脱时依靠弹簧使钩形压头离开工件复位。为便于装卸零件，钩形压头可制成转动结构形式。图 7-11b 是采用压板同时夹紧两个零件；松开时，压板被弹簧顶起，并可绕轴旋转，即可卸下零件。

图 7-12 是专用于夹持圆柱表面和管子的偏心轮夹紧器。V 形底座用来定位圆管件，转动卡板偏心轮时，即可使零件方便地卡紧和松开。

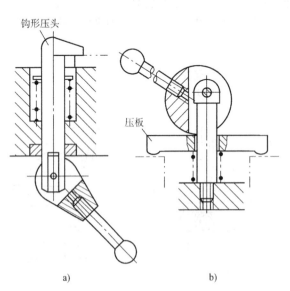

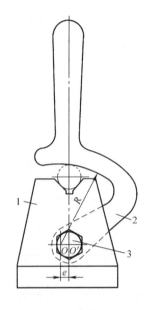

图 7-11 具有弹簧复位的偏心轮夹紧器

图 7-12 偏心轮夹紧器（圆管件）
1—V 形底座 2—卡板偏心轮 3—螺栓

(4) 杠杆夹紧器 杠杆夹紧器是一种利用杠杆作用原理，使原始力转变为夹紧力的夹

紧机构。杠杆夹紧器的夹紧动作迅速，而且通过改变杠杆的支点和力点的位置，可起到增力的作用。杠杆夹紧器自锁能力较差，受振动时易松开，所以常采用气压或液压作夹紧动力源或与其他具有自锁性的夹紧元件组成复合夹紧机构。图 7-13 所示为螺旋—杠杆夹紧器、图 7-14 所示为偏心轮—杠杆夹紧器、图 7-15 所示为铰链—杠杆夹紧器。

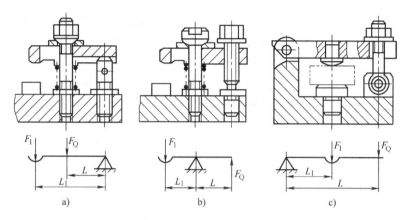

图 7-13　螺旋—杠杆夹紧器

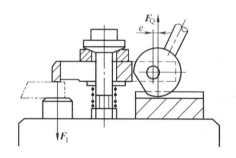

图 7-14　偏心轮—杠杆夹紧器

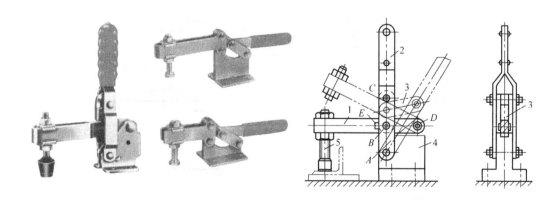

图 7-15　铰链—杠杆夹紧器

1—夹紧杆　2—手柄杆　3—连杆　4—支座（架）
5—螺杆　A、B、C、D、E—活动铰链

2. 气动与液压夹紧机构

气动夹紧器是以压缩空气为传力介质，推动气缸动作实现夹紧作用。液压夹紧器是以压力油为传力介质，推动液压缸动作实现夹紧。

（1）气动夹紧器　气动夹紧器具有夹紧动作迅速（3~4s 完成），夹紧力稳定并可调节，结构简单，操作方便，不污染环境及有利于实现程序控制操作等特点。气压装置传动系统的组成包括气源、控制和执行三个部分。气源部分的作用是提供压缩空气。控制部分是用来调整和稳定压缩空气的工作压力、并起安全保护作用，还可控制压缩空气对气缸的进气和排气方向。执行机构主要完成对焊件的夹紧工作。

图 7-16 是几种气动夹紧器的结构形式及应用示意图。图 7-16a 是气动杠杆夹紧器，特点是采用了固定式气缸形式，活塞杆单向推动杠杆，当气压卸除后夹紧杠杆可在水平面内转动，以便留出较大的装卸空间。图 7-16b 是一种气动斜楔夹紧器，当活塞杆 2 向上运动时顶起斜楔 1，利用双斜面推动左右柱塞 3 压紧工件，此类夹紧器主要用于工件的定心和内夹紧。图 7-16c 是气动铰链—杠杆夹紧器，其特点是采用了摆动式气缸，工作时活塞杆除做直线运动外，还要做弧形摆动。图 7-16d 是气动偏心轮—杠杆夹紧器，它可以通过偏心轮和杠杆的两级增力作用完成对零件的夹紧。

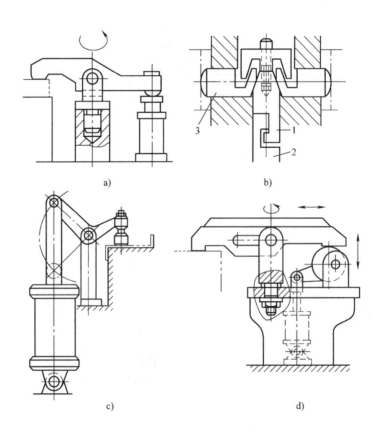

图 7-16　气动夹紧器的结构形式及应用
1—斜楔　2—活塞杆　3—柱塞

（2）液压夹紧器 液压夹紧器的工作原理和工作方式与气压夹紧器相似，只是采用高压液体代替压缩空气。采用液压夹紧器夹紧需要一套专用的液压动力装置，而且系统密封要求高，制造成本也高，因此此类装置不如气压装置应用广泛。图 7-17 是一种安装在操作机上使用的液压撑圆器，适用于厚壁筒体的对接、矫正及撑圆装配。

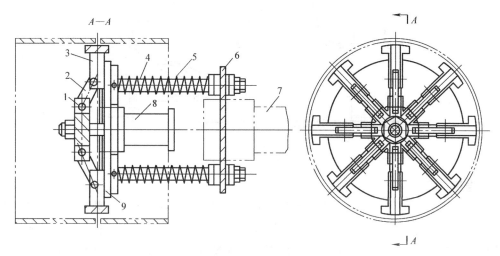

图 7-17 液压撑圆器

1—心盘 2—连接板 3—推撑头 4—支撑杆 5—缓冲弹簧
6—支撑板 7—操作机伸缩臂 8—液压缸 9—导轨花盘

3. 磁力夹具

磁力夹紧器是借助磁力吸引铁磁性材料的零件来实现夹紧的装置。按磁力的来源可分为永磁式和电磁式两种；按工作性质可分为固定式和移动式两种。

（1）永磁式夹紧器 它采用永久磁铁产生的磁力夹紧零件。此种夹紧器的夹紧力有限，用久以后磁力将逐渐减弱，一般用于夹紧力要求较小、不受冲击振动的场合，常将它作为定位元件使用。

（2）电磁式夹紧器 它是一个直流电磁铁，通电产生磁力，断电则磁力消失。图 7-18 是一种常用的电磁夹紧器，它的磁路由外壳 1、铁心 3 和焊件 7 组成。线圈 2 置于外壳和铁心之间，下部用非铁磁性材料 6 绝缘，线圈从上部引出，经开关 5 接入插头 8，手柄 4 供移动磁力装置时使用。电磁夹紧器具有装置小、吸力大（如自重 12kg 的电磁铁，吸力可达 8kN）、运作速度快、便于控制且无污染的特点。值得注意的是，使用电磁夹紧器时应防止因突然停电而可能造成的人身和设备事故。

图 7-19 是移动式电磁铁应用实例。

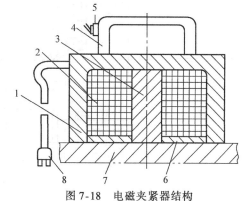

图 7-18 电磁夹紧器结构

1—外壳 2—线圈 3—铁心 4—手柄
5—开关 6—非铁磁性材料 7—焊件 8—插头

图7-19a 用两个电磁铁与螺旋夹紧器配合使用矫正变形的板料；图7-19b 是利用电磁铁作为杠杆的支点压紧角铁与焊件表面的间隙；图7-19c 是依靠电磁铁对齐拼板的错边，并可代替定位焊；图7-19d 是采用电磁铁作支点使板料接口对齐。

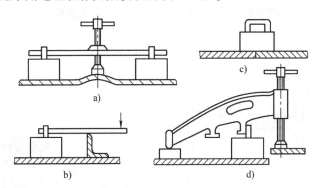

图7-19　移动式电磁铁应用实例

4. 专用夹具

专用夹具是指具有专一用途的焊接工装夹具装置，是针对某种产品装配与焊接的需要而专门制作的。专用夹具的组成基本上是根据被装配焊接零件的外形和几何尺寸，在夹具体上按照定位和夹紧的要求，安装不同的定位器和夹紧机构。图7-20是箱形梁的装配夹具，夹具的底座1是箱形梁水平定位的基准面，下盖板放在底座上面，箱形梁的两块腹板用电磁夹紧器4吸附在立柱2的垂直定位基准面上，上盖板放在两腹板的上面，由液压夹紧器3的钩头形压板夹紧。箱形梁经定位焊后，由顶出液压缸5将焊件从上部顶出。

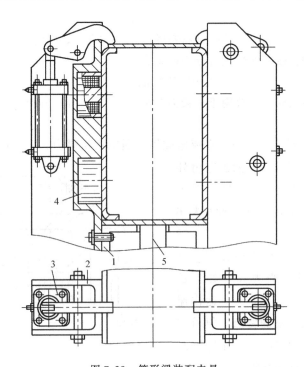

图7-20　箱形梁装配夹具

1—底座　2—立柱　3—液压夹紧器　4—电磁夹紧器　5—顶出液压缸

专用夹具专用性较强,可充分保证装配精度和焊接质量。由于焊接结构不仅品种多,而且生产条件和生产批量都有较大区别,因此,专用夹具的品种、结构形式及繁简程度各异,应根据具体产品情况、生产条件选用。

5. 柔性组合夹具

随着机械制造业的飞速发展,产品的更新换代越来越快,传统的大批量生产模式逐步被中小批量生产模式所取代,机械制造系统欲适应这种变化需具备较高的柔性。柔性制造系统作为开发新产品的有效手段,成为机械制造业的主要发展方向。柔性夹具就是指能适应不同产品或同一产品不同型号和规格的一类夹具,主要采用组合夹具。

组合夹具是一种标准化、系列化、通用化程度很高的工艺装备,它是由一套预先制造好的各种不同形状、不同规格、不同尺寸、具有完全互换性的标准元件和组合件,按工件的加工要求组装而成的夹具。它可以拆卸、清洗,并可重新组装成新的夹具,平均设计和组装时间是专用夹具所花时间的 5%~20%,其应用非常普遍,尤其适合于多品种、中小批量的生产。

组合夹具按照基本元件的连接方式不同可分为两大系统:其一为槽系统,是指组合夹具的元件之间主要依靠槽进行定位和紧固;其二为孔系统,是指组合夹具的元件之间主要依靠孔进行定位和紧固。

组合夹具按照元件的功用不同可以分为基础件、支承件、定位件、导向件、压紧件、紧固件、合成件以及辅助件等 8 个类别。

(1) 基础件 基础件是组合夹具的基础元件,它的作用是把其他组件连成一个整体的夹具结构。圆形的基础件还可以起简单的分度作用。体积较大的(用于大型焊件)基础件,为了减轻自重、节约材料,多采用空心板焊结构,如图 7-21a 所示。

(2) 支承件 支承件是组合夹具的骨架元件,将定位件、合成件或导向件与基础件连接在一起。各种支承件还可作为不同形状和高度的支承平面或定位平面,或直接与零件接触成为定位元件,其结构形式如图 7-21b 所示。

(3) 定位件 定位件的主要作用是保证组合夹具各元件之间的定位精度、连接强度以及整个夹具的可靠性。同时,还可使零件保证正确的安装和定位。常用定位件如图 7-21c 所示。

(4) 压紧件 压紧件是用于夹紧零件的组合元件,以保证零件的正确定位,不产生位移,其结构形式如图 7-21d 所示。

(5) 紧固件 组合夹具中的紧固件可用来紧固连接组合夹具的各种基本元件或直接紧固零件,一般采用细牙螺纹的螺栓结构,以增加紧固力和防止使用过程中发生松动现象,如图 7-21e 所示。

(6) 合成件 合成件是由若干个基本元件装配成的具有一定功能的部件,在组合夹具中可整体组装或拆卸,从而加快组装进度,简化夹具结构。图 7-21f 所示为合成件的结构形式。

组合夹具除上述 6 种基本元件或合成件外,还有键、销以及用于稳固夹具支架等的导向件和辅助件。另外,在组合夹具的两大系统中,每个系统又按被加工零件的需要分为大型、中型、小型三个类别。

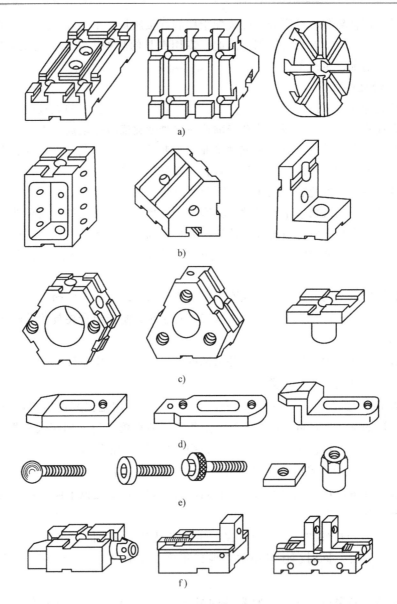

图 7-21 组合夹具的基本元件
a) 基础件 b) 支承件 c) 定位件 d) 压紧件 e) 紧固件 f) 合成件

第三节 焊接变位设备

焊接变位设备的主要作用：其一是通过改变焊件、焊机及焊接工人的操作位置，达到和保持焊接位置的最佳状态；其二是利于实现机械化和自动化生产。焊接变位设备的主要类型有以下几种：

（1）焊件变位设备 用于支承焊件并能够回转和倾斜，以便使结构中的焊缝处于水平或船形位置的机械装置。

(2) 焊机变位设备　此类装置上安装了标准的或专用的焊接机头，可保证焊接机头准确到达和保持在焊接位置。此外，还可以按选定的焊接速度沿着规定的轨迹移动焊接机头。

(3) 焊工变位设备　又称为焊工升降台，它是可以改变焊工操作位置的变位设备，主要用于高大工件的装配与焊接。

一、焊件变位设备

1. 焊件变位机

焊件变位机主要应用于框架形、箱形、盘形和其他非长形结构的焊接，如减速器箱体、机座、齿轮、法兰、封头等。根据结构形式和承载能力的不同，焊件变位机有以下几种类型：

(1) 伸臂式焊件变位机　此种变位机主要用于筒形工件的环缝焊接。图 7-22 所示为伸臂式焊件变位机的示意图。伸臂式焊件变位机的工作特点是：工作台 1 在伸臂 2 端部绕自身轴线回转，伸臂则绕斜轴旋转。焊件变位幅度大，稳定性较差。伸臂旋转时，其空间轨迹为圆锥面，因此，在改变工件的倾斜位置的同时将伴随着工件的升高或下降，以满足最佳施焊位置的需求。为防止变位机的侧向倾覆以及使整机结构尺寸过大，其载重量一般设计为 1t 以下。

(2) 座式焊件变位机　图 7-23 所示为一种常用的座式焊件变位机的结构形式。工作台 1 的回转轴与翻转轴互相垂直，工作台回转的传动装置由位于两侧的翻转轴 2 支承，通过扇形齿轮传动装置 3 使翻转轴在 0°~140°范围内倾斜或翻转，整机稳定性好。在变位机上焊接环形焊缝时，应根据工件直径与焊接速度计算出工作台的回转速度。当变位机仅考虑工件变位而无焊速要求时，工作台的回转及倾翻速度可根据工件几何尺寸及其重量加以确定。此变位机主要用于 1~50t 的工件在焊接时的变位，在焊接结构生产中应用广泛，最适于与焊接操作机或机器人配合使用。

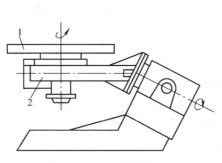

图 7-22　伸臂式焊件变位机
1—工件台　2—旋转伸臂

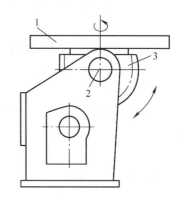

图 7-23　座式焊件变位机
1—工作台　2—翻转轴　3—扇形齿轮传动装置

(3) 双座式焊件变位机　图 7-24 所示为双座式焊件变位机，其结构特点是工作台 1 及回转装置 2 安装在一个元宝梁 3 上，元宝梁两端装有翻转轴，由两个支座 4 支承，通过传动装置 5 实现翻转。若元宝梁和工件的合成重心与翻转轴线重合，则可减少翻转时的偏心距，降低驱动功率，使工作平稳。此变位机适于 50t 以上大型或大尺寸工件的翻转变位和焊接，可与大型操作机或机器人配合使用。

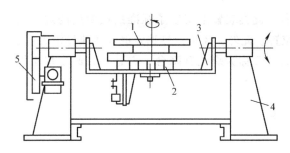

图 7-24 双座式焊件变位机
1—工作台 2—回转装置 3—元宝梁 4—支座 5—翻转传动装置

应用焊件变位机进行焊件生产时,应根据工件的重量、固定在工作台上工件的重心距离台面的高度、重心偏心距等因素选择适当吨位的变位机。

2. 焊接滚轮架

焊接滚轮架是借助主动滚轮与工件之间的摩擦力带动筒形工件旋转的焊件变位设备。主要应用于筒形工件的装配和焊接。根据产品需要,适当调整主、从动轮的高度,还可进行锥体、分段不等径回转体的装配和焊接。焊接滚轮架按结构形式不同有以下几种类型:

(1) 长轴式滚轮架 图7-25所示为长轴式滚轮架的结构。主动滚轮布置在一侧,通过轴和联轴器相连,由电动机经减速后驱动。为保证所需要的焊接速度,电动机常选用直流或电磁调速电动机。为适应不同直径筒体的焊接,从动轮与驱动轮之间的距离可以调节。由于支承的滚轮较多,适用于长度大的薄壁筒体,而且筒体在回转时不易打滑,能较方便地对准两节筒体的环形焊缝。此种滚轮架的不足之处是设备位置固定、占地面积大。

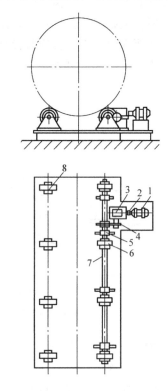

(2) 组合式滚轮架 组合式滚轮架如图7-26所示,这是一种由电动机驱动的主动滚轮对与一个或几个从动滚轮对组合而成的滚轮架结构,每对滚轮都独立地固定在各自的底座上。生产中,选用滚轮对的多少可根据焊件的重量和长度确定。焊件上的孔洞和凸起部位,可通过调整滚轮位置避开。此滚轮架使用方便灵活,对焊件的适应性强,是目前焊接生产中应用最广泛的一种结构形式。

(3) 自调式滚轮架 自调式滚轮架的主要特点是可根据工件的直径自动调节滚轮的中心距,适合在一个工作地点装配和焊接不同直径筒体的情况。图7-27所示为自调式滚轮架的结构形式。

此类滚轮架的滚轮对数多,对工件产生的轮压小,可避免工件表面产生冷作硬化现象或压出

图 7-25 长轴式滚轮架
1—电动机 2—联轴器 3—减速器 4—齿轮对
5—轴承 6—主动滚轮 7—公共轴 8—从动滚轮

印痕；在滚轮摆架上设有定位装置，摆架可绕其固定心轴自由摆动，左右两组滚轮可以通过摆架的摆动固定在同一位置上；从动滚轮架是台车式结构，可在轨道上移行，根据工件长度方便地调节与主动滚轮架的距离，扩大其使用范围。

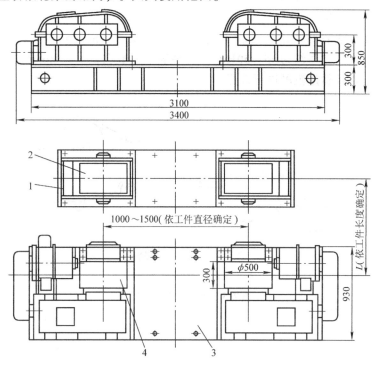

图 7-26　组合式滚轮架
1—从动底座　2—从动滚轮　3—主动底座　4—主动滚轮

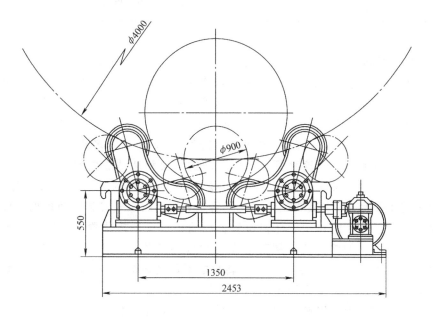

图 7-27　自调式滚轮架

(4) 履带式滚轮架 如图 7-28 所示是一种履带式滚轮架的结构形式。工作时,大面积的履带与焊件相接触,其接触长度可达到工件圆周长度的 1/6～1/3,这有利于防止薄壁工件的变形,且传动平稳。此滚轮架适用于轻型、薄壁大直径的钢制及有色金属容器,不足之处是工件容易产生螺旋形轴向窜动。

焊接滚轮架的滚轮结构形式见表 7-5。其中,金属材料的滚轮多用铸钢或球墨铸铁制作,经表面热处理后硬度约为 45～50HRC,滚轮直径一般在 200～700mm 之间。使用时,应根据滚轮的特点以及适用范围进行选择。

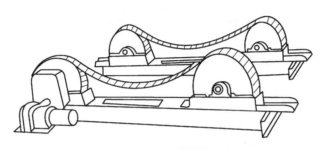

图 7-28 履带式滚轮架

表 7-5 滚轮的结构及特点

型式	特　点	适用范围
钢轮	承载能力强,制造简单	一般用于 60t 以上的焊件和需预热处理的焊件
胶轮	钢轮外包橡胶,摩擦力大,传动平稳,但橡胶易压坏	一般多用于 10t 以下的钢制和有色金属容器
组合轮	钢轮与橡胶轮相结合,承载能力比橡胶轮高,传动平稳	一般多用于 10～60t 的焊件

3. 焊接翻转机

焊接翻转机是将工件绕水平轴转动或倾斜,使之处于有利于装配—焊接位置的焊件变位设备。焊接生产中,将沉重的工件翻转到最佳施焊位置是比较困难的,使用车间现有的起重设备不仅费时,增加劳动强度,还可能出现意外事故。采用翻转机可以提高生产效率,改善结构焊接的质量。焊接翻转机主要适用于梁、柱、框架及椭圆容器等长形构件的装配和焊接。常见的焊接翻转机有头尾架式、框架式、链条式和转环式等多种。

(1) 头尾架式翻转机 这种翻转机由主动的头架和从动的尾架组成,它们之间的距离可根据所支承工件的长度进行调节。图 7-29 是一种典型的头尾架式翻转机,在头架 1 的驱轴上装有工作台 2、卡盘 3 或专用夹紧器。头架为固定式安装驱动机构,可以按翻转或焊接速度转动,并且能自锁于任何位置,以获得最佳焊接位置。尾架台车 6 可以在轨道上移动,驱轴可以伸缩,便于调节卡盘与焊件间的位置。该翻转机最大载重量为 4t,加工工件直径可达 1300mm。头尾架式翻转机的不足之处是工件由两端支承,翻转时在头架端要施加扭转力,因而不适用于刚性小、易挠曲的工件。安装使用时应注意使头尾架的两驱轴在同一轴线上,以减小扭转力。对于较短工件的装配—焊接,可不用尾架,而单独使用头架固定翻转。

第七章 装配—焊接工艺装备

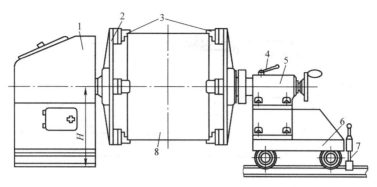

图 7-29 头尾架式翻转机
1—头架 2—工作台 3—卡盘 4—锁紧装置
5—调节装置 6—尾架台车 7—制动装置 8—焊件

（2）框架式翻转机 图 7-30 所示为一台可升降的框架式翻转机。焊件装夹在回转框架 2 上，框架两端安有两个插入滑块中的回转轴。滑块可沿左右两支柱 1 和 3 上下移动。电动机 7、减速器 6 带动丝杠旋转，使与滑块固定在一起的丝杠螺母升降。电动机 4 经减速器 5 带动光杠上的蜗杆（可上下滑动）旋转，同时与它啮合的蜗轮及与蜗轮刚性固定的回转框架 2 旋转，从而实现工件的翻转。

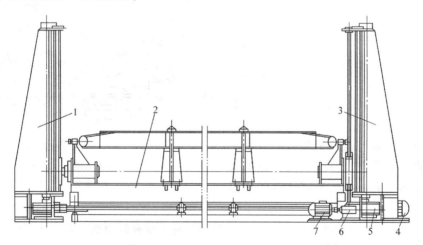

图 7-30 可升降的框架式翻转机
1、3—支柱 2—回转框架 4、7—电动机 5、6—减速器

在只能绕一个水平轴线回转的框架内，安装另一个回转框架，使两框架的回转轴垂直，焊件可在两个平面内回转，就形成了如图 7-31 所示的多轴式焊接翻转机。这种翻转机多用于焊接小型焊件，通过翻转可使每一条焊缝均能调整到最适合于焊接的位置。

（3）转环式翻转机 将工件夹紧固定在由两个半圆环组成的支承环内，并安装在支承滚轮上依靠摩擦力或齿轮传动方式翻转的机构，称为转环式翻转机。图 7-32 所示为一种适用于长度和重量都相当大、非圆、截面又不对称的梁式构件焊接的转环式翻转机。它具有水平和垂直两套夹紧装置，可用以夹紧和调整工作位置，使支承环处于平衡状态。两半圆环对中采用销钉定位，并用锁紧装置锁紧，支承滚轮安放在支承环外面的滚轮槽内，滚轮轴两侧

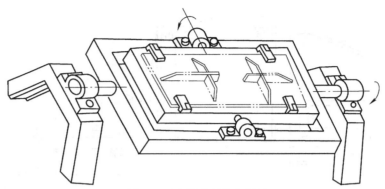

图 7-31 多轴式焊接翻转机

装有两根支承杆。电动机经减速后带动支承环上的针轮传动系统，使支承环旋转。

在生产中，应用转环式翻转机时应注意以下几点：

1) 正确安放焊件，使其重心尽可能与转环的中心重合。

2) 支承环的位置应不影响焊件的正常焊接工作。

3) 采用电磁闸瓦制动装置时，应避免因支承环的偏心作用而自行旋转。

4) 一般采用两个支承环同时担负对焊件的支承，一个为主动环，另一个为被动环。

(4) 链条式翻转机　链条式翻转机主要用于经装配定位焊后自身刚度很强的梁柱等，如∏形、I形和口形截面焊件的翻转变位。其结构形式如图 7-33 所示。工作

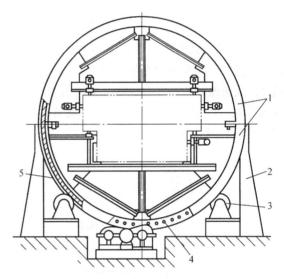

图 7-32　转环式翻转机
1—半圆环（支承环）　2—支承杆
3—滚轮　4—针轮　5—滚轮槽

时，主动链轮带动链条上的工件翻转变位。从动链轮上装有制动器，以防止焊件因自重而产生滑动。无齿链轮用以拉紧链条，防止焊件下沉。链条式翻转机的结构简单，工件装卸迅速，但使用时应注意因翻转速度不均而产生的冲击作用。

(5) 液压双面翻转机　图 7-34 所示为液压双面翻转机结构，主要应用于小车架、机座等非长形板结构、桁架结构的倾斜变位。工作台 1 可向两面倾斜 90°，并可停留在任意位置。

液压双面翻转机的结构及工作特点是，在台车底座的中央设置翻转液压缸 2，其上端与工作台 1 铰接。操作时，先由四个辅助液压缸（图中未画出）带动四个推拉式销轴 4 动作，两个拉出，两个送进，然后向翻转液压缸供油，推动工作台绕销轴转动倾斜。使用时，为防止工件倾倒，工件应紧固在工作台面上。

4. 焊接回转台

焊接回转台是将工件绕垂直轴或倾斜轴回转的焊件变位设备。其工作台一般处于水平或

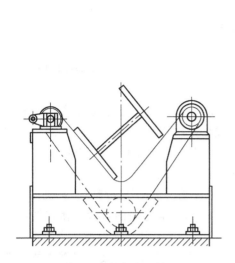

图 7-33 链条式翻转机

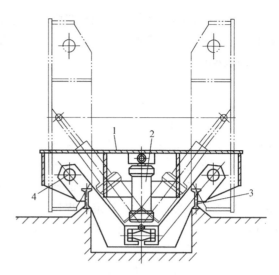

图 7-34 液压双面翻转机
1—工作台 2—翻转液压缸 3—台车底座 4—推拉式销轴

固定在某一倾角位置,形成专用的变位设备。工作台能保证焊件回转,且转速均匀可调。通常回转台适用于高度不大、有环形焊缝的结构焊接或封头的切割工作。

图 7-35 所示为几种定向回转台的结构形式,图 7-35a 所示为在工作台上安放小型焊件,它只需 10W 的电动机转动台面,就可使焊件的生产率提高 5~10 倍;图 7-35b 所示回转台承载能力为 500t,用人工移位,操作灵活;图 7-35c 所示是一种可倾斜的简化型回转台,用于焊接小型焊件;图 7-35d 所示是较为常用的水平回转台,载重量可达 8t。

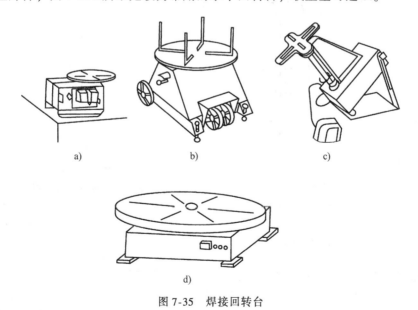

图 7-35 焊接回转台

二、焊机变位设备

在生产中,焊机变位设备常与焊件变位设备配合使用,可以完成多种焊缝,如纵缝、环缝、对接焊缝、角焊缝及任意曲线焊缝的自动焊接工作，也可以进行工件表面的自动堆焊和切割工艺。焊机变位设备按结构形式可分为以下几种：

1. 焊接操作机

（1）平台式操作机　如图7-36所示，平台式操作机的基本结构形式是将焊接机头1放置在平台2上，可在平台的专用轨道上作水平移动。平台安装在立架（柱）3上且可沿立架（柱）升降。立架（柱）坐落在台车4上，台车沿地轨运行。平台式操作机有单轨式和双轨式两种类型。为防止倾覆，单轨式须在车间的墙上或柱上设置另一轨道（图7-36a），双轨式在台车上或立架上放置配重5平衡（图7-36b），以增加操作机工作的稳定性。

平台式操作机主要用于筒形容器的外纵缝和外环缝的焊接。焊接外纵缝时，容器放在滚轮架上，焊机在平台上沿专用轨道以焊接速度移动完成焊接。焊接外环缝时，焊机固定，容器放在滚轮架上回转完成焊接。移动台车可以调整平台与容器之间的位置，使容器吊装方便。一般平台上还设置起重电葫芦，目的是吊装焊丝、焊剂等，从而能保证生产的连续性。

（2）悬臂式操作机　如图7-37所示，此种操作机的焊接机头1安装在悬臂2的一端并可沿悬臂移动，悬臂安装在立柱3上，可绕立柱回转和沿立柱升降。焊机可随悬臂通过台车4沿地轨5作纵向运动。当它与焊件翻转装置（如焊接滚轮架）配合使用时，可以焊接不同直径容器的纵、环焊缝。应当指出，生产中采用立柱及台车沿地轨运动作为焊接速度是不恰当的，因此，地轨的纵向运动仅用于调整悬臂与容器之间的相对位置。

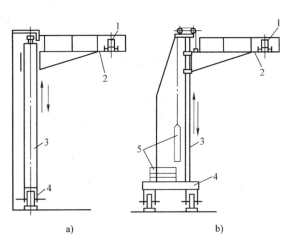

图7-36　平台式操作机
a）单轨式　b）双轨式
1—焊接机头　2—平台　3—立架（柱）
4—台车　5—配重

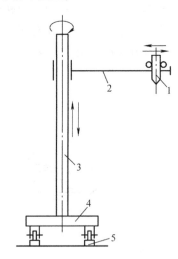

图7-37　悬臂式焊接操作机示意图（一）
1—焊接机头　2—悬臂　3—立柱
4—台车　5—地轨

图7-38所示为另一种形式的悬臂式操作机，主要用于焊接容器的内纵缝和内环缝。悬臂3上面安装有专用轨道。当焊接内纵缝时，可把悬臂放在容器的内壁上，焊机在轨道上移动；当焊接内环缝时，焊机在悬臂上固定，容器依靠滚轮架回转而完成焊接。悬臂通过升降机构2与行走台车1相连，悬臂的升降是由手轮通过蜗轮蜗杆机构和螺纹传动机构来实现的。为便于调整悬臂高低和减少升降机构所受的弯曲力矩，安装了平衡锤，用以平衡悬臂。行走台车上装有电动机，经减速机构驱动台车后轮，可调整悬臂与容器之间的位置。

第七章 装配—焊接工艺装备　　181

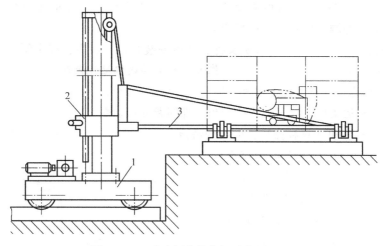

图 7-38　悬臂式焊接操作机示意图（二）
1—行走台车　2—升降机构　3—悬臂

（3）伸缩臂式操作机　伸缩臂式操作机是在悬臂式操作机的基础上发展起来的，其结构也基本相仿，如图 7-39 所示。伸缩臂式操作机的工作特点是：

1）操作机具有台车 11 行走，立柱 8 回转，伸缩臂 5 伸缩与升降四个运动。其作业范围大，机动性强。

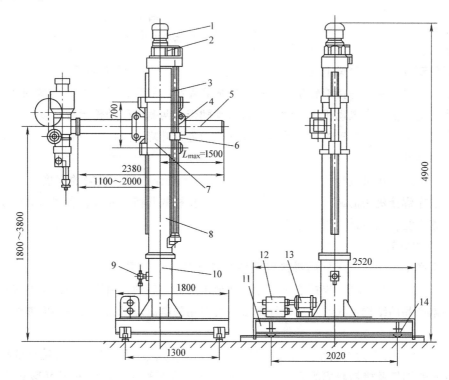

图 7-39　伸缩臂式焊接操作机
1—升降用电动机　2、12—减速器　3—丝杠　4—导向装置　5—伸缩臂　6—螺母　7—滑座
8—立柱　9—定位器　10—柱套　11—台车　13—行走用电动机　14—走轮

2) 操作机的伸缩臂 5 能以焊速运行,所以与焊件变位机、滚轮架配合,可以完成筒体、封头内外表面的堆焊以及螺纹形焊缝的焊接。

3) 在伸缩臂的一端除安装焊接机头外,还可安装割炬、磨头、探头等工作机头,与焊件变位机配合可完成切割、打磨和探伤等作业,扩大该机的适用范围。

4) 该机可以完成各种工位上内外环缝和内外纵缝的焊接任务。

操作机的各种运动应平稳,无卡滞现象,伸缩臂的运动颤动应小,速度应均匀。

(4) 折臂式操作机 这种操作机的结构特点如图 7-40 所示,它的横臂 2 与立柱 4 是通过两节折臂 3 相连接的,整个折臂可沿立柱升降,因而能方便地将安装在横臂前端的焊接机头移动到所需要的焊接位置上。采用折臂结构还能在完成焊接后及时将横臂从工件位置移开,便于吊运工件。折臂式操作机的不足之处是由于两节折臂的连接、折臂与横臂的连接以及折臂与立柱的连接均采用铰接的方式,因此导致横臂在工作时不太平稳。

(5) 门架式操作机 门架式操作机是将焊机或焊接机头安装在门架的横梁上,工件置于横梁下面,门架跨越整个工件,通过门架的移动或固定在某一位置后以横

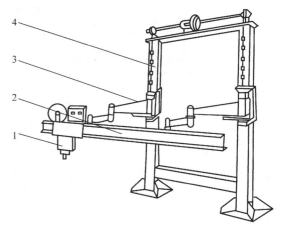

图 7-40 折臂式操作机
1—焊接机头 2—横臂 3—折臂 4—立柱

梁的上下移动及焊机在横梁上的运动来完成高大工件的焊接。图 7-41 所示为一种焊容器用门架式操作机,它与焊接滚轮架配合可以完成容器纵缝和环缝的焊接。门架的两个立柱 2 可沿地轨行走,由一台电动机 5 驱动,通过传动轴带动两侧的驱动轮运行,以保证左右轮的同步。横梁 3 由另一台电动机 4 带动两根螺杆传动进行升降。焊接机头 6 可沿横梁上的轨道沿长度方向运动。

采用门架式操作机进行钢板的拼接或平面形的焊接作业时,横梁的高度一般是不可调的,而是依靠焊接机头的调节对准焊缝。门架式操作机的几何尺寸大,占用车间面积大,因此使用不够广泛,主要适用于批量生产的专业车间。

2. 电渣焊立架

焊接生产中,许多厚板材的拼接以及厚板结构的焊接常采用电渣焊方法。电渣焊生产时,焊缝多处于立焊位置,焊接机头沿专用轨道由下而上运动。由于产品结构的多样化,通常需要根据产品的结构形式与尺寸设计配备一套专用的电渣焊机械装置——电渣焊立架,在立架上安装标准的电渣焊机头进行焊接。

图 7-42 所示为专为焊接小直径筒节纵缝的电渣焊立架。供电渣焊机头爬行的导轨安装在厚 20mm 的钢板及槽钢制成的底座 1 上,底座上有台车轨道,以便安置可移动的台车 2。台车上固定可带动筒节回转的圆盘 6,圆盘上有三个调节筒节水平的螺栓,台车一端装有制动器 3。这套电渣焊立架装置可以完成壁厚 60mm、长 2500mm 筒节的纵缝焊接。

第七章 装配—焊接工艺装备

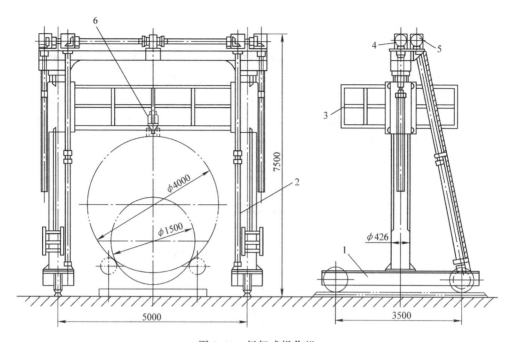

图 7-41 门架式操作机
1—走架 2—立柱 3—平台式横梁 4、5—电动机 6—焊接机头

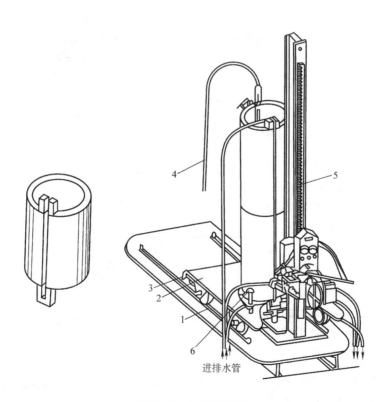

图 7-42 电渣焊立架
1—底座 2—台车 3—制动器 4—馈电线 5—齿条 6—圆盘

三、焊工变位设备

焊工变位设备是改变操作工人工作位置的机械装置，它有多种形式。图 7-43 所示为一台移动式液压焊工升降台，负荷为 200kg，工作台离地面高度可在 1700～4000mm 范围内调节，同时工作台的伸出位置也可改变。底架组成 3 和立架 5 都采用板焊结构，具有较强的刚性且制造方便。使用时，手摇液压泵 2 可驱动工作台 8 升降，还可以移动小车的停放位置，并通过支承装置 1 固定。

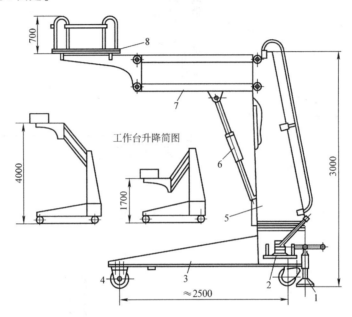

图 7-43 移动式液压焊工升降台
1—支承装置 2—手摇液压泵 3—底架组成 4—走轮
5—立架 6—柱塞液压缸 7—转臂 8—工作台

图 7-44 所示为另一种焊工升降台的结构形式，它由底架 6、液压缸 5、铰接杆 4 及平台 2、3 等组成，可使工作台台面从地平面升高 7m，依靠电动液压泵推动顶升液压缸 5 获得平稳的升降。当工作台升至所需高度后，活动平台（即工作台）可水平移出，便于焊工接近工件。此种升降台工作台的负荷量可达 300kg。

必须指出的是，首先，设计和使用焊工升降台时安全至关重要，工作台应移动平稳，工作时不应逐渐或突然改变原定位置；

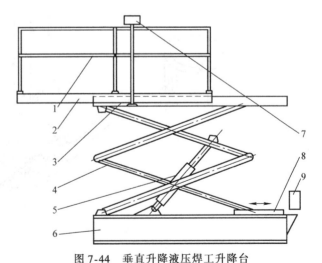

图 7-44 垂直升降液压焊工升降台
1—活动平台栏杆 2—活动平台 3—固定平台 4—铰接杆
5—液压缸 6—底架（液压泵站） 7—控制板 8—导轨 9—开关箱

其次，装置移动应灵活、调节方便，快而准确地到达所要求的焊接位置，并具有足够的承载能力。

第四节　焊接生产用其他装置与装备

一、装配—焊接吊具

在焊接结构生产中，各种板材、型材以及焊接构件在各工位之间时常要往返吊运，有时还要按照工艺要求进行零部件的翻转、就位、分散或集中等作业。生产准备中的吊装工作量很大，吊装过程中若采用与工件截面形状相应的吊具，对提高输送效率、节省工时、减轻捆挂作业强度及安全生产都起着重要作用。

装配—焊接吊具按其作用原理不同，可分为机械吊具、磁力吊具和真空吊具三类。

1. 机械吊具

图 7-45 所示为一种主要用于板材水平吊装的吊具。吊具成对使用，按照不同的规格，每对吊具的起重量为 1000~8000kg 不等。整体吊具由吊爪、压板、销轴及吊耳等组成。使用时，若将四个吊具通过链条两两并排安装在纵向起吊梁上时，既可用于较长、较薄板材的吊装，还可用于筒节、箱体等结构件的吊装。为了保证吊具的使用安全，吊具在使用前应进行超载试验。超载量规定为额定载荷的 25%，并持续 10min，卸载后吊具不得有残余变形、微裂或开裂等缺陷。

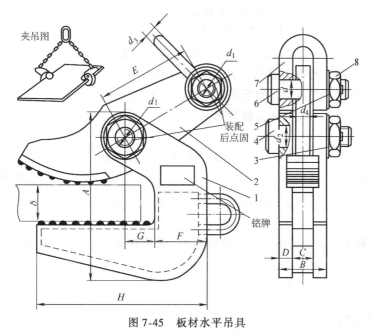

图 7-45　板材水平吊具
1—吊爪　2—压板　3、5—垫圈　4、6—销轴　7—吊耳　8—螺母

图 7-46 所示为一种自重为 20kg 的梁用吊具，吊装起重量为 2000kg。此种吊具多用于工字梁及箱形梁的吊装工作。其主要特点是卡爪在吊钩自重的作用下能自动开启和闭合，可方便地抓取和卸下工件，使起吊作业更加简化。

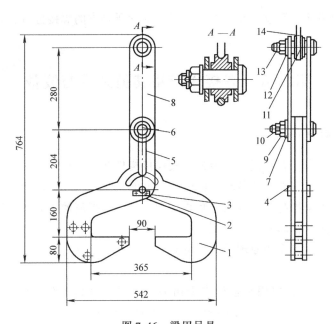

图 7-46 梁用吊具

1—右爪 2—轴抽板 3—螺栓 4、6、13—轴 5—左爪 7、12—垫圈 8—连接板 9—螺母 10—销 11—滑轮 14—钢丝绳

2. 磁力吊具

在磁力吊具中，有永磁式、电磁式及永磁-电磁式吊具。永磁-电磁式吊具由永久磁铁和电磁铁两部分组成，利用永久磁铁吸附工件，而采用电磁铁改变极性以增强和削弱磁力。图 7-47 所示为几种永磁-电磁式吊具型号的结构形式。永磁-电磁式吊具的工作原理是：当吊具与工件接触的初期，给电磁铁通电并使电磁铁极性与永久磁铁的极性相同，以增加吸附力，使工件牢牢吸附在吊具上；然后关断电流，转为仅依靠永久磁铁吸附工件；当需要卸料时，反向给电磁铁通入电流，使其极性与永久磁铁的极性相反，以抵消永久磁铁的磁力，达到迅速卸料的目的。

这类吊具的优点是：其一，安全可靠，无须担心因停电和其他电器故障而发生工件坠落，造成人身和设备事故；其二，省电，通电时间短，电消耗量少，是一种节能型的安全吊具。应注意磁力吊具只适用于铁磁性材料而不能用来吊运铜、铝、不锈钢等非铁磁性材料。

3. 真空吊具

图 7-48 所示为一种真空吊具，它由吸盘 1、照明灯 2、吊架 3、管路 4、换向阀 5 及分配器 6 组成。工作时，依靠真空泵将吸盘抽真空吸附工件 7。由于吸力小，主要用于吊运表面平整、重量不大的薄型板材。

二、起重运输设备

除上述装配—焊接吊具外，焊接结构生产车间必不可少的还有一些起重运输设备，比如地面运输设备，包括叉车、电动搬运车、手动叉式搬运车、电动平板车以及气垫装置等；起重机械，包括桥式起重机、门架式起重机、摇臂起重机以及悬挂式起重机等。在大批量的产品生产中，常需要输送机能有节奏地进行专业化生产。输送机的形式有悬挂式、辊子式、台

第七章 装配—焊接工艺装备

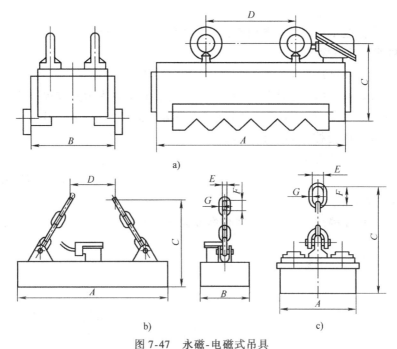

图 7-47 永磁-电磁式吊具
a) YMW12-5010T 型 b) YMW24-15035L 型 c) YMW04-30 型

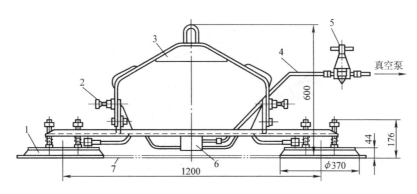

图 7-48 真空吊具
1—吸盘 2—照明灯 3—吊架 4—管路 5—换向阀 6—分配器 7—工件

车式、步进式、平带式、小车式及板式等多种。

焊接车间起重运输设备的选择，取决于运输量、运输距离及路线、运输速度及自动化程度、单件结构件的重量、传动方式以及设备生产率等因素。

三、焊接机器人简介

焊接机器人是从事焊接（包括切割与喷涂）作业的可重复编程的自动控制操作设备。从 20 世纪 60 年代开始用于生产以来，其技术已日益成熟，主要有以下优点：

1) 稳定和提高焊接质量。
2) 提高劳动生产率。
3) 改善工人劳动强度，可在有害环境下工作。

4) 降低了对工人操作技术的要求。

5) 缩短了产品改型换代的准备周期，减少了相应的设备投资。

1. 焊接机器人的组成

图 7-49 所示为一套焊接机器人系统，它一般由四部分组成。

1) 执行部分。执行部分也称为机器人本体部分，是机器人为完成焊接任务而传递力或力矩并执行具体动作的机械结构。它主要包括机器人的机身、臂、腕、手（焊枪）等。

2) 控制部分。负责控制机械结构按所规定的程序和所要求的轨迹，在规定的位置（点）之间完成焊接作业的电子、电气元件和计算机系统。复杂的机器人系统还有引弧失败可以重复引弧、断弧再引弧、解除粘丝、搭接缝搜索、多层焊接、摆动焊接以及焊缝的电弧跟踪或视觉跟踪功能。

3) 动力源及传递部分。它是可为执行部分提供和传递机械能的部件与装置，其动力源多为电动或液压。

4) 工艺保障部分。主要包括焊接电源、送丝、送气装置等。

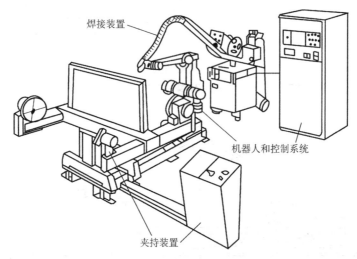

图 7-49　焊接机器人的组成

2. 焊接机器人的应用

焊接机器人有定位焊机器人和弧焊机器人，机器人最早只能用于定位焊，这是因为定位焊对所用的机器人的要求不是很高。因为定位焊只需点位控制，对焊钳在点与点之间的移动轨迹没有严格要求。定位焊机器人要有足够的负载能力，而且在点与点之间移位时速度要快捷，动作要平稳，定位要准确，以减少移位的时间，提高工作效率。

弧焊过程比定位焊过程要复杂得多，工具中心点，也就是焊丝端头的运动轨迹、焊枪姿态、焊接参数都要求精确控制。弧焊机器人多采用气体保护焊方法（MAG、MIG、TIG 焊），弧焊机器人必须具备一些适合弧焊要求的功能。因此，除非焊缝比较简单，否则应尽量选用 6 轴机器人。

如图 7-50 所示，采用两个安有装配夹具的回转工作台，焊件装配好后，由回转工作台送入焊接工位，而焊完的焊件同时转回原位，经操作者检查、补焊后从工作台上卸下。这种组合方式的特点是：①能及时地对焊接质量进行检查。②简化了机器人配套工艺装备的运用，并能焊接很复杂的焊件。③为了使装配间隙保持一致，操作者可随时进行调整，纠正焊缝的位置偏差。④操作者与焊接机器人同时工作时，为了改善作业条件，两者之间应用弧光飞溅隔离屏隔开。

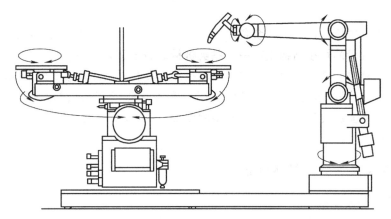

图 7-50　机器人与两个工位回转工作台配合使用

应用机器人配套工艺装备生产时，在一个工位上完成的工序应尽量集中。在一套设备上加工焊件，可节省辅助时间，有利于减少焊件的焊接变形，并能提高焊件的制造精度。图7-51 所示为将整体装配好的焊件放在焊件变位机上由机器人进行焊接的示例。

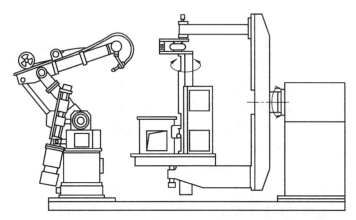

图 7-51　焊件变位机与机器人配合进行焊接

焊接机器人的使用受到焊件结构形式、产品批量、焊接方法及质量要求、配套设备的完善程度以及调试维修技术等多种因素的影响。因此，在引进和选用机器人时应考虑以下几个方面：

1) 焊件的生产类型属于多品种、小批量的生产性质。

2) 焊件的结构尺寸以中小型焊接机器零件为主，且焊件的材质、厚度有利于采用定位焊或气体保护焊的焊接方法。

3) 待焊坯料在尺寸精度和装配精度等方面能满足机器人焊接的工艺要求。

4) 与机器人配套使用的设备（如各类变位机及输送机等）应能与机器人联机协调动作，使生产节奏合拍。

总之，焊接机器人的应用应注重焊接产品的关键部位，使焊工从有害、繁重的劳动中解放出来，达到提高生产率、产品质量，降低生产成本，实现自动化生产的目的。

第五节　工装夹具设计

焊接结构生产中所应用的工艺装备形式多种多样。在前面已经介绍了各类工艺装备的类型和特点。在大批量的焊接结构生产中，各类机械装备多采用多种多样的组合运用的形式，这不仅可满足某种单一产品的生产要求，同时也能为具有同一焊缝形式的不同产品服务。通过组合，能更加充分发挥焊接机械装备的作用，提高装配—焊接机械化水平，实现高质量、高效率的生产。下面就夹具的设计方法及步骤以及实际生产中装配—焊接夹具的应用实例做简要介绍和分析。

一、工装夹具设计的基本知识

1. 夹具设计的基本要求

由于产品结构的技术条件、施焊工艺以及工厂具体情况等的不同，对所选用及设计的夹具均有不同的要求。目前，就装配—焊接结构生产中所使用的多数夹具而言，其共性的要求有以下几方面：

（1）工装夹具应具备足够的强度和刚度　夹具在生产中投入使用时要承受多种力的作用，比如焊件的自重、夹紧反力、焊接变形引起的作用力、翻转时可能出现的偏心力等，所以夹具必须有一定的强度与刚度。

（2）夹紧的可靠性　夹紧时不能破坏工件的定位位置，必须保证产品形状、尺寸符合图样要求。既不允许工件松动滑移，又不能使工件的拘束度过大而产生较大的拘束应力。因此，手动夹具操作时的作用力不可过大，机动压紧装置作用力应采用集中控制的方法。

（3）焊接操作的灵活性　使用夹具生产应保证足够的装配—焊接空间，使操作人员有良好的视野和操作环境，使焊接生产的全过程处于稳定的工作状态。

（4）便于焊件的装卸　操作时应考虑制品在装配定位焊或焊接后能顺利地从夹具中取出，还要注意制品在翻转或吊运时不受损坏。

（5）良好的工艺性　所设计的夹具应便于制造、安装和操作，便于检验、维修和更换易损零件。设计时，还要考虑车间现有的夹紧动力源、吊装能力以及安装场地等因素，降低夹具制造成本。

2. 工装夹具设计的基本方法与步骤

（1）设计前的准备　为保证用设计的夹具生产出符合设计要求的工件，就要了解工件在生产中及本身构造上的特点及要求，这是设计夹具的依据，是设计人员应细致研究并掌握的原始资料。夹具设计的原始资料包括以下内容：

1）夹具设计任务单。任务单中说明工件图号、夹具的功用、生产批量、对该夹具的要求以及夹具在工件制造中所占的地位和作用。任务单是夹具设计者接受任务的依据。

2）工件图样及技术条件。研究图样是为了掌握工件的结构、尺寸公差及制造精度。此外，还需了解与本工件有配合关系的零件在构造上的联系。研究技术条件是为了明确在图样上未完全表达的问题和要求，对工件的生产技术要求获得一个完整的概念。

3）工件的装配工艺规程。工艺规程是产品生产的指导性技术文件，是工艺编制的核心。夹具是直接为工艺规程服务的工具，因此夹具设计者应当明确所设计的夹具必须满足工艺规程中的一切要求。

4）夹具设计的技术条件。这是装配—焊接工艺人员根据工件图样和工艺规程对夹具提出的具体要求，一般应包括如下内容：

① 夹具的用途，担负何种工件的装配—焊接工作以及该工件前后工序的联系。

② 所装配工件在夹具中的位置，工件定位基准以及定位尺寸，说明工件接头尺寸属于中间尺寸（注明加工余量）或最后尺寸。

③ 制造和安装夹具时，保证夹具的调整和检验时所需的样件及样板等。

④ 对夹具的构造形式、是否翻转和移动以及夹具所用定位件及夹紧件的机械化程度等提出原则性意见。

⑤ 规定工件焊接收缩量大小，以确定定位件和夹紧件的位置。

5）焊接装配夹具的标准化和规格化资料，包括国家标准、工厂标准和规格化夹具结构图册等。

需要指出的是，装配—焊接生产中所使用的大型机械装备，如变位设备、操作机械等，大多由专门的生产厂家提供，本节中主要针对常用的装配—焊接夹具的设计加以介绍。

（2）设计的步骤

1）确定夹具结构方案，绘制草图。此阶段的主要工作内容有：

① 选择夹具的设计基准。夹具设计基准应与被装配结构的设计基准一致；有装配关系的相邻结构的装配—焊接夹具尽可能选用同一设计基准，如选用基准水平线和垂直对称轴线作为同一设计基准。

② 绘制工件图。设计基准确定后，在图纸上按设计基准用双点画线绘制出被装配工件图，包括工件轮廓及工件要求的交点接头位置（注意包括收缩余量）。

③ 定位件和夹紧件设计。确定零件的定位方法及定位点，零件的夹紧方式和对夹紧力的要求，并根据定位基准选择定位件和夹紧件的结构形式、尺寸及其布置。

④ 夹具主体（骨架）设计。主体设计时需要满足装配—焊接工艺对夹具的刚度要求，并根据夹具元件的剖面形状和尺寸大小确定主体结构方案和传动方案，如确定夹具结构的组成部分有哪些、结构主体的制造方法以及采用几级传动形式等。

⑤ 完成设计草图。在充分考虑夹具的整体结构布局之后进行必要的设计计算，并绘制出夹具的设计草图。

2）绘制夹具工作总图阶段。草图设计经过讨论审查通过后，便可绘出夹具的正式工作总图，完成此阶段工作应注意以下几点：

① 总图上的主视图应尽量选取与操作者正面相对的位置。夹具的工作原理和构造以及主要元件结构和它们之间的相互装配位置关系应在基本视图上表达出来，各视图的布置除严格按照制图标准外，要留出零件编号及标注尺寸的位置，总体布局合理美观。

② 总图上应标注的主要尺寸应包括装配尺寸、配合尺寸、外形尺寸及安装尺寸。

③ 编写技术条件。一些在视图上无法表示的关于制造、装配、调整、检验和维修等方面的技术要求，应在总图上注明。

④ 标出夹具零件的编号，填写零件明细表和标题栏。

3）绘制装配—焊接夹具零件图阶段。夹具中的非标准零件要绘制零件图，零件的结构形式、尺寸、公差和技术条件应与夹具总图相符合。

4) 编写装配—焊接夹具设计说明书。设计说明书是夹具的设计计算、分析整理和总结，也是图样设计的理论根据。其主要内容是：

① 目录。
② 夹具设计任务书。
③ 产品要求分析。
④ 夹具设计技术条件。
⑤ 夹具设计基准的确定。
⑥ 夹具设计方案的分析。
⑦ 夹具技术经济效益评定。
⑧ 参考资料。

5) 必要时，还需要编写装配—焊接夹具使用说明书，包括夹具的性能、使用注意事项等内容。

3. 工装夹具制造的精度要求

焊接结构的精度除与各零件备料的精度和加工工序的中间尺寸精度有关外，在很大程度上也有赖于装配—焊接夹具本身的精度。夹具的精度，主要是指夹具定位件的定位尺寸及定位件的位置尺寸的公差大小，由被装配工件的精度决定。因此，可以看出焊接结构的精度与工装夹具的精度有着密切的联系。

根据夹具元件的功用及装配要求不同，可将夹具元件分为四类：

1) 第一类是直接与工件接触，并严格确定工件的位置和形状的元件，主要包括接头定位件，V 形块、定位销等定位元件。

2) 第二类是各种导向件，此类元件虽不与工件直接接触，但它确定第一类元件的位置。

以上两类夹具元件的精度，不仅与定位工件的精度要求有关，还受到工件定位表面选择、加工方法及工件几何形状等因素的影响。在确定夹具公差时，一般取所装配工件的相应部分尺寸公差的 0.5~0.75 倍，即保证工件被定位表面与定位件的定位表面之间留有最小间隙并保证间隙配合。表 7-6 所列公差关系仅供参考。

表 7-6　夹具直线尺寸公差与产品公差的关系　　（单位：mm）

产品公差	夹具公差	产品公差	夹具公差	产品公差	夹具公差
0.25	0.14	0.50	0.23	0.95	0.42
0.28	0.16	0.55	0.23	1.00	0.50
0.30	0.18	0.60	0.28	1.50	0.65
0.32	0.18	0.65	0.28	2.00	0.90
0.36	0.20	0.70	0.32	2.50	1.10
0.38	0.20	0.75	0.32	3.00	1.35
0.40	0.21	0.85	0.35		
0.42	0.21	0.91	0.42		

3) 第三类是夹具内部相互配合的元件，这些夹具装置各组成零件之间也有配合尺寸公

差的要求。

4）第四类是不影响工件位置，也不与其他元件相配合的元件，如夹具的主体骨架等。

第三、四类元件的尺寸公差无法从相应的加工尺寸公差中计算求得，应按其在夹具中的功用和装配要求选用。

具体确定夹具公差时，还须注意以下几个问题：

1）以焊件的平均尺寸作为夹具相应尺寸的基本尺寸。标注公差时，一律采用双向对称分布公差制。例如，焊件孔距为 $300^{+1}_{\ 0}$ mm，选择夹具公差为 0.5mm；若夹具尺寸标注为 300mm±0.25mm，夹具孔距最小尺寸为 299.75mm，超出焊件公差范围，显然是错误的。正确标注是先求出焊件孔距的平均尺寸为 (300 + 301) mm ÷ 2 = 300.5mm，夹具孔距为 300.5mm±0.25mm。

2）当工件的加工尺寸未标注公差时，则视工件的公差等级为 IT12～IT14，夹具上相应的尺寸公差等级按 IT9～IT11 确定；工件的位置要求未注公差时，工件的位置公差等级视为 IT9～IT11，夹具上相应的位置公差等级按 IT7～IT9 确定。

3）定位元件与工件定位基准间的配合，一般都按基孔制间隙配合选用；若工件的定位孔或定位外圆不是基准孔或基准轴时，则在确定定位销或定位孔的尺寸时，应保持其间隙配合的性质。

4）采用焊件上相应工序的中间尺寸作为夹具基本尺寸。中间尺寸应考虑到焊后产生的收缩变形量、重要孔洞的加工余量等因素，与图样上标注的尺寸有所不同。

5）夹具上起导向作用的、有相对运动的元件间的配合以及没有相对运动的元件间的配合，可参考表 7-7 选择。表中所列是一般的选用范围，详细内容在设计时可参阅有关夹具零部件标准等设计资料。

表 7-7 夹具常用配合的选择

工作形式	精度选择	示 例
定位元件与工件定位基准间	H7/h6，H7/g6，H8/h7，H8/f7，H9/h9	定位销与工件基准孔
有导向作用并有相对运动的元件间	H7/h6，H7/g6，H8/h7，H9/f9，H9/d9	滑动定位件与导套间
没有相对运动的元件间	H7/n6（无紧固件） H7/k6，H7/js6（有紧固件）	支承钉、定位销、定位销衬套的固定

4. 夹具结构工艺性

夹具结构的制造、检测、装配、调试及维修等方面，都可作为夹具结构工艺性好坏的评定依据。

（1）对夹具良好工艺性的基本要求

1）整体夹具结构的组成，应尽量采用各种标准件和通用件，制造专用件的比例应尽量少，以减少制造劳动量和降低费用。

2）各种专用零件和部件结构应容易制造和便于测量，夹具装配和调试方便。

3）夹具结构便于维护和修理。

（2）合理选择装配基准　正确选择夹具装配基准的原则为：

1）装配基准应该是夹具上一个独立的基准表面或线，其他元件的位置只依此表面或线进行调整和修配。

2)装配基准一经加工完毕,其位置和尺寸就不应再变动。因此,那些在装配过程中自身的位置和尺寸尚须调整或修配的表面或线不能作为装配基准。

图7-52a中,A、B、C、D四个尺寸是以孔的中心为基准,孔加工好后,以孔中心作装配基准来检验和调整定位销和支承板时,各元件彼此间不发生干扰和牵连,检验和调整很方便。图7-52b中,调整尺寸D、B时,尺寸A、C也受到影响,造成检验和调整工作复杂,且难以保证夹具精度要求。

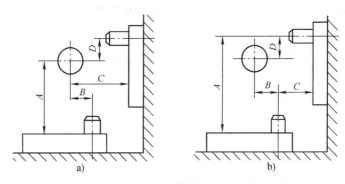

图7-52 正确选择装配基准示例

(3)结构的可调性 夹具中的定位件和夹紧件一般不宜焊接在夹具体上,否则,会造成结构不便于加工和调整。经常采用螺栓紧固、销钉定位的方式,调整和装配夹具时,可对某一元件的尺寸较方便地进行修整。还可采用在元件与部件之间设置调整垫圈、调整垫片或调整套等控制装配尺寸,补偿其他元件的误差,提高夹具精度。

(4)维修工艺性 夹具使用后进行维修,可延长夹具的使用寿命。进行夹具设计时,应考虑维修方便的问题。图7-53所示为便于维修的三种定位销钉结构形式。图7-53a中销钉孔做成贯穿的通孔,拆卸时可从底部将销钉打出;图7-53b和图7-53c所示为受结构位置限制,无法采用贯穿孔,可采取加工一个用来敲击销钉的横孔或选用头部带螺纹孔的销钉。

把无凸缘衬套类零件压入不通孔时,为方便维修时取出衬套,可选图7-54所示的衬套结构形式。图7-54a所示为在衬套底部端面上铣出径向槽;图7-54b所示为在衬套底部做出螺纹孔。

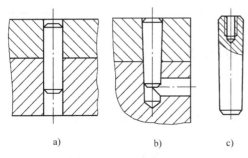

图7-53 便于维修的定位销钉结构

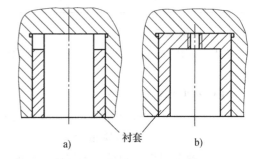

图7-54 便于维修的衬套结构

5. 制造工装夹具的材料

夹具材料的选择首先取决于夹具元件的工作条件。骨架、承重结构等以刚度要求为主时,可选用低碳钢;载荷大并考虑强度时,可选用低合金结构钢。在定位元件中,各种支承和V形块一般选用45钢制造,其热处理是淬火,硬度为45~50HRC。定位销直径大于14mm时,可选20钢表面渗碳;直径小于14mm时,常选择T7A或T8A钢,淬火硬度均为53~58HRC。在夹紧元件中,制造螺杆的材料常用45钢,热处理后表面硬度为33~38HRC。偏心轮常用T7、T8钢,热处理后硬度为53~58HRC。弹簧件选用65Mn弹簧钢制造;对于材质较软的铝、铜等工件,在保证定位准确的前提下,定位件、夹紧件材料也应相应选择较软的材料,以防止损伤工件。对于机械传动装置中的各零件,其材料应根据机械设计中的有关规定进行选用。

二、夹具结构设计与变位设备选择实例

1. 肋板与衬套焊接用轻便夹具

轻便夹具是用来装配由2~3个零件组成的焊件、自身结构较简单的夹具。图7-55所示为将两个肋板与一个衬套进行装配的夹具,衬套5用三棱销钉4定位,两个带孔的肋板3、8用特殊销钉2和6定位,销钉头部有一段螺纹,转动高帽螺母1可将肋板3、8夹紧在支承面上。支承钉7是为便于夹具搬放而设置的。特殊销钉头部螺纹的长度不应超过8~10mm,可以减少装配肋板的时间。

2. 支架焊接用多位夹具

在一个夹具上同时装配几个或十几个同样的尺寸较小、外形简单的焊件时,可采用多位夹具。图7-56所示为支架装配用多位夹具,支架由两块板片与四段小管组成。装配—焊接时,将板片装在托架侧面,依靠托架侧面挡铁和夹具体的平面进行定位,采用螺杆夹紧。托架上面开有半圆槽,用来定位小管。此类夹具定位稳固,装卸焊件方便,生产效率高。

3. 护帮板装配夹具

护帮板的结构如图7-57所示,其主要技术要求是:两横向肋板孔的同轴度的要求及四个耳板孔同轴度的要求。装配时采用分部件装配的方法:

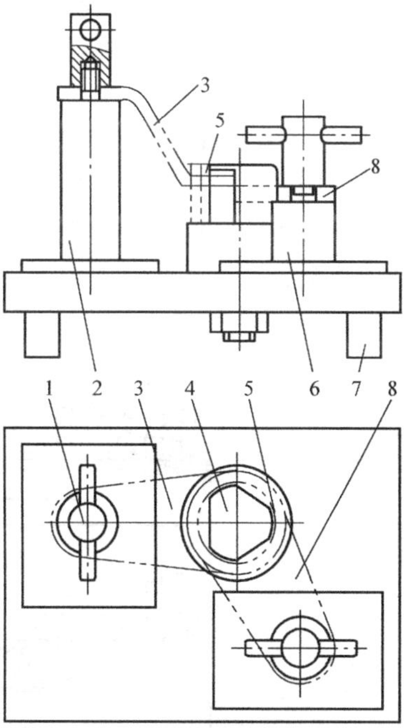

图7-55 肋板与衬套装配夹具
1—高帽螺母 2、6—销钉 3、8—肋板
4—三棱销钉 5—衬套 7—支承钉

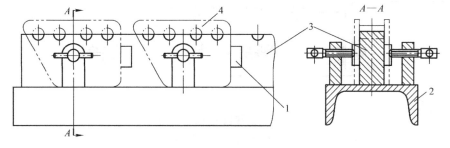

图7-56 支架装配用多位夹具
1—挡铁 2—夹具体 3—托架 4—支架

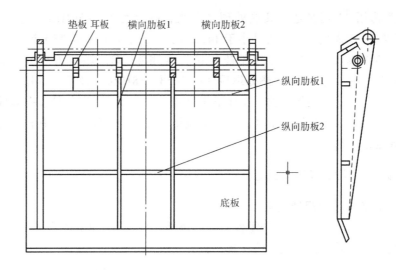

图 7-57 护帮板结构图

1) 在四个耳板孔中穿入一根心轴,以保证其同轴度;由于横向肋板 1、2 的孔径不同,故在心轴两端各加一套筒来弥补其直径的差别。耳板之间的距离通过加入套筒来保证,纵向肋板、横向肋板的定位采用挡铁,夹紧装置选择圆偏心轮,以此来完成纵、横向肋板与耳板的组合件装配,其夹具如图 7-58 所示。

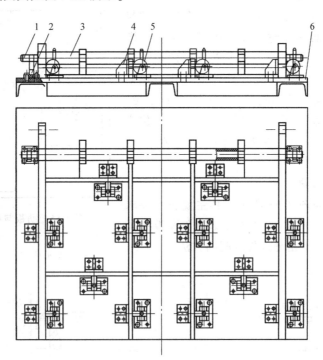

图 7-58 护帮板装配夹具(一)
1—心轴 2—支承块 3—套筒 4—挡铁 5—夹紧器 6—夹具体

2) 选择座式焊件变位机,将变位机的工作台调至水平位置,把产品的底板用压板固定在工作台上，进行纵、横向肋板与耳板的组合件和底板的装配，如图 7-59 所示。

3）装配完成后即可进行焊件的整体焊接。焊接时，将工作台倾斜 45°并做适当的转动，使纵向肋板与底板焊缝、横向肋板与底板焊缝处于船形位置进行焊接；将工作台倾斜 90°并适当地转动，使纵向与横向肋板处于船形位置进行焊接。其他角焊缝应尽量调至船形位置进行焊接。

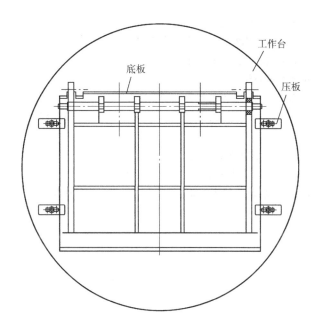

图 7-59　护帮板装配夹具（二）

4. 筒形容器的装配—焊接装置

如图 7-60 所示为气液分离器装配—焊接图，由于该容器直径不大且比较长，故选择长轴式焊接滚轮架和悬臂式焊接操作机配合使用，可完成筒形容器的环、纵焊缝的焊接。若在操作机上安装割炬，还可以完成筒节端部的切割任务。

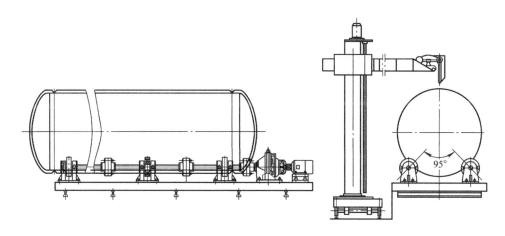

图 7-60　气液分离器装配—焊接图

思 考 题

1. 简述装配—焊接工艺装备的分类及其主要作用。
2. 以图 7-1 为例,试述零件完全定位的基本原理及六点定位规则的含义。
3. 零件定位时,定位基准的选择应考虑哪些因素?
4. 常用定位器的形式有哪几种?它们各自应用于什么场合?
5. 对夹紧器的基本要求是什么?如何确定夹紧力的三个要素?
6. 典型夹紧装置由哪几部分组成?各部分有何作用?
7. 画图并说明斜楔夹紧装置的特点及其应用。
8. 试比较楔形、螺旋及圆偏心轮夹紧机构的优缺点及其应用范围。
9. 工装夹具设计的基本要求是什么?简述夹具设计的方法和步骤。
10. 怎样正确确定夹具的主要尺寸、公差配合?如何提高夹具的制造精度?
11. 夹具具有良好的结构工艺性需考虑哪些问题?
12. 焊件变位设备有哪几类?试述各自的使用范围及结构特点。
13. 试述焊机变位设备的作用。焊接操作机的主要形式有哪几种?
14. 焊接机器人由哪几部分组成?在引进和选择机器人时应考虑哪些问题?

第八章

装配—焊接工艺编制与实施

装配—焊接是焊接结构生产过程中的核心,直接关系到焊接结构的质量和生产效率。同一种焊接结构,由于其生产批量、生产条件不同,或由于结构形式不同,可有不同的装配方式、不同的焊接工艺、不同的装配—焊接顺序,即会有不同的工艺过程。本单元主要介绍焊接结构的装配基础知识,并结合气液分离器介绍焊接结构装配—焊接工艺规程的编制方法及装配—焊接实施过程中的质量控制要点。

第一节 焊接结构的装配基础知识

在焊接结构制造过程中,装配是将组成结构的各个零件按照一定的位置、尺寸关系和精度要求组合起来的工序。在焊接结构制造中,焊件的装配(或称组装)是决定焊接质量的关键工序,而焊件的装配质量又取决于零件下料和成形的尺寸精度。装配在焊接结构制造工艺中占有很重要的地位,这不仅是由于装配工作的质量好坏直接影响产品的最终质量,而且还因为装配工序的工作量大,约占整个产品制造工作量的 30%~40%。所以,提高装配工作的效率和质量,在缩短产品制造工期、降低生产成本、保证产品质量等方面都具有重要的意义。

一、装配的基本条件

在金属结构装配中,将零件装配成部件的过程称为部件装配,简称部装;将零件或部件装配成最终产品的过程称为总装。通常装配后的部件或整体结构直接送入焊接工序,但有些产品先要进行部件装配—焊接,经矫正变形后再进行总装。无论何种装配方案都需要满足装配的基本条件。

装配的基本条件不是组成结构件的零件在装配前应达到的尺寸精度、热处理状态等,而是指零件在装配过程中应遵循的基本准则,只有遵循这些准则才能装配出合格的焊接结构。

焊接结构的装配必须具备三个基本条件(三要素):定位、夹紧和测量。

1. 定位

定位就是将待装配的零件按图样的要求保持正确的相对位置的方法。如图8-1所示,在平台6上装配工形梁,工形梁的两翼板4的相对位置是由腹板3和挡板5定位的,腹板的高低位置由垫块2定位,而平台工作面则既是整个工形梁的定位基准面,又是结构装配的支承面。

2. 夹紧

夹紧就是借助于外力使零件准确到位,并将定位后的零件固定,直到装配完成或焊接结束。图 8-1 中翼板与腹板的相对位置确定后，是通过调节螺杆 1 实现夹紧的。

3. 测量

测量是指在装配过程中，对零件间的相对位置和各部件尺寸进行的一系列技术测量，从而鉴定零件定位的正确性和夹紧力的效果，以便调整。图 8-1 所示的工形梁装配中，在定位并夹紧后，需要测量两翼板的平行度、腹板与翼板的垂直度、工形梁高度尺寸等多项指标。例如通过用直角尺 7 测量两翼板与平台工作面的垂直度，检验两翼板的平行度是否符合要求。

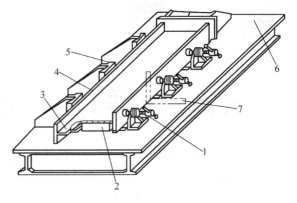

图 8-1　工形梁的装配
1—调节螺杆　2—垫块　3—腹板
4—翼板　5—挡板　6—平台　7—直角尺

图 8-2 所示为一简单焊接支架的装配。其装配过程为：①划定位线：将弯板平放在工作台上，并划出肋板的位置线；②对位：用手扶正肋板与所划线对齐；③点固：用定位焊将两肋板与弯板固定；④检验：由于定位焊时肋板会出现一些变形，因此测量尺寸 100mm 是否符合图样要求；⑤矫正：如尺寸不符合要求则进行调整。

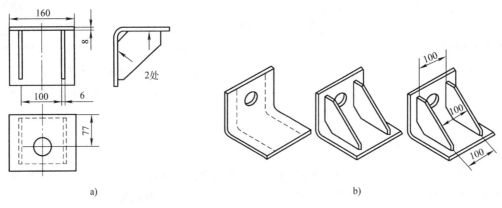

图 8-2　焊接支架的装配
a) 结构图　b) 装配流程

焊接支架的装配工艺过程体现了装配的基本条件，即任何零件的装配都必须先将其放到正确的位置，再采取一定措施将位置固定下来（该处采用的是定位焊），最后测量装配位置的准确性。

装配的三个基本条件是相辅相成的，定位是整个装配工序的关键，定位后不进行夹紧，正确定位的零件就不能保持其正确性，在随后的装配和焊接过程中位置会发生改变；夹紧是在定位的基础上的夹紧，如果没有定位，夹紧就失去了意义；而没有测量，则无法判断定位和夹紧的正确性，难以保证构件的装配质量。但在有些情况下可以不进行测量（如一些胎夹具装配、定位元件定位装配等）。

零件的正确定位尺寸，不一定与产品设计图上的定位尺寸一致，有时是从生产工艺的角度，考虑焊接变形后的工艺尺寸。如图 8-3 所示的槽形梁，设计尺寸应保持两槽板平行，而考虑到焊接后收缩变形，工艺尺寸为204mm，使槽板与底板有一定的角度，正确的装配应按工艺尺寸进行。

二、零件的定位

1. 定位基准及其选择

（1）定位基准 在焊接结构装配过程中，必须根据一些指定的点、线、面确定零件或部件在结构中的位置，这些作为依据的点、线、面称为定位基准。

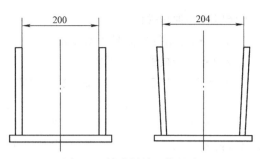

图8-3 槽形梁的工艺尺寸

如图8-4所示圆锥台漏斗，各件间的相对位置是以轴线和M面为定位基准确定的。

如图8-5所示四通接头，装配时支管Ⅱ、Ⅲ在主管Ⅰ上的相对高度是以H面为定位基准确定的，而支管的横向定位则以主管轴线为定位基准。

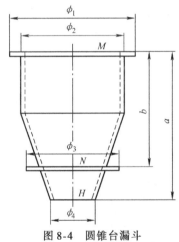

图8-4 圆锥台漏斗

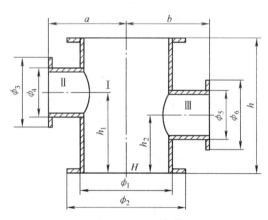

图8-5 四通接头

图8-6所示容器上各接口的相对位置，是以轴线和组装面M为定位基准确定的。装配接口Ⅰ、Ⅱ、Ⅲ在筒体上的相对高度是以M面为定位基准确定的；各接口的横向定位则以筒体轴线为定位基准。

（2）定位基准的选择 合理地选择定位基准，对于保证装配质量、安排零部件装配顺序和提高装配效率均有重要影响。选择定位基准时，应着重考虑以下几点：

1）装配定位基准尽量与设计基准重合，这样可以减少基准不重合带来的误差。比如，各种支承面往往是设计基准，宜将它作为定位基准；各种有公差要求的尺寸，如孔心距等，也可作为定位基准。

2）同一构件上与其他构件有连接或配合关系的各个零件，应尽量采用同一定位基准，这样能保证构

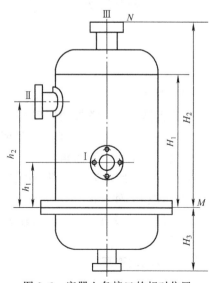

图8-6 容器上各接口的相对位置

件安装时与其他构件的正确连接和配合。

3) 应选择精度较高且不易变形的零件表面或边棱作定位基准,这样能够避免由于基准面、线的变形造成的定位误差。

4) 所选择的定位基准应便于装配中的零件定位与测量。

在确定定位基准时,应综合生产成本、生产批量、零件精度要求和劳动强度等因素。例如以已装配零件作基准,可以大大简化工装的设计和制造过程,但零件的位置、尺寸一定会受已装配零件的装配精度和尺寸的影响。如果前一零件的尺寸精度或装配精度低,则后一零件的装配精度也低。

在实际装配中,有时定位基准的选择要完全符合上述所有的原则是不可能的。因此,应根据具体情况进行分析,选出最有利的定位基准。

2. 零件的定位方法

在焊接生产中,应根据零件的具体情况选取零件的定位方法。零件的定位方法主要有如下几种:

(1) 划线定位　划线定位是利用在零件表面或装配台表面划出工件的中心线、接合线、轮廓线等作为定位线,以确定零件间的相互位置,通常用于简单的单件小批量装配或总装时的部分较小零件的装配。

图8-7a所示为以划在工件底板上的中心线和接合线作为定位线,确定槽钢、立板和三角形加强肋的位置;图8-7b所示为利用大圆筒盖板上的中心线和小圆筒上的等分线(也常称其为中心线)来确定两者的相对位置。

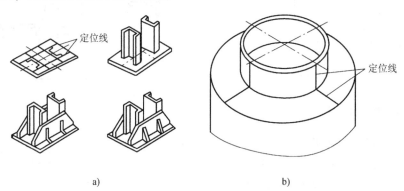

图 8-7　划线定位装配

(2) 样板定位　利用小块钢板或小块型钢作为样板,取材方便,也可以用经机械加工后的样板提高精度。样板的安置要保证构件重点部位(点、线、面)的尺寸精度,也要便于零件的装拆。常用于钢板与钢板之间的角度装配和容器上各种管口的安装。图8-8所示为斜T形结构的样板定位装配。

(3) 定位元件定位　定位元件定位是用一些特定的定位元件(如板块、角钢、销轴等)构成空间定位点,进而确定零件的位置,并用装配夹具夹紧。它不需划线,装配效率高,质量好,适用于批量生产。

图8-9所示为在大圆筒外部加装钢带圈。先在大

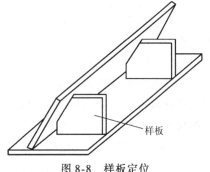

图 8-8　样板定位

圆筒外表面焊上若干挡铁作为定位元件,以确定钢带圈在圆筒上的高度位置,并用弓形螺旋夹紧器将钢带圈与筒体壁夹紧,再用定位焊点固,即完成钢带圈的装配。

如图 8-10 所示的双臂角杠杆的焊接结构,它由三个轴套和两个臂杆组成。装配时,臂杆之间的角度和三孔距离用活动定位销 1 和固定定位销 3 定位;两臂杆的水平高度位置和中心线位置用挡铁 2 定位;两端轴套高度用支承垫 4 定位;之后夹紧、定位焊,完成装配。其装配全部采用定位元件定位,装配质量可靠,生产效率高。

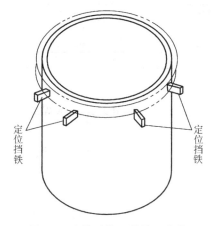

图 8-9 定位元件(挡铁)定位

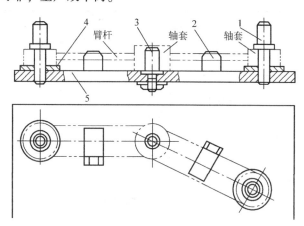

图 8-10 双臂角杠杆的装配
1、3—定位销　2—挡铁　4—支承垫　5—夹具台

(4) 胎卡具(又称胎架)定位　金属结构中,当一种工件数量较多,内部结构又不很复杂时,可将工件装配所用的各定位元件、夹具和装配胎架三者组合为一个整体,构成装配胎卡具。

图 8-11a 所示为汽车横梁结构,它由拱形板 4、槽形板 3、角形板 6 和立平板 5 等零件组成。其装配胎卡具如图 8-11b 所示,它由定位铁 8、螺栓卡紧器 9、回转轴 10 共同组合连接在胎架 7 上。装配时,首先将角形板和拱形板置于胎架上,用定位铁 8 定位并用螺栓卡紧器 9 固定,然后装配槽形板和立平板,它们分别用定位铁 8 和螺栓卡紧器 9 卡紧,再将各板连接处定位焊。该胎卡具还可以通过回转轴 10 回转,把工件翻转,使焊缝处于最有利的施焊位置。

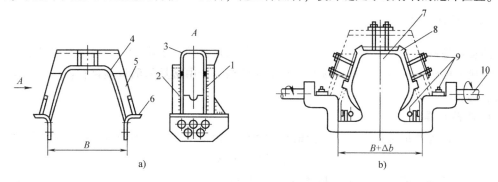

图 8-11 胎具定位装配
a) 汽车横梁　b) 胎具
1、2—焊缝　3—槽形板　4—拱形板　5—立平板　6—角形板
7—胎架　8—定位铁　9—螺栓卡紧器　10—回转轴

三、装配中的定位焊

定位焊用于固定各焊接零件之间的相互位置,以保证整个结构件得到正确的几何形状和尺寸。定位焊有时也叫点固焊。定位焊所用的焊条应和焊接时所用焊条相同,以保证焊接质量。定位焊缝的参考尺寸见表 8-1。

表 8-1 定位焊缝参考尺寸 (单位:mm)

焊接厚度	焊缝高度	焊缝长度	间距
≤4	<4	5~10	50~100
4~12	3~6	10~20	100~200
>12	>6	15~30	100~300

进行定位焊时应注意以下事项:

1) 定位焊缝的引弧和熄弧处应圆滑过渡,否则,正式焊接时在该处易造成未焊透、夹渣等缺陷。

2) 定位焊缝有未焊透、夹渣、裂纹、气孔等焊接缺陷时,应该铲掉并重新焊接,不允许缺陷留在焊缝内。

3) 需预热的焊件,定位焊时也应进行预热,预热温度与正式焊接时相同。

4) 由于定位焊为断续焊,工件温度较低,热量不足而容易产生未焊透,故定位焊时的焊接电流应比正式焊接时大 10%~15%。

5) 定位焊缝的尺寸要按要求选用,对保证焊件尺寸起重要作用的部位,可适当地增加定位焊缝的尺寸和数量。

6) 在焊缝交叉处和焊缝方向急剧变化处不要进行定位焊,而应离开 50mm 左右。

7) 对于强行装配的结构,因定位焊缝承受较大的外力,应根据具体情况适当加大定位焊缝长度,间距适当缩小。

8) 必要时采用碱性低氢焊条,而且特别注意定位焊后应尽快进行焊接,避免中途停顿和间隔时间过长。

9) 定位焊所使用的焊条牌号与正式焊接时使用的焊条相同,直径可略细一些,常用 $\phi 3.2mm$ 和 $\phi 4mm$ 的焊条。

四、装配中的测量

测量是检验定位质量的一个工序,装配中的测量包括:正确、合理地选择测量基准;准确地完成零件定位所需要的测量项目。在焊接结构生产中常见的测量项目有:线性尺寸、平行度、垂直度、同轴度及角度等。

1. 测量基准

测量中,为衡量被测点、线、面的尺寸和位置精度而选作依据的点、线、面称为测量基准。一般情况下,多以定位基准作为测量基准。如图 8-6 所示的容器接口 Ⅰ、Ⅱ、Ⅲ 都是以 M 面为测量基准,测量尺寸 h_1、h_2 和 H_2,这样接口的设计基准、定位基准、测量基准三者合一,可以有效地减小装配误差。

当以定位基准作为测量基准不利于保证测量的精度或不便于测量操作时,就应本着能使测量准确、操作方便的原则,重新选择合适的点、线、面作为测量基准。如图 8-12 所示的工字梁，要测量腹板与翼板的垂直度，直接测量既不方便，精度也低。这时以装配平台作为测量基准，测量两翼板与平台的垂直度和腹板与平台的平行度，精度比较高，测量也方便。

2. 各种项目的测量

（1）线性尺寸的测量 线性尺寸是指工件上被测点、线、面与测量基准间的距离。线性尺寸的测量是最基础的测量项目，其他项目的测量往往是通过线性尺寸的测量间接进行的。线性尺寸的测量主要利用刻度尺（卷尺、盘尺、直尺等）来完成，特殊场合利用激光测距仪进行测量。

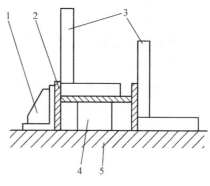

图8-12 间接测量的方法
1—定位支架 2—工字梁 3—直角尺
（90°角尺） 4—定位垫块 5—装配平台

（2）平行度的测量 主要有下列两个项目：

1）相对平行度的测量。相对平行度是指工件上被测的线（或面）相对于测量基准线（或面）的平行度。平行度的测量是通过线性尺寸测量进行的。其基本原理是测量工件上线的两点（或面上的三点）到基准的距离，若相等就平行，否则就不平行。但在实际测量中，为减小测量中的误差，应注意：①测量的点应多一些，以避免工件不直或不平而造成的误差；②测量工具应垂直于基准；③直接测量不方便时，采用间接测量。

图8-13所示为相对平行度测量的例子。图8-13a为线的平行度，测量三个点以上，图8-13b为面的平行度，测量两个以上位置。

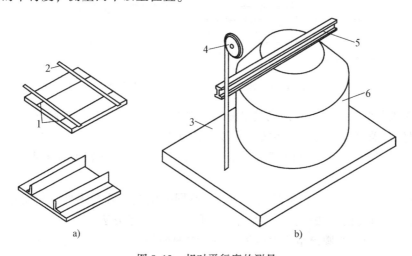

图8-13 相对平行度的测量
a）测量角钢间的相对平行度 b）用大平尺测量面的相对平行度
1—基准线 2、4—刻度尺 3—平台 5—大平尺 6—工件

2）水平度的测量。容器里的液体（如水），在静止状态下其表面总是处于与重力作用方向相垂直的位置，这种位置称为水平。水平度就是衡量零件上被测的线（或面）是否处于水平位置。许多金属结构制品，在使用中要求有良好的水平度，例如桥式起重机的运行轨道就需要良好的水平度，否则，将不利于起重机在运行中的控制，甚至引起事故。

施工装配中常用水平尺、软管水平仪、水准仪、经纬仪等量具或仪器来测量零件的水平度。水平尺是测量水平度最常用的量具。测量时，将水平尺放在工件的被测平面上，查看水平尺上玻璃管内气泡的位置，如在中间即达到水平。使用水平尺要轻拿轻放，注意避免工件表面的局部凹凸不平影响测量结果。

(3) 垂直度的测量　主要有下列两个项目：

1) 相对垂直度的测量。相对垂直度是指工件上被测的直线（或面）相对于测量基准线（或面）的垂直程度。相对垂直度是装配工作中极常见的测量项目，并且很多产品都对其有严格的要求。例如高压电线塔等呈棱锥形的结构，往往由多节组成，装配时，技术要求的重点是每节两端面与中心线垂直。只有每节的垂直度符合要求之后，才有可能保证总体安装的垂直度。

尺寸较小的工件可以利用直角尺直接测量；当工件尺寸很大时，可以采用辅助线测量法，即用刻度尺作辅助线测量直角三角形的斜边长。例如，两直角边各为1000mm，斜边长应为1414.2mm。另外，也可用直角三角形直角边与斜边的比值为3:4:5的关系来测定。

某些相对垂直度难以直接测量时，可采用间接测量法测量。如图8-14所示是对塔类桁架进行端面与中心线垂直度间接测量的例子。首先过桁架两端面的中心拉一根钢丝，再将桁架平置于测量基准面上，并使钢丝与基准面平行。然后用直角尺测量桁架两端面与基准面的垂直度，若桁架两端面垂直于基准面，则必同时垂直于桁架中心线。

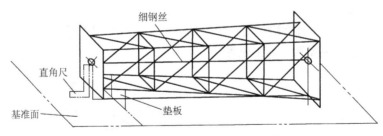

图8-14　用间接测量法测量相对垂直度

2) 铅垂度的测量。铅垂度的测量是测定工件上线或面是否与水平面垂直，常用吊线锤或经纬仪测量。采用吊线锤时，将线锤吊线拴在支杆上（临时定位焊上的小钢板或利用其他零件），测量工件与吊线之间的距离来测铅垂度。当结构尺寸较大且铅垂度要求较高时，常采用经纬仪测量铅垂度。

(4) 同轴度的测量　同轴度是指工件上具有同一轴线的几个零件，装配时其轴线的重合程度。测量同轴度的方法很多，这里介绍一种常用的测量方法。

图8-15所示为三节圆筒组成的筒体，测量它的同轴度时，可在各节圆筒的端面安上临时支撑，在支撑中间找出圆心位置并钻出直径为$\phi 20 \sim \phi 30$mm的小孔，然后由两外端面中心拉一根细钢丝，使其从各支撑孔中通过，观测钢丝是否处于孔中间，以测量其同轴度。

(5) 角度的测量　装配中，通常利用各种角度样板测量零件间的角度。图8-16所示为利用角度样板测量角度的实例。

装配测量除上述常用项目外，还有斜度、挠度、平面度等测量项目。需要强调的是，量具的精度、可靠性是保证测量结果准确的决定因素之一。在使用和保管中，应注意保护量具不受损坏，并经常定期检验其精度的正确性。

第八章　装配—焊接工艺编制与实施　　207

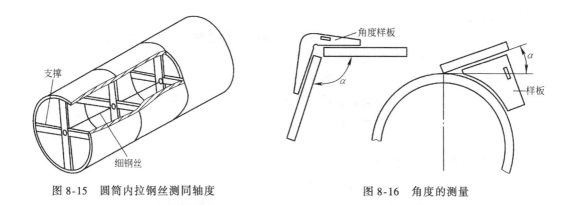

图 8-15　圆筒内拉钢丝测同轴度　　　　图 8-16　角度的测量

五、装配用工夹具及设备

1. 装配用工具及量具

常用的装配工具有大锤、小锤、錾子、手砂轮、撬杠、扳手及各种划线用的工具等。常用的量具有钢卷尺、钢直尺、水平尺、直角尺、线锤及各种检验零件定位情况的样板等。图 8-17 所示为几种常用的装配工具，图 8-18 所示为常用的装配量具。

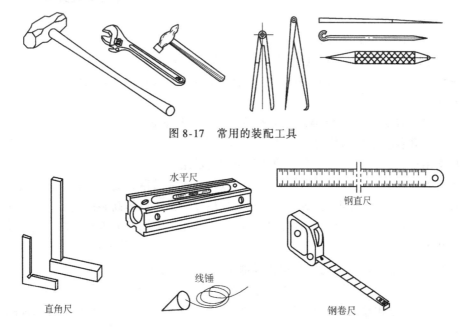

图 8-17　常用的装配工具

图 8-18　常用的装配量具

2. 装配用夹具

装配夹具是指在装配中用来对零件施加外力，使其获得可靠定位的工艺装备。主要包括通用夹具和装配胎架上的专用夹具。按夹紧力来源，装配夹具分为手动夹具和非手动夹具两大类。手动夹具包括螺旋夹具、楔条夹具、杠杆夹具、偏心轮夹具等；非手动夹具包括气动夹具、液压夹具、磁力夹具等。有关夹具的种类、特点及应用情况等知识详见第七章的有关内容。

3. 装配用设备

装配用设备有平台、转胎、专用胎架等。对装配用设备的一般要求如下：

1) 平台或胎架应具备足够的强度和刚度。
2) 平台或胎架表面应光滑平整，要求水平放置。
3) 尺寸较大的装配胎架应安置在相当坚固的基础上，以免基础下沉而导致胎具变形。
4) 胎架应便于对工件进行装、卸、定位焊、焊接等装配操作。
5) 设备构造简单，使用方便，成本低。

（1）装配用平台　主要类型有：

1) 铸铁平台。它是由许多块铸铁组成的，结构坚固，工作表面进行机械加工，平面度比较高，面上有许多孔洞，便于安装夹具。常用于装配及钢板和型钢的热加工弯曲。

2) 钢结构平台。这种平台是由型钢和厚钢板焊制而成的，它的上表面一般不经过切削加工，所以平面度较差，常用于制作大型焊接结构或制作桁架结构。

3) 导轨平台。这种平台是由安装在水泥基础上的许多导轨组成的，每条导轨的上表面都经过切削加工，并有紧固工件用的螺栓沟槽。这种平台用于制作大型结构件。

4) 水泥平台。它是由水泥浇注而成的一种简易的适用于大面积工作的平台。浇注前在一定的部位预埋拉桩、拉环，以便装配时用于固定工件。在水泥中还放置交叉形扁钢，扁钢表面与水泥表面平齐，作为导电板或用于固定工件。这种水泥平台既可以用来拼接钢板、框架和构件，又可以在其上面安装胎架进行较大部件的装配。

5) 电磁平台。它是由平台（型钢或钢板焊成）和电磁铁组成的。电磁铁能将型钢吸紧固定在平台上，焊接时可以减少变形。电磁平台常设有充气软管式焊剂垫，用于埋弧焊，可防止漏渣和铁液下淌。

（2）胎架　胎架又称为模架，当工件结构不适合以装配平台作支承（如船舶、机车车辆底架、飞机和各种容器结构等）或者在批量生产时，就需要制造胎架来支承工件进行装配。胎架常用于某些形状比较复杂、精度要求较高的结构件。它的主要优点是利用夹具对各个零件进行方便而精确的定位。有些胎架还可以设计成能够翻转的，可把工件翻转到最佳的焊接位置。利用胎架进行装配，既可以提高装配精度，又可以提高装配速度。但由于投资较大，因此多为某种批量较大的专用产品设计制造，适用于流水线或批量生产。制作胎架时应注意以下几点：

1) 胎架工作面的形状应与工件被支承部位的形状相适应。
2) 胎架结构应便于在装配中对工件施行装、卸、定位、夹紧和焊接等操作。
3) 胎架上应划出中心线、位置线、水平线和检查线等，以便于装配中对工件随时进行矫正和检验。
4) 胎架上的夹具应尽量采用快速夹紧装置，并有足够的夹紧力；定位元件需尺寸准确并耐磨，以保证零件准确定位。
5) 胎架必须有足够的强度和刚度，并安置在坚固的基础上，以避免在装配过程中基础下沉或胎架变形而影响产品的形状和尺寸。

六、焊接结构的装配工艺

焊接结构虽然种类繁多，形式千变万化，但其基本的结构元件就是各种型材、不同规格的板材、管材和各种成形件等。因此，焊件的组装工艺比较简单，大部分可采用简易的装配夹具进行手工组装。但手工组装不仅效率低，且组装质量难以保证。在批量生产中广泛采用机械或自动组装。

1. 对焊件装配质量的要求

焊件的装配质量应满足下列基本要求：

1) 组装好的焊件首先应定位准确、可靠，符合施工图样规定的尺寸和公差要求，同时应考虑焊接收缩量，将焊件焊后的外形尺寸控制在容许的误差范围之内。

2) 接头的装配间隙和坡口尺寸应符合焊接工艺规程的规定，同时应保证在整个焊接过程中，接头的装配间隙保持在容许的误差范围之内。

3) 接头装配定位后的错边量应符合相应制造技术规程或产品制造技术条件的规定。

4) 对于碳钢焊件，原则上不容许定位焊缝在焊缝坡口内，应采用定位板点固在坡口的两侧。如因结构形状所限，定位板必须点固在焊缝坡口内时，则应按产品主焊缝的焊接工艺规程施焊，保证定位焊缝的质量。

5) 薄壁件或结构形状复杂、尺寸精度高的焊件的装配，必须采用相应的装配—焊接夹具或装配—焊接机械。焊件装配定位符合要求后，立即进行焊接。夹具的结构设计应考虑焊件的刚度和可能产生的回弹量，保证焊件焊后的尺寸符合产品图样的规定。

6) 对于已经机械加工而焊后无法再加工的精密部件的装配，如 O 形密封环、大直径法兰密封面和机架轴承座等，除应编制详细的装配工艺卡外，还应采用精密的装配—焊接夹具或装配—焊接机械。定位后应对其关键尺寸按图样要求和工艺卡规定的程序进行测量。符合规定要求后，再按焊接工艺规程进行焊接，确保焊接过程中的变形量和焊后的残余变形量不超过容许的极限值。

7) 对于刚度较小且焊接变形量较大焊件的装配，在装配定位时，应将焊件做适当的反变形，以抵消焊接过程中过量的变形。对于某些拘束度较大的焊件，焊件的夹紧方式和点固定位应允许某些零件有自由收缩的余地，防止焊接过程中由于焊接应力过大而产生裂纹。

2. 装配前的准备

装配前的准备工作是装配工艺的重要组成部分。充分、细致的准备工作，是高质量高效率地完成装配工作的有力保证。准备工作通常包括如下几方面：

1) 熟悉产品图样和工艺规程。要清楚各部件之间的关系和连接方法，并根据工艺规程选择好装配基准和装配方法。

2) 装配现场和装配设备的选择。依据产品的大小和结构的复杂程度选择和安置装配平台和装配胎架。装配工作场地应尽量设置在起重设备工作区间内，对场地周围进行必要清理，使场地平整、清洁，人行道通畅。

3) 工量具的准备。装配中常用的工、量、夹具和各种专用吊具，都必须配齐并组织到场。此外，根据装配需要配置的其他设备，如焊机、气割设备、钳工操作台、风动砂轮等，也必须安置在规定的场所。

4) 零、部件的预检和除锈。产品装配前，对于从上道工序转来或从零件库中领取的零、部件都要进行核对和检查，以便于装配工作的顺利进行。同时，对零、部件连接处的表面进行去毛刺、除锈垢等清理工作。

5）适当划分部件。对于比较复杂的结构，往往在部件装配—焊接之后再进行总装，这样既可以提高装配—焊接质量，又可以提高生产率，还可以减小焊接变形。为此，应将产品合理地划分为若干部件。

3. 焊接结构装配特点

焊接结构由于结构的形式与性质不同，装配工作有下列特点：

1）产品的零件由于精度低、互换性差，所以装配时需选配或调整。

2）产品的连接大多采用焊接等不可拆的连接形式，返修困难，易导致零部件报废，因此对装配程序有严格的要求。

3）装配过程中常伴有大量的焊接工作，故应掌握焊接的应力和变形规律，在装配时应采取适当的措施，以防止或减少焊后变形。

4）对于体积较庞大、刚性较差、容易变形的产品，装配时应考虑加固措施。

5）某些特别庞大的产品需分组出厂或现场总装，为保证总装进度和质量，应在厂内试装，必要时将不可拆卸的接头改为临时的可拆卸的连接。

4. 焊接结构装配工艺过程

装配工艺过程的内容包括：装配基准的确定以及零件、组件、部件的装配次序；在各装配工序上采用的装配方法；选用何种提高装配质量和生产率的装备、胎夹具和工具；装配质量检测的项目、方法及要求等。

（1）装配—焊接顺序基本类型　焊接结构都是由许多零、部件组装而成的，每种结构的装配—焊接顺序均有几种方案。选择合理的装配—焊接顺序，有利于高质量、低成本、高效率地进行生产。目前装配—焊接顺序基本有三种类型：

1）整装整焊。将全部零件按图样要求装配起来，然后转入焊接工序。此种类型是装配工人与焊接工人各自在自己的工位上进行，可实行流水作业，停工损失很小。这种方法适用于结构简单、零件数量少、大批量生产的构件。

2）分部件装配。将结构件分解成若干个部件，先由零件装配—焊接成部件，然后再由部件装配—焊接成结构件。这一方式适合批量生产，可实行流水作业，几个部件同步进行，有利于应用各种先进工艺装备，有利于控制焊接变形，有利于采用先进的焊接工艺方法。此种方法适用于可分解成若干个部件的复杂结构。

3）随装随焊。将若干个零件组装起来，随之焊接相应的焊缝，然后再装配若干个零件，再进行焊接，直至全部零件装完并焊完，成为符合要求的构件。这种方法是装配工人与焊接工人在一个工位上交叉作业，影响生产效率，也不利于采用先进的工艺装备和先进的焊接工艺方法。此种类型适用于单件小批量和复杂的结构生产。

（2）装配工艺方法及特点　零件备料及成形加工的精度对装配质量有直接的影响，但加工精度越高，其工艺成本就越高，因此，不能不顾及构件的生产成本。长期的装配实践中，根据不同产品、不同生产类型，有不同的装配工艺方法。其特点如下：

1）互换法。用控制零件的加工误差来保证装配精度。这种装配方法的特点是：零件完全可以互换，装配过程简单，生产率高，对装配工人的技术水平要求不高，便于组织流水作业，但要求零件的加工精度较高。

2）选配法。将零件按一定的加工精度制造（即零件的公差带放宽了）。这种装配方法的特点是：装配时需挑选合适的零件进行装配，以保证规定的装配精度要求。对零件的加工工艺要求放宽，便于零件加工，但装配时要由工人挑选，增加了装配工时和装配难度。

3）修配法。是指零件上预留修配余量，特点在于装配过程中修去该零件上多余的材料，使装配精度满足技术要求。此法对零件的制作精度放得较宽，但增加了手工装配的工作量，而且装配质量取决于工人的技术水平。

在选择装配工艺方法时，应根据生产类型和产品种类等方面考虑。一般单件、小批量或重型焊接结构生产，常以修配法为主，互换件的比例少，工艺灵活性大，工序较为集中，大多使用通用工艺装备；成批生产或一般焊接结构，主要采用互换法，也可灵活采用选配法和修配法，工艺划分应以生产类型为依据，使用通用或专用工艺装备，可组织流水作业生产。

5. 装配的质量检验

装配工作的好坏将直接影响产品的质量，所以产品总装后应进行质量检验，以鉴定是否符合技术要求的规定。

装配的质量检验包括装配过程中的检验和完工产品的检验，主要有如下内容：

1）按图样检查产品各零、部件间的装配位置和主要尺寸是否正确，并达到规定的精度要求。

2）检查产品各连接部位的连接形式是否正确，并根据技术条件、规范和图样检查焊缝间隙的公差、边棱坡口的公差和接口处平板的公差。

3）检查产品结构上为连接、加固各零、部件的定位焊的布置是否正确，定位焊的布置应保证结构在焊接后不产生内应力。

4）检查产品结构连接部位焊缝处的金属表面，不允许焊缝处的金属表面上有污垢、铁锈和潮湿，以防止造成焊接缺陷。

5）检查产品的表面质量，对于钢材上的裂纹、起层、砂眼、凹陷及疤痕等缺陷，应根据技术要求酌情处理。

装配质量的检验方法，主要是运用测量技术以及各种量具、仪器进行检查，有些检验项目，如表面质量，也常采用外观检查的方法。

七、典型焊接结构件装配实例

焊接结构装配方法的选择应根据产品的结构特点和生产类型进行。同类的焊接结构可以采用不同的装配方法，即使是同一个焊接结构也可以按装配的前后顺序采用几种装配方法。

1. 钢板的拼接

钢板拼接是最基本的部件装配，多数的钢板结构或钢板混合结构都要先进行这道工序。在钢板拼接时，焊缝应错开，防止十字交叉焊缝，焊缝与焊缝之间的最小距离应大于3倍板厚，并且不小于100mm；容器结构的焊缝之间通常错开500mm以上。图8-19所示为厚板拼接的一般方法。先将各板按拼接位置排列在平台上，然后对齐、压紧。如果某些板因变形在对接处出现高低不平，可用压马调平后立即进行定位焊。为保证拼接质量，焊缝两端应设引弧板，定位焊点应避开焊缝交叉处和焊缝边缘。

2. T形梁的装配

根据生产批量的不同，T形梁可以采用以下两种方法装配：

1）划线定位装配法。如图8-20所示，先将腹板和翼板校平、调直，然后在翼板上画出腹板定位线，并打样冲眼，将腹板按位置线立在翼板上，用直角尺校对两板相对垂直度，然后进行定位焊，再检查、调正，最后点固几根拉肋，以防止焊接变形。这种方法常在小批量或单件生产时采用。

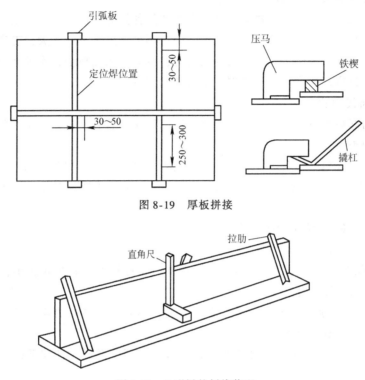

图 8-19　厚板拼接

图 8-20　T 形梁的划线装配

2）夹具装配法。成批量装配 T 形梁时，采用图 8-21 所示的简单夹具。装配时，不用划线，将腹板立在翼板上，端面对齐，以压紧螺栓的支座为定位元件来确定腹板在翼板上的位置，并由水平压紧螺栓和垂直压紧螺栓分别从两个方向将腹板与翼板夹紧，然后在接缝处定位焊。

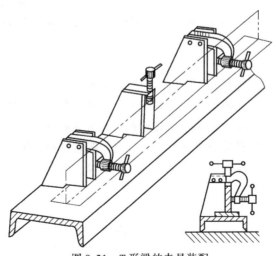

图 8-21　T 形梁的夹具装配

3. 圆筒节的对接装配

圆筒节对接装配的要点,在于保证对接环缝和两节圆筒的同轴度误差符合技术要求。为使两节圆筒易于获得同轴度和便于在装配中翻转,装配前两圆筒节应分别进行矫正,使其圆柱度公差符合技术要求。对于大直径薄壁圆筒体的装配,为防止筒体变形,可以在筒体内使用径向推撑器撑圆,如图 8-22 所示。

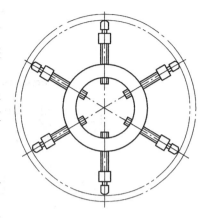

图 8-22 径向推撑器装配筒体

筒体装配可分卧装和立装两类。

1) 筒体的卧装。筒体卧装主要用于直径较小、长度较长的筒体装配,装配时需要借助于装配胎架,图 8-23a 和图 8-23b 所示为筒体在滚轮架和辊筒架上的装配。筒体直径很小时,也可以在槽钢或型钢架上进行,如图 8-23c 所示。当各筒节的圆柱度、直径公差均符合要求时,在胎架上很容易保证其同轴度,只需沿轴向施力,使两筒节接触即可进行定位焊。

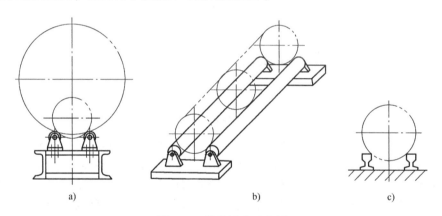

图 8-23 筒体卧装示意图
a) 用滚轮架 b) 用辊筒架 c) 用钢架

2) 筒体的立装。为防止筒体因自重而产生椭圆变形,直径较大和长度较短的筒体装配多数采用立装。

立装时可采用图 8-24 所示的方法:先将一节圆筒放在平台(或水平基础)上,并找好水平,在靠近上口处焊上若干个螺旋压马,将另一节圆筒吊上,用螺旋压马和焊在两节圆筒上的若干个螺旋拉紧器拉紧进行初步定位;然后检验两节圆筒的同轴度并矫正,检查环缝接口情况,并调正,合格后进行定位焊。

对于多节筒体,可采用倒装法,如图 8-25 所示。其方法是先装顶部两筒节,使其成为一个整体,再将其提升或顶升到比第三节高一点的位置,并从下面放好第三节筒体进行装配,以此类推装完各节。倒装法的优点在于筒体的提升是从最底下一节挂钩起吊,可以省去高大

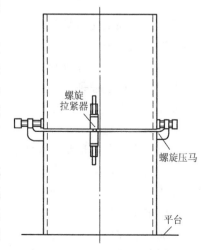

图 8-24 筒体立装示意图

的起升设备，同时焊缝位置总处于较低的位置，不但便于施焊，还可省去高大的脚手架。

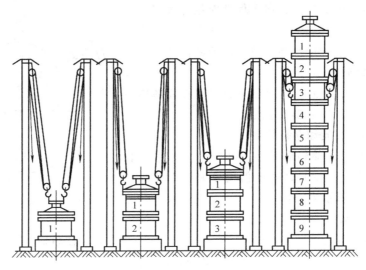

图 8-25 筒体的倒装法

第二节 焊接结构制造工艺过程分析

工艺过程分析是编制焊接工艺规程的重要环节，是确定工艺路线、制订工艺文件、设计工艺装备和组织焊接生产的基础。工艺过程分析是在确定工艺方案的基础上，着重于生产准备阶段和生产服务阶段，致力于结构的装配工艺和结构的焊接工艺，诸如焊前清理、装配工艺、焊接工艺、焊接热处理（含预热）和焊接过程检验等，对一些细节性的注意事项要特别关注。不经过全面详细的工艺过程分析，所制订的焊接生产工艺是很难保证其技术和经济合理性的。工艺过程分析就是在焊接结构的技术要求和生产实践之间找出矛盾，并解决问题的过程。

一、工艺过程基础知识

通过生产加工使原材料或零件毛坯的形状和性质发生变化，将原材料或半成品转变为产品的全部过程称为生产过程。在生产过程中，除了进行一些直接改变工件形状或性质的主要工作外，还要进行一部分辅助工作，如原材料的准备、原材料或零件的运输、产品的包装等。因此，生产过程是从原材料（或毛坯）到成品（或半成品）之间所有劳动过程的总和。生产过程可以由一家工厂独立完成，也可由多家工厂协作完成。分工协作，将大大提高劳动生产率，降低制造成本。

改变生产对象的形状、尺寸、相对位置和性质等，使其成为成品或半成品的过程称为工艺过程。为了生产某一产品，要经过一个或几个不同的加工工艺过程。如齿轮的制造，首先要经过铸造（或锻造）毛坯、退火处理、机加工铣齿（或磨齿）、高频感应加热淬火等加工过程。所谓工艺过程是指逐步改变工件状况的那一部分生产过程，例如铸造、焊接、热处理、机加工、冲压等，原材料经过整个生产过程中一系列的工艺过程后，转变为人们需要的产品。因此，工艺过程实际上是产品生产过程中处理某一技术问题所采取的技术措施。

焊接结构制造工艺过程是指由金属材料（包括板材、型材和其他零、部件）经过一系列加工工序装配—焊接成焊接结构的过程。技术要求相同的焊接产品，可以采用不同的方法制造，结构形式也不尽相同。如图 8-26 所示的大型管道的两种设计中，图 8-26a 所示为先用钢板卷圆，焊纵缝形成圆筒节，然后筒节对接，最后焊环缝形成管道。这种设计的优点是可选择通用设备和工装，工艺过程易实现；缺点是工序较多，装配和焊接量较大。在单件生产中这种设计还是非常合适的，但如果是批量生产或者是大量生产，显然此设计工序多而复杂。图 8-26b 所示为用卷钢在生产线上卷成螺旋管状的同时用 CO_2 气体保护焊焊接，然后切成所需长度管道。这样连续作业工序少，针对性强，生产率高，效益可观，虽然一次性投资较大，但由于产量大，分摊到每件产品的相对投入就比较少。

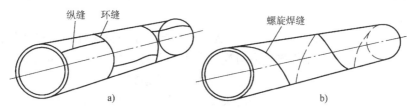

图 8-26　大型管道两种设计

结构形式和技术要求完全相同的焊接结构，其工艺过程也不是唯一的。例如工字梁的焊接，可以采用先整体定位焊，然后再焊接的方法（整装整焊），如图 8-27b 所示；也可采用边定位边焊接的方法（随装随焊），如图 8-27c 所示。最终的结构形式是一样的，如图 8-27 所示。两种工艺都能达到要求，但过程不尽相同。

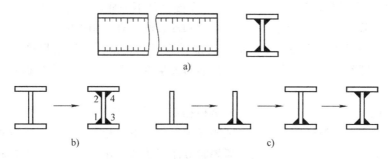

图 8-27　工字梁生产工艺
a) 工字梁结构形式　b) 整装整焊　c) 随装随焊

二、工艺过程分析的具体内容

焊接结构制造工艺过程分析的重点应放在焊接结构的装配和焊接工艺上。工艺过程分析应遵循"在保证技术条件的前提下，取得最大经济效益"的原则，为此，进行工艺过程分析时主要从两方面着手：

1) 从保证焊接结构的技术要求方面着手。目的是保证结构尺寸及偏差符合要求，并能获得高质量的焊接接头，以满足使用要求。

2) 从采用先进的技术措施方面着手。目的是尽可能采用先进的焊接工艺方法，尽可能实现生产过程的机械化和自动化，创造先进的工艺过程。

下面就这两方面内容进行具体分析。

1. 从保证焊接结构的技术要求方面进行工艺过程分析

(1) 保证结构尺寸及偏差符合要求　在生产过程中，影响焊接结构尺寸的因素主要是备料质量、装配质量和焊接残余应力与变形等。一般来说，备料质量和装配质量容易保证，而焊接应力和变形是不可避免的，因此必须从影响焊接变形的各种因素进行分析，分析过程中应注意：

1) 充分考虑结构因素的影响。结构因素是指接头刚度、焊缝的布置和坡口形式等。例如薄板结构容易产生波浪变形，应考虑适当增加结构的刚度；T 形截面的焊接梁由于焊缝集中于一面（不对称布置），易产生弯曲变形；单 V 形坡口比双 V 形坡口的角变形大等。改进结构设计可以减少焊接变形，但必须在满足产品使用要求的基础上，否则只能采用适当的工艺措施来保证。

2) 采用适当的工艺措施。首先应考虑装配—焊接顺序和将构件划分成部件进行装配—焊接的可行方案，论证后采用焊接应力与变形最小的方案。在此基础上考虑焊接方法、焊接参数、焊接方向的影响，使用反变形法或刚性固定法等措施。

若从结构和工艺两方面都不能完全解决变形问题，那么只能采取焊后进行矫正的方法，矫正时要保证不影响结构的使用性能。在实际生产中，有些情况下焊接时不必严格控制变形而焊后采取有效的矫正措施，成本反而下降。

(2) 获得高质量的焊接接头　在通常情况下，焊接质量好是指焊接缺陷少或没有焊接缺陷，接头和母材的力学性能相匹配。进行工艺分析时，应结合材料、冶金、设备和结构等综合考虑。影响接头性能的因素归纳起来有三个方面：

1) 材料成分和性能的影响。各种材料的焊接性是不一样的。对于碳钢，随着碳含量的增加，焊接性变差，容易产生气孔、结晶裂纹和冷裂纹；合金钢中的合金元素对焊接性影响更大，它们会增加焊接接头的淬硬倾向，可能导致延迟裂纹；不锈钢焊接时易产生晶间腐蚀；在焊接热循环作用下，接头的组织和性能易发生变化等。总之，应根据材料成分的不同而采取相应的技术措施。

2) 焊接方法的影响。焊接方法首先是根据材料成分和性能来选择的。同一结构和材料，焊接方法不同，热源性质和对焊接区的保护方式也不尽相同，所以要采取相应的技术措施保证接头质量。例如使用碱性焊条电弧焊时应注意清理工作；电渣焊时加热和冷却速度很慢，接头组织粗大，焊后需进行热处理来改善接头性能等。

3) 结构形式的影响。在结构设计方面，常常忽略了焊接连接的特点，导致结构刚性过大，焊接应力增大而引起开裂。不恰当的接头形式、坡口类型和结构形式，会造成未焊透、未熔合、咬边、夹渣、气孔等缺陷；焊缝过于集中，受热集中而造成应力很大，由此产生的热裂纹和冷裂纹都将影响焊接接头的承载能力。

在分析焊接接头的质量时，既要考虑如何获得优质的焊缝，又要考虑不同工作条件下对结构所提出的技术要求。例如容器类结构要求具有较高的致密性，化工类结构要求有良好的耐蚀性等。如不能满足要求，就要找出原因，提出解决方案。必要时，可进行工艺评定。

2. 从采用先进的技术措施方面进行工艺过程分析

在进行工艺分析的过程中，首先应分析使用先进技术的可行性。采用先进技术，可大大简化工序，缩短生产周期，提高经济效益。下面从三个方面介绍。

（1）尽量采用先进的工艺方法 工艺方法的先进性是相对的，对于具体结构的焊缝而言，究竟用哪一种方法比较合适，不仅要考虑工艺方法本身的先进性，还要分析这种工艺方法是否使其他加工工序复杂化。例如，某厂高压锅炉的锅筒纵缝焊接，筒体材料为 20 钢，壁厚为 90mm，如图 8-28 所示。

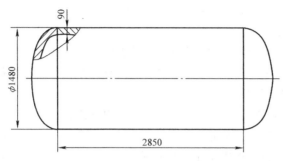

图 8-28 高压锅炉的锅筒

表 8-2 是多层埋弧焊与电渣焊两种工艺方法的效果比较。可以看出：

1）采用电渣焊工艺，完全取消了机加工和预热过程，简化了工序。

2）焊接一条纵缝的有效工作时间，电渣焊是多层埋弧焊的 44%，提高了生产率。

3）多层埋弧焊易产生气孔、夹渣，返修率为 15%～20%，改用电渣焊工艺后返修率降至 5%。

4）从经济指标上看，电渣焊工艺也比较优越。

表 8-2 两种工艺方法的比较

方法			多层埋弧焊	电渣焊
工序	1		划线,下料,拼接板坯	划线,下料,拼接板坯
	2		板坯加热(1050℃)	板坯加热
	3		初次滚圆(对口处留出 300～350mm)	滚圆
	4		机械加工坡口	气割坡口
	5		再次加热	
	6		再次滚圆	
	7		装配圆筒(装上卡板、引出板)	装配(焊上引出板)
	8		预热(200～300℃)	
	9		手工封底焊缝	
	10		除去外面卡板和清焊根	
	11		预热(200～300℃)	
	12		埋弧焊(18～20 层)	电渣焊
	13		回火(焊后立即进行)	正火,随后滚圆
	14		除去内部卡板和封底焊缝	
	15		埋弧焊内部多层焊缝	
	16		焊缝表面加工	
经济技术指标	每熔化 1kg 金属	电能消耗	1.95kW·h	1.05kW·h
		焊剂消耗	1.07kg	0.05kg
	熔化系数		1.96g/(A·h)	36.5g/(A·h)

(2) 尽量实现生产过程的机械化和自动化 在考虑实现生产过程的机械化和自动化方面，要因地制宜。可以在整个产品的生产过程中，也可以在某一种零、部件或某一道工序中实现机械化、自动化。目前在很多工厂半自动 CO_2 气体保护焊的应用比较普遍，用它代替焊条电弧焊，生产率将成倍提高。一般情况下，将部件装配和焊接的手工操作改为胎夹具全位置焊接，生产率可提高 2 倍以上；全部生产过程（包括备料加工、装配—焊接、运输清理等工序）实现机械化后，生产率可提高 10~20 倍以上。

在大量生产和成批生产中，必须考虑生产过程的机械化和自动化问题，对于单件小批生产的产品，一般不必采用。但是，当产品的种类具有相似性，工装设备具有通用性时，可以先进行方案对比，再做出选择。

在不影响产品使用性能的情况下，改变产品结构形式，往往是组织生产过程实行机械化和自动化的前提。例如农机用转轴的设计，原来为熔焊接头（图 8-29a），改为摩擦焊接头（图 8-29b）后，焊接工作变得简单了，生产率大为提高，而且应力与变形相对较小，质量得到保证，对于各种生产纲领，改进后的方案都是可行的。

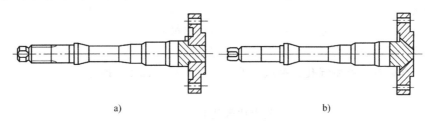

图 8-29 农机用转轴的设计
a) 熔焊接头 b) 摩擦焊接头

又如锅炉中的膜式水冷壁，它是由许多钢管和扁钢拼焊而成的，其拼接接头如图 8-30 所示。从结构看，每一组成单元都有四条长而直的角焊缝，具备了采用埋弧焊和 CO_2 气体保护焊的条件。根据产量和工厂条件，既可以采用通用自动或半自动焊机，也可以设计专用的全自动焊机。专用自动焊机可设计成单焊头或多焊头的。埋弧焊只能平焊，因此焊件必须翻转，若场地受限，可以采用更为先进的多头两面同时施焊的 CO_2 气体保护焊。最后选用哪一种焊接方法则由技术及经济效果来确定。显然批量越大，采用更为先进的焊接技术，在经济上就越合理。

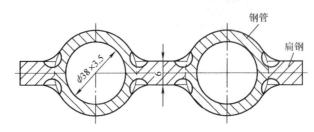

图 8-30 锅炉膜式水冷壁钢管和扁钢拼焊的焊接接头

为了使产品能适应某种先进焊接工艺，在不影响产品使用功能的前提下可以改进结构设计。例如，锅炉膜式水冷壁可以改为用鳍片管拼焊的结构，如图 8-31 所示。

与图 8-30 所示的结构相比，产品功能不变，少了扁钢，也少了两条焊缝，且变成对接

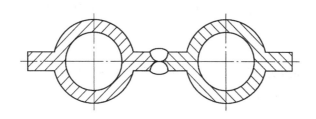

图 8-31　锅炉膜式水冷壁鳍片管拼焊的焊接接头

焊缝。这样的结构易于实现机械化和自动化装配及焊接，生产率大大提高，如图 8-32 所示。但这种结构需解决鳍片管的来源，一般须专门订货。

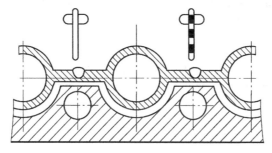

图 8-32　锅炉膜式水冷壁鳍片管
拼焊多头单面自动焊示意图

此外，还应从技术的可行性方面进行分析。必须从本工厂的实际情况出发，充分利用现有的设备和工装，挖掘工厂的潜力，结合具体的生产条件制订合理有效的工艺规程。如果本工厂现有技术不能生产某种零、部件，可考虑新增人员、设备，也可外协，如何选择应充分比较，满足既保证质量又节省资金的要求。

最后，还要考虑安全生产和改善操作者的劳动条件。生产必须安全，只有安全生产才能有效生产，要防触电、防辐射、注意通风等。例如，在焊接带有人孔的容器环缝时，应设计成不对称的双 V 形坡口，内浅外深，这样可以减少容器内的焊接量，劳动条件比对称双 V 形坡口改善了很多。

第三节　气液分离器装配—焊接工艺的编制与装焊质量要求

一、气液分离器结构制造重点及工艺性分析

气液分离器是压力容器设备。压力容器是承受一定压力作用的密闭容器，广泛用于石油化工、能源工业、科研军事工业等方面。压力容器不仅是工业生产中常用的设备，也是一种比较容易发生事故的特殊设备，一旦发生事故，不仅容器本身遭到破坏，而且还会诱发一连串的恶性事故，其结果是灾难性的。所以，须遵循国家标准严格控制压力容器的设计、制造、安装、选材、检验和使用监督。

气液分离器的制造过程主要包括选材、备料、零部件组装、总装、热处理、检验等六个环节。生产制造过程中要严格按照装配图样制造施工（总装图见图 5-1），同时执行 GB

150—2011《压力容器》和《压力容器安全监察规程》,并严格遵守生产厂家对压力容器制造的相关规定。

1. 选材

受压元件(筒体和封头)用钢应具有钢材质检证书,制造单位应按该质检书对钢材进行验收,必要时还应进行复检,并在备料时要进行标记移植。

2. 备料

1)筒体。筒体是气液分离器的主要承压元件,分为大小三个筒体(件5、件7、件23),构成了气液分离的主要空间。筒体一(件5)材料为Q245R,直径为426mm,厚度为14mm、长度为2964mm,由于长度较长,制造时分为两段,用钢板卷制或压制后焊接而成,组对时注意避免十字焊缝,如图8-33所示。在卷制过程中,要严格控制A类焊缝对口错边量及棱角度。装配—焊接过程中,重要的是对筒体圆柱度偏差以及焊接质量的控制。

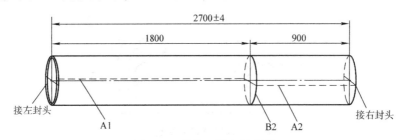

图8-33 筒体一装配示意图

筒体二(件7)、筒体三(件23)材料为Q245R,直径为219mm,厚度为10mm,由于尺寸较小,可用无缝钢管制作,制造重点在于筒体二、筒体三与筒体一连接处相贯线的制备,应确保在总装时筒体二、筒体三与筒体一总装后时内壁齐平。

2)封头。封头是气液分离器的端盖。该封头为椭圆形封头,一般采用冲压成形工艺加工,可根据制造单位实际情况自制或者外协加工。尺寸较大时在冲压成形前需要进行钢板的拼接。制造重点在于封头成形的外观尺寸偏差、厚度偏差、成形后封头边缘的坡口加工精度。筒体一上的封头(件2)下料成形如图8-34所示。

3)附件。附件中法兰采用外购锻件加工而成,管件多采用无缝钢管。管件及其他附件制备过程相对比较简单。

3. 装配

装配的精度是保证气液分离器尺寸最终能够达到施工图样要求。装配的过程比较复杂,可以分两个阶段:零部件组装和整体总装。法兰与接管、封头与法兰、管接头、鞍座等可先行组装,然后与筒体一进行总体装配。筒体一为总装的定位基准,总装时可采用卧装组对的方式进行,必要的时候还可以用变位设备配合装配。

组装及总装的要求:

1)控制各个零部件的相对位置尺寸。

2)控制装配间隙及错边量,装配筒体与封头时要求环缝错边量≤5mm,间隙为0~2mm。

3)筒体如发生较大变形,可用火焰矫正或用卷板机矫正,要求筒体棱角度E不大于5mm,直线度误差小于5mm。

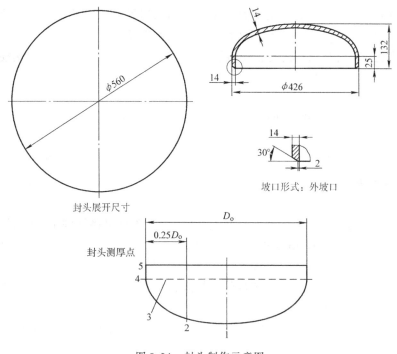

图 8-34 封头制作示意图

4)试验试板与筒体一一起装配—焊接。

4. 焊接及试板的检验与评定

按照不同的焊缝类型,在工艺评定的基础上制订相应焊缝的焊接工艺规程(WPS),依照焊接工艺规程对各条焊缝进行焊接。试板在筒体的纵缝延长部位与纵缝同时施焊,并按标准检验与评定。

5. 检验

在气液分离器制造的各个环节都要有检验点,一般工厂常用 ITP(质量检验与试验计划)对制造各个环节进行质量监控。在装配环节中,各序列应设立控制点,经检查合格后进入下一工序。

6. 热处理

按照热处理工艺进行消除应力退火处理。热处理时应注意保护螺孔和加工面,同时产品试板也应同炉热处理,然后进行力学性能试验。

二、气液分离器装配—焊接工艺及质量要求

1. 零部件组装

在零部件组装前需要按产品总图备齐各零件,清除待焊部位 20mm 范围内的油、锈、污渍等(停止点检查)。

(1)法兰、管接头装配—焊接 接管件 4 与法兰件 3(两组)定位焊;接管件 10 与法兰件 9 定位焊;接管件 11 与法兰定位焊;接管件 21 与法兰件 20 定位焊;接管件 15 与法兰件 14 定位焊;接管件 17、19 及弯头件 18 定位焊。定位焊后检查装配尺寸,要求:法兰应

垂直于接管的主轴中心线，其误差不大于3mm，组对时两零件应相互对中，接管与法兰内壁的错边量$b \leqslant 1$mm（检查点），然后按焊接工艺规程施焊。

焊缝经外观检查合格后，用磁粉探伤机按NB/T 47013.4—2015标准及无损检测工艺对焊缝进行无损检测（工艺停止点）。

(2) 筒体二、三组装

1) 筒体二组装：按图样尺寸装配—焊接筒体二件7与法兰件6，定位点固，按焊接工艺规程施焊。对口错边量$b \leqslant 2.5$mm，棱角度$E \leqslant 3$mm。

2) 筒体三组装：接管件21与封头件22装配定位焊，按焊接工艺规程施焊。操作要求：法兰件20应与封头件22"十"字中线跨中布置，且法兰密封面应与封头端面平行，其误差不得大于2mm。

在筒体三件23管壁划出"十"字中线，并按总装图划出接管件17开孔位置，然后在筒体三上装配接管件17、件15定位焊，按焊接工艺规程施焊，组焊后应保证接管件15垂直于筒体三，误差不大于2mm，且法兰件14密封面处于铅垂方向。

筒体三件23与封头件22装配定位焊，按焊接工艺规程施焊。要求：对口错边量$b \leqslant 2.5$mm，棱角度$E \leqslant 3$mm。

以上环缝经外观检查合格后，按NB/T 47013.2—2015标准要求进行100% RT检测，Ⅱ级合格。

2. 总装

(1) 划线 按总图管口方位要求划筒体一"十"字中心线及各管口尺寸线、位置线；划筒体二、筒体三"十"字中心线；划封头（件22）及接管（件15）"十"字中心线及各管口尺寸线、位置线；划线经检验员检查无误后，按线开孔及制备坡口，割后清除氧化残渣，并打磨坡口。

(2) 组焊 挡板组件1与筒体一定位焊，按焊接工艺规程施焊。筒体一与封头（件2）定位焊，按焊接工艺规程施焊。要求：对口错边量$b \leqslant 3.5$mm，棱角度$E \leqslant 3.4$mm。

根据总图及已开孔位置，将已经组装好的各法兰和接管（件3和件4、件9和件10）定位焊，按焊接工艺规程施焊。

在装配—焊接平台上组对：补强圈（件24）、筒体二、筒体三与筒体一按已划定位线定位并定位焊，按焊接工艺规程施焊。要求：筒体二、筒体三与筒体一的垂直度误差不大于2mm，且筒体二、筒体三与筒体一内壁齐平。

筒体一与垫板及鞍座（件13）按总图要求定位焊，按焊接工艺规程施焊。要求：组焊后筒体一"十"字中线应处于铅垂或水平方向，误差不得大于2mm，且管口开孔方向应符合总图管口方位图要求。

以上环缝经外观检查合格后，按NB/T 47013.2—2015标准要求进行100%的RT检测，Ⅱ级合格。

第四节 综 合 训 练

图8-35所示为护盖结构的装配图，图8-36所示为其零件图，零件的下料尺寸公差参照ENISO 13920公差B级，材质为Q235A。试编制该结构的制造工艺规程。

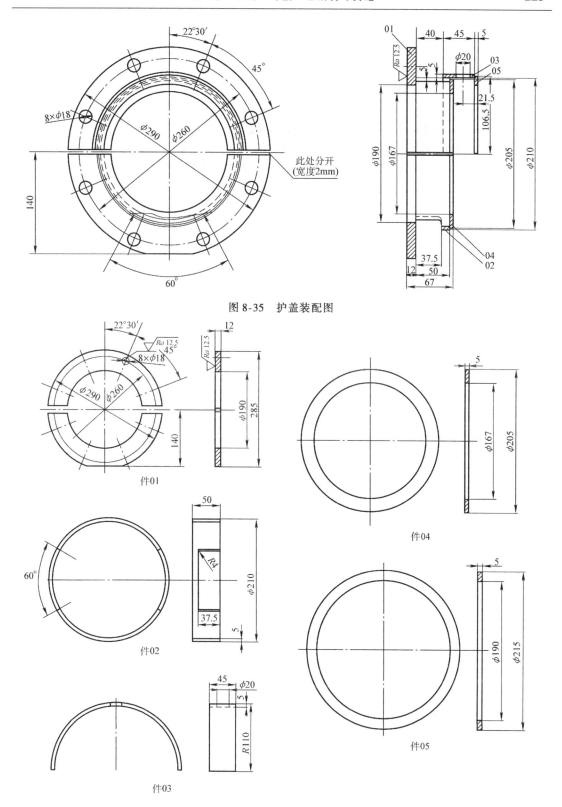

图 8-35 护盖装配图

图 8-36 护盖零件图

思 考 题

1. 什么是装配？装配的基本条件是什么？
2. 什么是装配基准？如何正确选择装配基准？
3. 常用的零件定位方法有哪些？各适用于哪些结构？
4. 焊接结构装配中常见的测量项目有哪些？可采用什么样的测量方法与工具？
5. 装配—焊接顺序类型有哪些？生产中如何选取？
6. 圆筒节组对时，立装和卧装有何特点？分别适合什么情况？什么情况下采用倒装？
7. 如何从保证技术条件的要求方面进行工艺过程分析？
8. 制订合理的装配—焊接工艺规程时应注意哪些关键问题？

第九章

焊接结构生产的组织

第一节 焊接结构生产车间布置基本知识

一、焊接车间的类型

焊接结构生产车间的类型有多种，按生产规模可分为单件小批生产车间、成批生产车间、大批大量生产车间；按产品对象可分为容器车间、管子车间、锅炉锅筒车间等；按工作性质可分为备料车间、装配—焊接车间和成品车间等。

二、焊接车间的组成

焊接车间一般由生产部门、辅助生产部门和行政管理部门及生活间等组成。各部门的具体组成如下：

（1）生产部门　包括备料加工工段、装配工段、焊接工段、检验试验工段和成品工段等。

（2）辅助生产部门　辅助生产部门主要依据车间规模大小、类型、工艺设备以及协作情况而定，一般包括：①计算机房（负责数控程序的编制）；②机电修理间；③工具分发室；④焊接试验室；⑤焊接材料库；⑥金属材料库；⑦中间半成品库；⑧胎夹具库；⑨辅助材料库；⑩模具库。

（3）行政管理部门及生活间　包括车间办公室、技术科（组、室）、会议室、资料室、更衣室、盥洗室、休息室（或餐室）等。

根据各生产单位的具体情况，也可不分部门而直接设工段或小组，对于一些大型专业化生产厂，也有将工段内容组成车间的。

三、焊接车间平面布置

车间平面布置就是将上述各个生产工段、作业线、辅助生产用房及生活间等按照它们的作用和相互关系进行配置，这种配置包括产品从毛坯到成品所应经历的路线、各工段的作用和所处位置、各种设备和工艺装备的具体配置、起重运输线路及设备的排列安置等。

1. 车间平面布置的基本原则

车间平面布置与采用的工艺方法及批量大小有很密切的关系。在平面布置时，应使工艺路线尽量成直线进行，避免零部件在车间内发生迂回现象。基本原则是：

1）合理布置封闭车间（即产品基本上在本车间完成）内各工段与设备的相互位置，使运输路线最短，没有倒流现象。

2）散发有害物质、产生噪声或有防火要求的工段、作业区，应布置在靠外墙的一边并尽可能隔离。

3）主要部件的装配—焊接生产线的布置，应使部件能经最短的路线运到装配地点。

4）应根据生产方式划分成专业化的部门和工段。

5）辅助生产部门（如工具室、试验室、修理室、办公室等）应布置在总生产流水线的一边，即在边跨内。

2. 车间平面布置基本形式

焊接结构车间平面布置主要根据车间生产规模、产品对象、总图位置等情况加以确定。其基本形式可分为纵向、迂回、纵横混合等基本形式，如图9-1所示。

1）图9-1a所示为纵向生产线方向。这种方式是通用的，即车间内生产线的方向与工厂总平面图上所规定的方向一致，或者是产品生产流动方向与车间（或开间）长度同向。其工艺路线紧凑，空运路程最少，备料和装配—焊接同跨布置。但两端有仓库，限制了车间在长度方向的发展。纵向生产线的车间适用于各种加工路线短、不太复杂的焊接产品的生产，包括重量不大的建筑金属结构的生产。

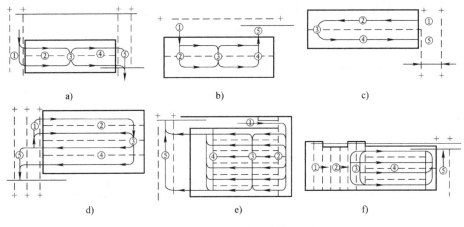

图 9-1　车间平面布置方案图例
①—原材料库　②—备料工段　③—中间仓库　④—装焊工段　⑤—成品仓库

2）图9-1b与图9-1a所示工艺路线相同，只是仓库布置在车间一侧。室外仓库与厂房柱子合用，可节省建筑投资，但零部件跨越较多。适用于产品加工路线短、外形尺寸不太长、备料与装配—焊接单件小批生产的车间。

3）图9-1c所示是迂回生产线方向，这种方式每一工段有1~2个跨间。备料与装配—焊接分开跨间布置，厂房结构简单，经济实用。备料设备集中布置，调配方便。但是不管零件部件加工路线长短，都必须要走较长的行程，并且长件跨越不便。适用于产品零件加工路线较长的单件小批、成批生产性质的车间。

4）图9-1d与图9-1c所示工艺路线相同，只是车间面积较大，适用于桥式起重机成批生产性质的车间。

5）图9-1e所示为纵横向混合生产方向布置方案，备料设备既集中又分散布置，调配灵活，各装配—焊接跨间可根据多种产品不同要求分别组织生产。路线顺而短，又灵活、经济，但厂房结构较复杂，建筑费用较高。适用于多种产品、单件小批、成批生产性质的炼油化工容器等车间。

6）图 9-1f 与图 9-1e 所示工艺路线相同，路线短而紧凑。同类设备布置在同一跨内便于调配使用，工段划分灵活，中间半成品库调度方便。备料设备可利用柱间布置，面积可充分利用。共用的设备布置在两端，装配—焊接各跨可根据产品不同要求分别布置。适用于产品品种多而杂，且质量大的重型机器、矿山设备生产类型的车间。

焊接结构车间平面布置如按生产的区域简单地划分，有生产作业线与车间主轴线平行和生产作业线与车间主轴线垂直两种，如图 9-2 所示。

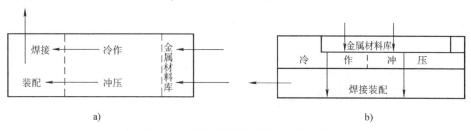

图 9-2 按生产区域划分的布置方案
a) 生产作业线与车间主轴线平行 b) 生产作业线与车间主轴线垂直

车间标准平面布置的形式还有很多。仅从以上介绍可以看出，车间平面的布置是由焊接产品的特征及生产纲领决定的。

四、车间平面布置举例

焊接结构车间的范围很广，内容也很多，现列举几个平面布置的例子供学习和应用时参考。

图 9-3 所示是某工程机械厂金属结构车间，采用迂回生产方式布置。

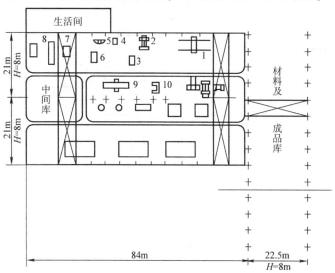

图 9-3 工程机械厂金属结构车间
1—CNC 气割机 2—6×1700mm 三辊卷板机 3—联合冲剪机 4—快速剪
5—ϕ50mm 摇臂钻床 6—250t 冲床 7—300t 油压机 8—主梁弯曲装置
9—1×3m 龙门刨床 10—6×2500mm 龙门剪床
另外还有 CO_2 气体保护焊机 20 台，焊条电弧焊机 15 台，变位机 2 台，平台若干

图 9-4 所示是重型机械厂金属结构车间，采用纵横混合生产方式布置。

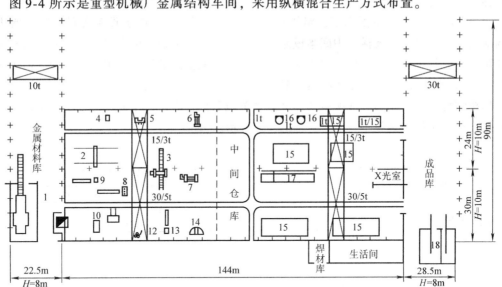

图 9-4 重型机械厂金属结构车间

1—钢板预处理装置 2—气割机 3—钢板校平机 4—坡口机 5—龙门剪床 6—三辊卷板机
7—四辊卷板机 8—联合冲剪机 9—带锯床 10—油压机 11—平台 12—型钢弯曲机
13—弯管机 14—摇臂钻床 15—装焊平台 16—变位机 17—筒体焊接装置 18—部件喷丸装置

图 9-5 所示是电站锅炉厂锅筒车间，采用纵横混合生产方式布置。

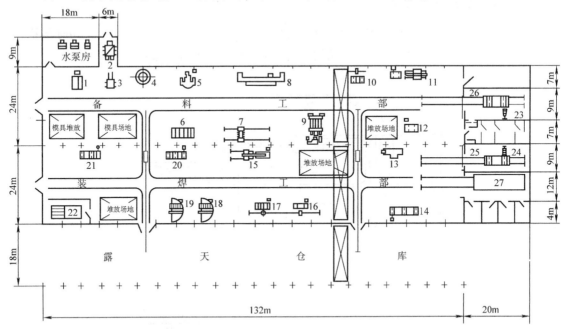

图 9-5 电站锅炉厂锅筒车间

1—水压机 2—加热炉 3—内燃机叉车 4—封头余量气割机 5—双柱立式车床 6—气割机
7—数控气割机 8—刨边机 9—四辊卷板机 10—纵缝炭弧气刨装置 11、13、15—焊接操作机
12、14、20、21—滚轮架 16—焊缝磨锉装置 17—环缝炭弧气刨装置 18、19—摇臂钻床
22—水压试验台 23、24—X 射线探伤机 25、26—专用平板车 27—退火炉及电焊机若干

第二节 焊接结构生产组织的形式与内容

焊接结构生产组织，与其他生产一样，包括生产的空间组织与时间组织。

一、焊接生产的空间组织

生产过程的空间组织，包括焊接车间由哪些生产单位（工段）组成及其布置这些生产单位组成所采取的专业化形式及平面布置等方面的内容。焊接车间的组成和布置上节已做介绍，这里仅就焊接车间内部组成的专业化形式进行介绍。

车间生产单位组成的专业化形式，影响到车间内部各工段之间的分工与协作关系、组织计划的方式与设备和工艺的选择等诸方面的工作。一般来说，焊接车间生产单位组成的专业化形式有两种，即工艺专业化工段和对象专业化工段。

1. 工艺专业化工段

按工艺工序或工艺设备相同性的原则组成的生产工段，称为工艺专业化工段，如材料准备工段、备料加工工段、装配—焊接工段、热处理工段等，如图 9-6 所示。

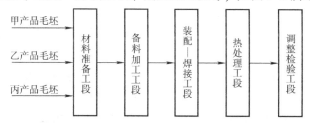

图 9-6 工艺专业化工段示意图

工艺专业化工段内集中了同类设备和同工种工人，加工方法基本相同，而加工对象则有多样化的特点。

（1）工艺专业化的优点

1）对产品变动有较强的应变能力。当产品发生变动时，生产单位的生产结构、设备布置、工艺流程不需要重新调整，就可适应新产品生产过程的加工要求。

2）能够充分利用设备。同类或同工种的设备集中在一个工段，便于互相调节使用，提高了设备的负荷率，保证了设备的有效使用。

3）便于提高工人的技术水平。工段内工种具有工艺上的相同性，有利于工人之间交流操作经验和相互学习工艺技巧。

（2）工艺专业化的缺点

1）加工路线长。一件焊接制品要经过几个工段才能实现全部生产过程，因此加工路线较长，必然造成运输量的增加。

2）生产周期长，在制品增多，导致流动资金占有量的增加。

3）工段之间相互联系比较复杂，增加了管理工作的协调内容。

2. 对象专业化工段

以加工对象相似性原则建立的生产工段，称为对象专业化工段（又称封闭工段）。加工的对象可以是整个产品的焊接，也可以是一个部件的焊接，如梁柱焊接工段、管道焊接工段、贮罐焊接工段等。

在对象专业化工段中，要完成加工对象的全部或大部分工艺过程，集中了工艺过程所需的各种设备，并集中了不同工种的工人，如图 9-7 所示。

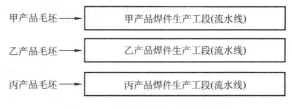

图 9-7　对象专业化工段示意图

（1）对象专业化工段的优点

1）生产效率高。由于加工对象固定，品种单一或只有尺寸规格的变化，生产量大，可采用专用的设备和工、夹、量具，便于提高效率。

2）便于选用先进的生产方式，如流水线、自动线等。

3）运输工作量较少，由于加工对象在同一工段内完成全部或者大部分工艺过程，因而加工路线较短，减少了运输的工作量。

4）加工对象生产周期短，减少了在制品的占有量，加速了流动资金的周转。

（2）对象专业化工段的缺点

1）不利于设备的充分利用。由于对象专业化工段的设备是封闭在本工段内，为专门的加工对象使用，不与其他工段调配使用，设备利用率较低。

2）对产品变动的应变能力差。对象专业化工段使用的专用设备及工、夹、量具是按一定的加工对象进行选择和布置的，因此很难适应品种的变化。

二、焊接生产的时间组织

生产过程在时间上的组织，主要反映加工对象在生产过程中各工序之间的移动方式。在生产中，生产对象的移动方式可分为三种，即顺序移动方式、平行移动方式和平行顺序移动方式，见表 9-1。

表 9-1　焊接生产的对象移动方式

移动方式	图　例	移动方式计算式
顺序移动方式	（工序1~工序4的时间图示）	$T_{顺} = n \sum_{i=1}^{m} t_i$

(续)

移动方式	图 例	移动方式计算式
平行移动方式		$T_{平} = \sum_{i=1}^{m} t_i + (n-1)t_长$
平行顺序移动方式		$T_{平顺} = n\sum_{i=1}^{m} t_i - (n-1)\sum_{i=1}^{m-1} t_{i短}$

1. 顺序移动方式

顺序移动方式是一批制品只有在前道工序全部加工完成之后才能整批地转移到下道工序进行加工的生产方式。采用顺序移动方式时，一批制品经过各道工序的加工时间称为生产周期。

例：设制品批量 $n=4$ 件，经过工序数 $m=4$。各道工序单件的工时分别为 $t_1=10\text{min}$，$t_2=5\text{min}$，$t_3=15\text{min}$，$t_4=10\text{min}$，现假设工序间其他时间（如运输、检查、设备调整等时间）忽略不计，则生产周期为

$$T_{顺} = n\sum_{i=1}^{m} t_i = 4\times(10+5+15+10)\text{min} = 160\text{min}$$

从顺序移动方式图例可以看出，就设备开动与工人操作而言，生产过程是连贯的，并不存在间断的时间，同时各工序也是按批顺次进行的。但是，就每一个制品而言，还没有做到本道工序完后立即向下一道工序转移的连续加工，存在着工序等待，因此生产周期较长。

2. 平行移动方式

平行移动方式是指前道工序加工完成每一制品后立即转移到下一道工序进行加工，工序间制品的传递不是整批的，而是以单个制品为单位分别进行，从而工序之间形成平行作业状态。

例：将上例中数据代入平行移动方式计算式，得出的生产周期为

$$T_{平} = \sum_{i=1}^{m} t_i + (n-1)t_长 = [(10+5+15+10) + (4-1) \times 15]\text{min} = 85\text{min}$$

可以看出，平行移动方式较顺序移动方式生产一批制品的周期大为缩短，后者为160min，而前者为85min，共缩短了75min。但由于前后相邻工序作业时间不等，当后道工序加工时间小于前道工序时，平行移动方式中就会出现设备和工人在工作中产生停歇时间，不利于设备和工人有效工时的利用。

3. 平行顺序移动方式

平行移动方式虽然缩短了生产周期，但某些工序不能保持连续进行。顺序移动方式虽可保持工序连续性，但生产周期延续比较长。为了综合两者的优点，排除两者的缺点，在生产过程时间组织方面产生了第三种移动方式，即平行顺序移动方式。

平行顺序移动方式，就是一批制品每道工序都必须保持既连续，又与其他工序平行进行作业的一种移动方式。为了达到这一要求，可分为两种情况加以考虑：第一种情况，当前道工序的单件工时小于后道工序的单件工时时，每个零件在前道工序加工完之后可立即向下一道工序传递，后道工序开始加工后，便可保持加工的连续性；第二种情况，当前道工序的单件工时大于后道工序的单件工时时，则要等待前道工序完成的零件数足以保证后道工序连续加工时，才传递至后道工序开始加工。

为了求得 $t_{i短}$，必须对所有相邻工序的单件工时进行比较，选取其中较短的一道工序的单件工时，比较的次数为 $(m-1)$ 次。

例：现仍用前例数据，按平行顺序移动方式计算生产周期，即

$$T_{平顺} = n\sum_{i=1}^{m} t_i - (n-1)\sum_{i=1}^{m-1} t_{i短}$$
$$= [4 \times (10+5+15+10) - (4-1) \times (5+5+10)]\text{min} = 100\text{min}$$

从计算结果可以看出，平行顺序移动方式的生产周期比平行移动方式长，比顺序移动方式短，但它的综合效果比较好。

以上三种移动方式各具特点，可根据生产实际情况权衡优劣，分别加以采用。一般考虑的因素有加工批量多少、加工对象尺寸、工序时间长短及生产过程空间组织的专业化形式等。凡批量不大、工序时间短、制品尺寸较小及生产单位按工艺专业化形式组织时，以采用顺序移动方式为宜；反之，那些批量大、工序时间长、加工对象尺寸较大以及生产单位是按对象专业化形式组织时，则宜采用平行移动或平行顺序移动方式较好。为了研究问题方便，计算三种移动方式的生产周期时忽略了某些影响生产周期的因素。实际生产中，制订生产周期标准时，要全面考虑各种因素。

焊接结构件的制造生产周期 T，是指从原材料投入生产到结构成形出厂的日历时间。周期的长度包括材料准备周期 $T_{准}$、加工周期 $T_{加}$、装配周期 $T_{装}$、焊接周期 $T_{焊}$、修理调整周期 $T_{调}$、自然时效周期 $T_{自}$、检查时间 $T_{检}$、工序运输时间 $T_{运}$ 和工序间在制品的存放时间 $T_{存}$等，即

$$T = T_{准} + T_{加} + T_{装} + T_{焊} + T_{调} + T_{自} + T_{检} + T_{运} + T_{存}$$

思 考 题

1. 焊接车间平面布置的基本原则有哪些？
2. 焊接车间平面布置的基本形式有哪些？分别有何特点？
3. 什么是工艺专业化工段与对象专业化工段？分别有何优缺点？
4. 焊接生产中，生产对象的移动方式有哪几种？

附　录

附录 A　中压容器制造工艺

一、容器总装图（图 A-1）

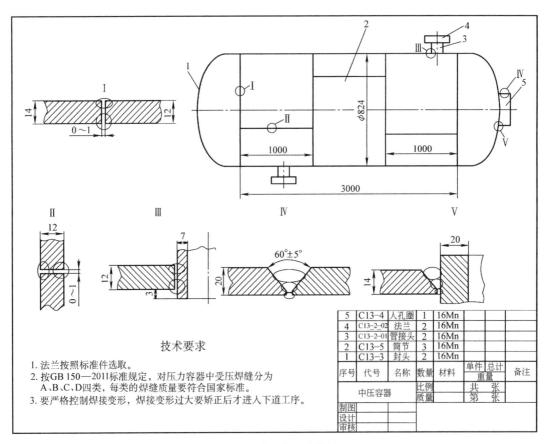

图 A-1　中压容器总装图

二、零部件组成

主要零部件有封头、筒体、人孔圈及管接头，封头采用长短轴比值为 2 的标准椭圆形封头。封头、人孔圈及管接头尺寸见图 A-2。

三、结构分析及制造关键点

1. 结构分析

（1）封头 椭圆形封头压制前的坯料为一个圆形，采用整块钢板，在油压机上，用凸凹模一次热压成形。封头边缘用封头余量切割机进行加工，用等离子弧切割机开 V 形坡口。

（2）筒体 本筒体由三个筒节拼焊而成。筒节采用半自动切割下料，下料前先划线。筒节在三辊卷板机上冷卷而成。筒节的坡口加工见纵缝焊接工艺卡。

2. 制造关键点

筒身用钢板冷卷成形，按实际尺寸分为三节。为避免焊缝密集，筒身纵焊缝应相互错开。封头热压成形，与筒身连接处有 30～50mm 的直段以使焊缝避开转角处的应力集中。

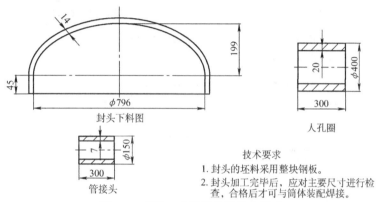

图 A-2 封头、人孔圈及管接头尺寸

技术要求
1. 封头的坯料采用整块钢板。
2. 封头加工完毕后，应对主要尺寸进行检查，合格后才可与筒体装配焊接。

四、结构制造工艺流程及工艺卡

1. 结构制造工艺流程

结构制造工艺流程如图 A-3 所示。

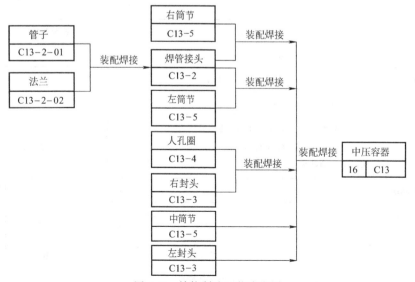

图 A-3 结构制造工艺流程图

2. 筒体（身）加工工艺过程卡

筒体加工工艺过程卡			产品型号		部件图号	
			产品名称	筒体	部件名称	
工序	工序名称	工序内容	车间	工艺装备及设备		辅助材料
0	检验	材料应符合国家标准要求的质量证书	检验			
1	划线	号料、划线，筒体由 3 节组成，划出 400mm × 135mm 试块一副	划线			
2	切割下料	按划线尺寸切割下料	下料	等离子弧切割机		
3	刨边	按图样要求刨各筒节坡口	机加	刨边机		
4	成形	卷边成形	成形	卷板机		
5	焊接	焊缝和试板组对，除去坡口及其两侧的铁锈、油污等；按焊接工艺组焊纵缝和试板	焊接	自动焊		焊丝、焊剂
6	检验	1. 纵缝外观合格，按 GB/T 3323 标准进行100% 射线检测，达到Ⅱ级合格要求 2. 试板符合要求	检验	射线检测设备		
7	校形	矫圆：$E \leqslant 4mm$	成形			
8	焊接	按焊接工艺组焊环缝	焊接	自动焊		焊丝、焊剂
9	检验	环缝外观合格，按 GB/T 3323 标准进行 100% 射线检测，达到Ⅱ级合格要求	检验			

3. 封头加工工艺过程卡

封头加工工艺过程卡			产品型号		部件图号	
			产品名称	封头	部件名称	
工序	工序名称	工序内容	车间	工艺装备及设备		辅助材料
0	检验	原材料应符合国家标准要求的质量证书	检验			
1	划线	号料、划线，封头由整块钢板作坯料	划线			
2	切割下料	按划线尺寸切割下料	下料	等离子弧切割机		
3	热压成形	始压温度一般为 1000～1100℃，终压温度为 850～750℃；压制前先清除表面的杂质和氧化皮；在水压机上用凸凹模一次压制成形	成形	加热装置，水压机		
4	二次划线	号料、划线，划出封头余量	划线			
5	封头余量切割	用氧气切割割去加工余量，同时加工出坡口	切割	封头余量切割机		
6	热处理	热处理消去热压成形时的残余内应力	热处理	热处理加热炉		
7	检验	外观检验，尺寸检验，合格后才与筒体装配	检验			

4. 筒节纵缝焊接工艺

产品名称	筒体	产品型号		零部件名称	筒节
母材	16Mn	规格	12mm	焊缝位置	筒节纵缝

层次	焊接方法	焊接材料		电源及极性	电流/A	电压/V	焊接速度/(m·h^{-1})
		牌号	规格				
1	埋弧焊	焊丝：H08MnA	5mm	交流	550～600	35～36	34
		焊剂：HJ431					
2	埋弧焊	焊丝：H08MnA	5mm	交流	700～750	36～38	27
		焊剂：HJ431					

焊接层次、顺序示意图：

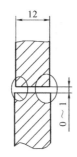

焊接层次（正/反）：各一层
坡口角度：0°
钝边：板厚
间隙：0～1mm

技术要求及说明：
1. 清除坡口两侧内外表面 20mm 范围的油污、锈蚀、尘土且应露出金属光泽
2. 纵缝与引弧板相连一端 30～50mm 的内焊缝先用焊条电弧焊焊接
3. 采用双面埋弧焊。先内后外，在室内焊接
4. 定位焊焊条选用 E5015

5. 容器环缝焊接工艺

产品名称	中压容器	产品型号			零部件名称	筒体及封头
母材	16Mn	规格	筒体	12mm	焊缝位置	容器环缝
			封头	14mm		

层次	焊接方法	焊接材料		电源及极性	电流/A	电压/V	焊接速度/(m·h^{-1})
		牌号	规格				
1	埋弧焊	焊丝：H08MnA	5mm	交流	550～600	35～36	34
		焊剂：HJ431					
2	埋弧焊	焊丝：H08MnA	5mm	交流	700～750	36～38	27
		焊剂：HJ431					

焊接层次、顺序示意图：

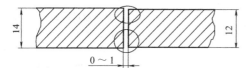

焊接层次（正/反）：各一层
坡口角度：0°
钝边：板厚
间隙：0～1mm

技术要求及说明：
1. 清除坡口两侧内外表面 20mm 范围的油污、锈蚀、尘土且应露出金属光泽
2. 采用双面埋弧焊。先内后外，在室内焊接
3. 定位焊焊条选用 E5015

6. 管接头与筒体焊接工艺

产品名称	筒体与管接头	产品型号			零部件名称	上、下筒体与管接头
母材	16Mn	规格	筒体	12mm	焊缝位置	管接头与筒体角焊缝焊接
			管接头	7mm		
层次	焊接方法	焊接材料		电源及极性		焊接电流/A
		牌号	规格			
1	焊条电弧焊	E5015	4mm	直流反接		120~160
2	焊条电弧焊	E5015	4mm	直流反接		120~160

焊接层次、顺序示意图：

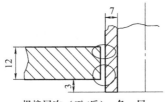

焊接层次（正/反）：各一层
坡口角度：0°
钝边：板厚
间隙：0~1mm

技术要求及说明：
1. 清除坡口两侧内外表面20mm范围的油污、锈蚀、尘土且应露出金属光泽
2. 采用角焊缝插入式装配
3. 采用焊条电弧焊双面焊接

7. 人孔圈纵缝焊接工艺

产品名称	人孔圈	产品型号		零部件名称	人孔圈
母材	16Mn	规格	20mm	焊缝位置	人孔圈纵缝
层次	焊接方法	焊接材料		电源及极性	焊接电流/A
		牌号	规格		
封底焊缝	焊条电弧焊	E5015	4mm	直流反接	180~210
1	焊条电弧焊	E5015	4mm	直流反接	160~210
2、3	焊条电弧焊	E5015	5mm	直流反接	220~280

焊接层次、顺序示意图：

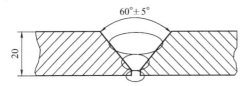

焊接层次（正/反）：三层/一层
坡口角度：60°±5°
钝边：1~2mm
间隙：0~1mm

技术要求及说明：
1. 清除坡口两侧内外表面20mm范围的油污、锈蚀、尘土且应露出金属光泽
2. 开V形坡口，平焊位置；先封底焊；每一层焊接前都要仔细清除前一道焊缝的焊渣等

附录 B 转轮室的制造

转轮室是水力发电设备的一个部件,是典型的钢制焊接结构件。图 B-1 是转轮室的三维图。

图 B-1 转轮室三维图

一、结构及零件图

转轮室总装图如图 B-2 所示,图 B-3 为主要零件图,图 B-4 为主要零件放样图。

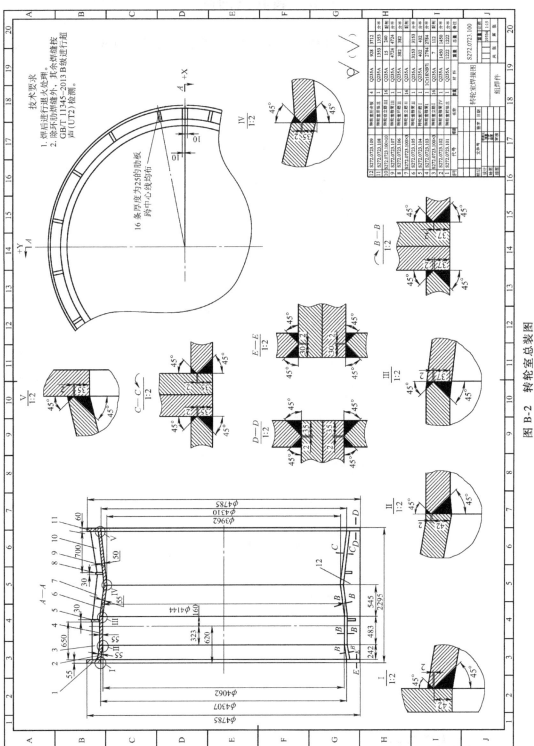

图 B-2 转轮室总装图

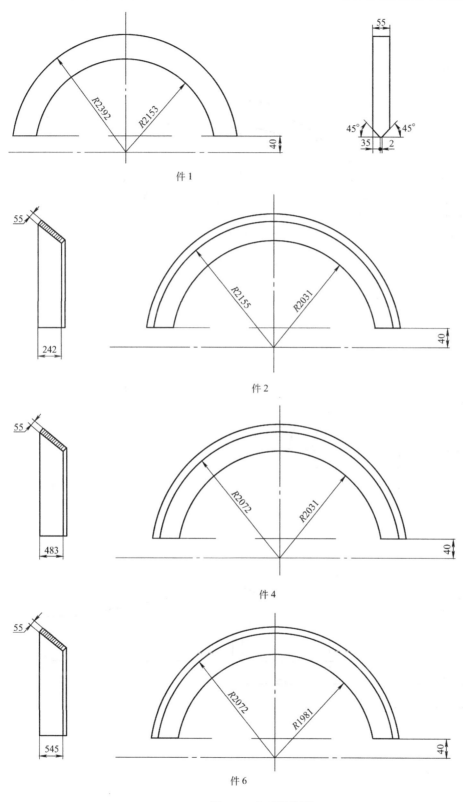

图 B-3 主要零件图

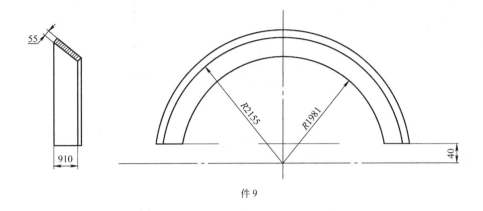

件 9

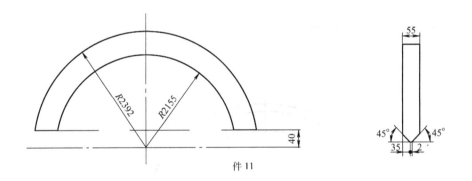

件 11

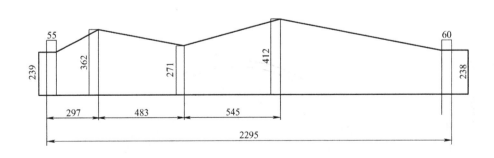

图 B-3 主要零件图（续）

附　录　　243

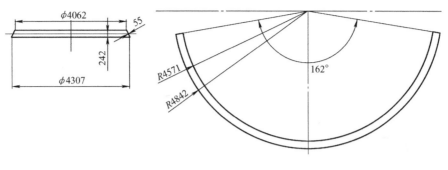

件 2 锥筒

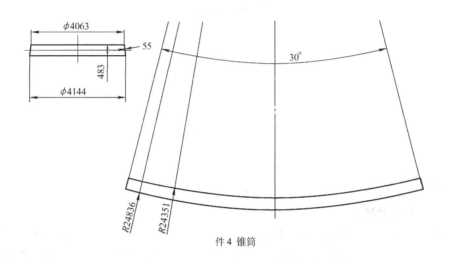

件 4 锥筒

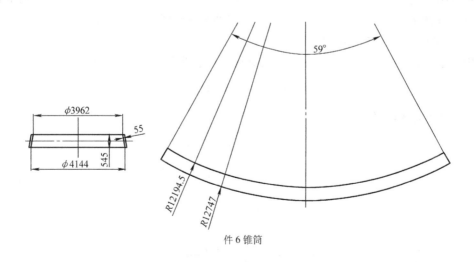

件 6 锥筒

图 B-4　零件放样图

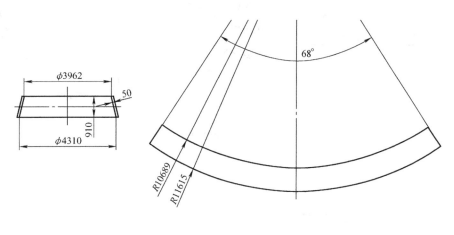

件 9 锥筒

图 B-4 零件放样图(续)

二、工艺分析

1. 零件下料尺寸确定

从转轮室总装图及明细表可知,件2、件6和件9材料牌号、规格相同,件1、件11材料牌号、规格相同。它们分别放样后,在一起排料,可以提高材料的利用率。件4、件12则按零件图材料的牌号、规格,各自放样、排料。下面以件6为例,说明该零件的下料尺寸确定过程(图B-5)。先计算中性层半径:该零件是平台圆锥体,取小端半径计算。

因为 $r_2 \div \delta = 1981 \div 55 = 36 > 5.5$

所以中性层的位置在材料板厚中间,中性层与中心层重合。中性层半径为

大端 $r_1' = r_1 + 27.5\text{mm} = 2072\text{mm} + 27.5\text{mm} = 2099.5\text{mm}$

小端 $r_2' = r_2 + 27.5\text{mm} = 1981\text{mm} + 27.5\text{mm} = 2008.5\text{mm}$

$$b = 2099.5\text{mm} - 2008.5\text{mm} = 91\text{mm}$$

$$c = \sqrt{b^2 + h^2} = \sqrt{91^2 + 545^2}\text{mm} = 552.5\text{mm}$$

$$\cos\alpha = \frac{b}{c}$$

$$R_1 = \frac{r_1'}{\cos\alpha} = \frac{r_1'}{\frac{b}{c}} = \frac{r_1'c}{b} = \frac{2099.5 \times 552.5}{91}\text{mm}$$

$$= 12747\text{mm}$$

$$R_2 = R_1 - c = 12747\text{mm} - 552.5\text{mm} = 12194.5\text{mm}$$

$$\beta = \frac{r_1'}{R_1} \times 360° = \frac{2099.5}{12747} \times 360° = 59°$$

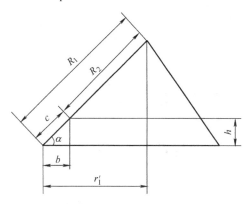

图 B-5 零件下料尺寸计算

用同样的方法可以计算出：

件 2：$R_2 = 4571\text{mm}$

$R_1 = 4842\text{mm}$

$\beta = 162°$

件 4：$R_2 = 24351\text{mm}$

$R_1 = 24836\text{mm}$

$\beta = 30°$

件 9：$R_2 = 10689\text{mm}$

$R_1 = 11615\text{mm}$

$\beta = 68°$

2. 焊接工艺分析

从转轮室焊接图可知，件 4 锥筒的材料是奥氏体不锈钢 1Cr18Ni9Ti，厚度为 55mm，与之对接的件 2 锥筒、件 6 锥筒均为低碳钢，与之角接的件 3 立肋、件 5 环肋、件 12 把合板也是低碳钢，属于异种钢的焊接，它们成形后，都需先堆焊一层过渡层，然后再进行焊接。因此，在放样下料时，要留出过渡层堆焊的厚度。

3. 结构组焊工艺

该轮转室是大型结构件，展开板样后，要根据钢板长度与宽度的尺寸进行分割排料，件 9、件 2、件 6 厚度相同。依照先大后小、先重要后次要、先难后易的原则错开排料，达到节约板材的目的。下料开坡口后，会产生较大的变形。矫正后要放地样进行修正、再组对。锥筒在分割、下料、开坡口、校平后按放样图分别画出地样，修正组对。卷制成形后，在两端预弯处，割去 80mm 把合板厚度的余量，再分半制作。为了防止各锥筒对接时出现"十"字交叉焊缝，放样排料时要预先予以考虑。分类组对焊接时，要在各锥筒对接处的把合板上点固加强肋，防止变形。焊接时采用 CO_2 气体保护焊以减少变形。

三、转轮室制作工艺过程

1. 零件加工工艺（简图略）

产品名称	转轮室	零件名称		锥筒	材料牌号	Q235	材料质检号	
产品图号		零件图号			材料规格	$\delta=55mm$	产品编号	

序号	工序名称	简 图	工艺过程与技术要求	设备及工具	操作者	检验员
1	放样		按件6放样图放样			
2	领料		1. 操作者依据图样和领料单领料，核对材料出厂质量证明书，材料进厂质检书与实物的牌号规格相一致 2. 清扫钢材表面，检查钢材表面质量，不得有裂纹、疤痕、夹渣、凹坑 3. 检查厚度	测厚仪		
3	划线		根据钢板规格排料划线			
4	下料		按线下料并开出坡口	割炬		
5	矫正		检查平面度并矫正	油压机		
6	画地样		按放样图画地样			
7	组对		按地样图组对，不适之处予以修正，焊接规范参数与正式焊接相同，定位焊长度30~40mm，间隔100mm	割炬、电焊机		
8	焊接		按焊接工艺规程焊接	二氧化碳气体保护焊机		
9	预弯		展开扇形的两端预弯，长度不小于300mm	模具、油压机		
10	卷圆		用$r=1981mm$、$r=2072mm$样板检查锥体两端内壁圆弧，样板弦长≥500mm	卷板机		
11	堆焊		在$\phi 4144mm$端坡口处用不锈钢焊条堆焊过渡层			
12	切割		在预弯处各割去80mm长头余量，同时等分圆锥体			
13	开坡口		在切割处按图样要求开坡口			
14	检验		检验锥体高度、坡口形式和锥体内壁圆弧半径			

其余各锥筒按上述工艺过程制作，注意件 2 锥筒 $R2031$mm 处要用不锈钢焊条堆焊过渡层。

2. 装配—焊接工艺过程（简图略）

产品名称	转轮室		零件名称		材料牌号		材料质检号	
产品图号			零件图号		材料规格		产品编号	
序号	工序名称	简　图		工艺过程与技术要求		设备及工具	操作者	检验员
1	组对			1. 将件 12 把合板校平 2. 将件 4 不锈钢锥筒按转轮室焊接图位置定位焊 3. 将件 6 锥筒按转轮室焊接图定位焊 4. 将件 2 锥筒按转轮室焊接图定位焊 5. 将件 9 锥筒按转轮室焊接图定位焊 6. 检查两把合板间的距离，并在两端用槽钢定位焊加强肋		油压机、电焊机		
2	焊接			1. 先在件 4 锥筒与把合板定位焊处，在把合板上堆焊不锈钢过渡层，然后按正式焊接参数焊接 2. 焊接件 2 与件 4、件 4 与件 6 对接环缝 3. 焊接件 6 与件 9 环缝 4. 焊接件 2、件 6、件 9、与把合板角接焊缝		电焊机		
3	定位焊			1. 按转轮室焊接图定位焊件 5、件 8、件 1、件 11 2. 按转轮室焊接图定位焊件 3、件 7、件 10		电焊机		
4	焊接			注意件 5、件 3 要用不锈钢堆焊过渡层		电焊机		
5	检验			清理焊渣，检查焊缝外观质量，按转轮室焊接图技术要求进行超声波检测		超声波检测仪		
6	热处理			整体退火处理		热电炉或热电偶		
7	整形			1. 去掉槽钢加强肋 2. 检查转轮室整体外观形状		各锥筒的样板、卷尺		
8	机械加工			加工把合板平面		铣床		

附录 C 水箱制造工艺

图 C-1 为某装置中的水箱结构。该结构外形尺寸不大，根据结构特点及要求，采用夹具进行装配—焊接可简化装配操作、保证质量及提高生产率，因此，该结构的制造关键就是设计出适合的装配—焊接夹具。

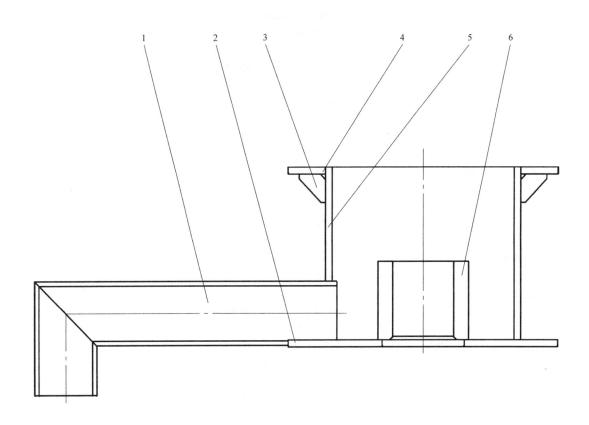

图 C-1 水箱结构图
1—水箱出水管 2—水箱底法兰 3—肋板 4—水箱顶法兰
5—水箱管 6—水箱立管

一、水箱总装夹具

水箱总装夹具如图 C-2 所示。

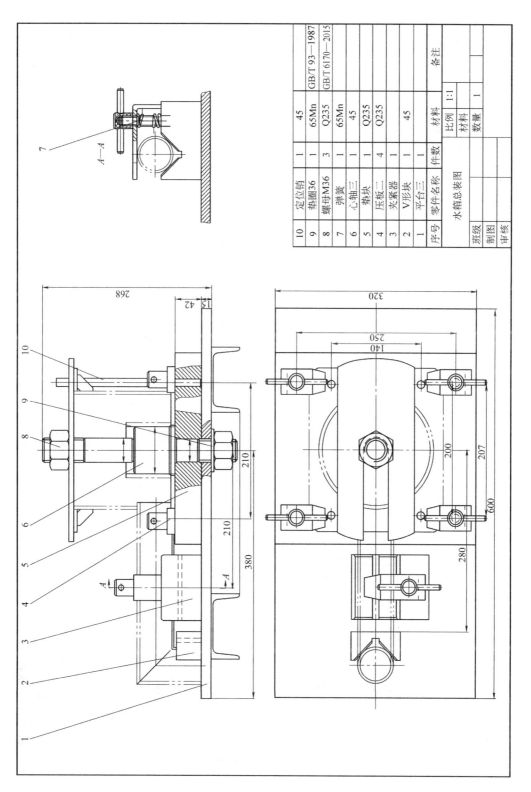

图 C-2 水箱总装夹具图

二、零件加工工艺（略）

三、装配—焊接工艺卡

产品名称		装配—焊接工艺卡		产品型号			部（零）件图号		No.1		共 页 第 页	
							部（零）件名称		装焊部（零）件			
序号	图号		焊丝、焊条、电极		电压电流或气压焊嘴号		名 称			材 料	件数	
			型号	直径								
1					$U = 18 \sim 20V$, $I = 120 \sim 135A$		水箱底法兰			Q235	1	
2			H08MnSi	φ1.2mm	$U = 18 \sim 20V$, $I = 120 \sim 135A$		水箱立管			10	1	
			H08MnSi	φ1.2mm			保护气体 流量			焊剂	辅助消耗材料	
							15～25L/min					
							15～25L/min					

注：水箱立管2×45°端面为基准面

工序号	工序内容	工艺装置或焊接设备
5	检验	
10	装配 1. 将水箱底法兰、水箱立管装入夹具 2. 对称定位焊，焊缝长度为8～10mm 3. 检验	底法兰、立管组焊夹具 NB—350B
15	焊接	NB—350B
20	松开夹具，取出组焊件	扳手
25	清理，检验	渣锤、钢丝刷
30	检验焊缝质量及焊缝高度	检验尺

附 录

产品名称	装配—焊接工艺卡	产品型号		部（零）件名称	水箱装配二	部（零）件图号		部（零）件 No.2 装焊部（零）件		共 页 第 页

序号	图号	名称	材料	件数
1		水箱顶法兰	Q235	1
2		肋板	Q235	2
3		水箱管	10	1

电压电流或气压焊嘴号	焊丝、焊条、电极		保护气体	辅助消耗材料
	型号	直径	流量	焊剂
$U=18\sim20\text{V}$, $I=120\sim135\text{A}$	H08MnSi	$\phi1.2\text{mm}$	$15\sim25\text{L/min}$	
$U=18\sim20\text{V}$, $I=120\sim135\text{A}$	H08MnSi	$\phi1.2\text{mm}$	$15\sim25\text{L/min}$	

工序号	工 序 内 容	工艺装置或焊接设备
5	检验	
10	装配 1. 将水箱顶法兰、水箱管装入夹具 2. 对称定位焊，焊缝长度为 8~10mm，手工定位焊肋板 3. 检验	顶法兰、水箱管组焊夹具
15	焊接	NB-350B
		NB-350B
20	松开夹具，取出组焊件	扳手
25	清理	渣锤、钢丝刷
30	检验焊缝质量及焊缝高度	检验尺

水箱管、肋板、水箱顶法兰 ⌁ 0.3

产品名称	装配—焊接工艺卡	产品型号		部（零）件名称	水箱装配三	部（零）件图号	No.3	共 页 第 页

装焊部（零）件

序号	名称	材料	件数
1	底法兰、立管组焊件		1
2	顶法兰、水箱管组焊件		1
3	水箱出水管	10	1

电压电流或气压焊嘴号	焊丝、焊条、电极		保护气体流量	焊剂	辅助消耗材料
	型号	直径			
$I = 100 \sim 130$A	E4303	$\phi 3.2$mm			
$V = 18 \sim 20$V, $I = 120 \sim 135$A	H08MnSi	$\phi 1.2$mm	$15 \sim 25$L/min		
$I = 90 \sim 120$A	E4303	$\phi 3.2$mm			
$V = 18 \sim 20$V, $I = 120 \sim 135$A	H08MnSi	$\phi 1.2$mm	$15 \sim 25$L/min		

工序号	工 序 内 容	工艺装置或焊接设备
5	检验	
10	装配	
	1. 将两个组焊件、水箱出水管装入夹具	水箱焊合夹具
	2. 用焊条电弧焊对称定位焊水箱管内侧焊缝，焊缝长度为8~10mm	ZX7-400IGBT
	3. 用CO_2气体保护焊定位焊，焊缝长度为8~10mm	NB—350B
	4. 检验	
15	焊接	
	1. 用焊条电弧焊焊接水箱管内侧焊缝	ZX7-400IGBT
	2. 用CO_2气体保护焊焊接剩下的焊缝	NB—350B
20	松开夹具，取出组焊件	扳手
25	清理	渣锤、钢丝刷
30	检验焊缝质量及焊缝高度	检验尺

附录 D 焊接通用技术文件实例

以下是某单位的通用焊接技术文件样本，内容有所删减，仅供参考。

1. 范围

本标准规定了焊接件的下料、成形、装配、焊接、热处理、焊缝质量、焊缝质量检测的一般要求及焊接件尺寸和形位公差。

本标准适用于非压力容器焊接结构件的制造与检查，也可作为设计焊接结构时的参考。

注：压力容器的制造按 GB 150—2011《压力容器》的规定执行。

2. 引用标准

GB/T 2650—2008   焊接接头冲击试验方法

GB/T 2651—2008   焊接接头拉伸试验方法

GB/T 2652—2008   焊缝及熔敷金属拉伸试验方法

GB/T 2653—2008   焊接接头弯曲试验方法

GB/T 2654—2008   焊接接头硬度试验方法

GB/T 3323—2005   金属熔化焊焊接接头射线照相

JB/T 3223—1996   焊接材料质量管理规程

其他标准（略）

3. 材料

3.1 用于制造焊接结构件的原材料（包括钢板、钢管、型材、有色金属和铸、锻件），其型号、规格、尺寸应符合相关的标准和图样要求，若不符合时，应按本厂材料代用制度代用。

3.2 用于制造焊接结构件的原材料和焊接材料，进厂时须按照"原材料入厂验收规则"验收，合格后方准入库和使用。

3.3 焊接结构件用钢材表面不得有深度超过 0.5mm 的明显锈蚀，如有超标锈蚀，可经设计和工艺同意后用于次要部件。

3.4 新钢种使用前，均须进行焊接性能和焊接工艺评定试验。

碳钢及低合金结构钢碳当量计算公式如下：

a：国际焊接学会推荐：

$$CE = w_C + w_{Mn}/6 + (w_{Cr} + w_{Mo} + w_V)/5 + (w_{Ni} + w_{Cu})/15$$

b：合金成分为 $w_C \leq 0.5\%$，$w_{Mn} \leq 1.6\%$，$w_{Ni} \leq 3.5\%$，$w_{Mo} \leq 0.6\%$，$w_{Cu} \leq 1\%$ 的合金钢，碳当量公式推荐为

$$CE = w_C + w_{Mn}/6 + (w_{Cr} + w_V)/5 + w_{Ni}/15 + (w_{Mo} + w_{Si})/4 + w_{Cu}/13 + w_P/2$$

3.5 焊条的管理、使用应符合 JB/T 3223 的规定。

3.6 焊接材料应根据母材牌号、强度等级、所焊接头的截面形式及刚度大小进行选择。表 D-1 供选用时参考。

表 D-1 焊接材料选用表

钢 号	焊条型号	埋弧焊焊丝、焊剂	气体保护焊焊丝	备 注
Q235	GB E4303　GB E4315 GB E4316　GB E5015	GB HJ301-H08A GB HJ401-H08A	GB ER50-6	
08、10、15 20　20g	GB E4303　GB E4315 GB E4316　GB E5015	GB HJ401-H08A	GB ER50-6	
25、30	GB E5015　GB E5016	GB HJ401-H08A	GB ER50-6	厚板结构需预热
35	GB E5015　GB E5016	GB HJ402-H08A GB HJ402-H15A	GB ER50-6	预热>100℃
45	GB E5015　GB E5016 GB E5515　GB E309-15	一般不用	一般不用	预热150~200℃
16Mn 16MnR 15MnTi 15MnV 15MnVR 20MnSi	GB E5015 GB E5016 GB E5018	GB HJ402-H08A GB HJ402-H08MnA GB HJ402-H10Mn2 GB HJ402-H10Mn2Si	GB ER50-6	厚板预热80~100℃
15MnVN 14MnVTiRE	GB E5515-G	GB HJ402-H10Mn2 GB HJ402-H08MnMoA	一般不用	预热80~100℃
18MnMoNb	GB E6015-D_1 GB E7015-D_2	GB HJ502-H08MnMoA GB HJ502-H08Mn2SiA GB HJ502-H10MnSiMo	一般不用	预热150℃
06Cr13	GB E430-15　GB E410-16 GB E410-15			预热/100℃,如接头不要求等强可用 E318V-15
12Cr13	GB E309-16　GB E309-15 GB E410-16　GB E410-15			同上
0Cr18Ni9Ti 1Cr18Ni9Ti	GB E347-16 GB E347-15 GB E308-15 GB E308V-15		GB E309L	
0Cr13Ni6Mo	GB E318V-15 GB E410NiMo-16			厚板需预热

注：大刚度的焊件及焊后需试压的接头，铸锻件与钢板接头，均需选用低氢型药皮焊条。

4. 下料

4.1 钢材的初步矫正

4.1.1 各种钢材在划线前，其公差不符合本标准规定者，均需矫正以达到要求的公差。

4.1.2 钢材的局部平面度误差应符合表 D-2 的规定，否则需经矫正后方能使用。

表 D-2 钢材的局部平面度允差

总 板 厚	局部平面度允差(1m长度内)	测 量 工 具	简 图
厚度≤14mm	f≤2mm	1m长平尺	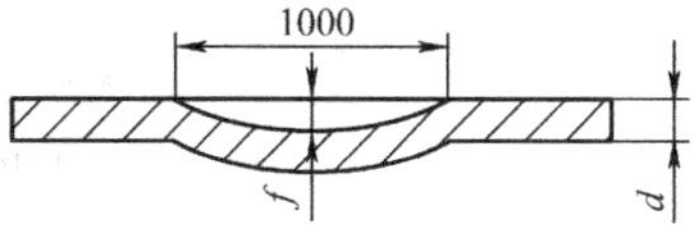
厚度>14mm	f≤1mm	1m长平尺	

4.1.3 型钢的各种变形超过下列规定时，须经过矫正后才可划线：局部平面度及直线度误差，在每米长度内不超过 2mm；在其全长内不超过表 D-3 的规定。

表 D-3 型钢的允差

型钢类别	允差/mm	简 图
角钢	全长直线度 $f≤(2/1000)×L$	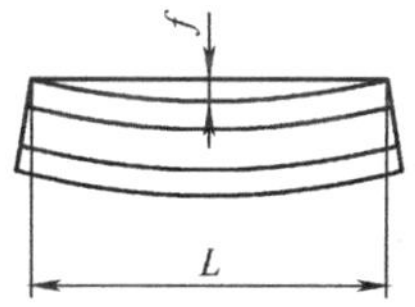
	腿宽倾斜不成90°，按腿宽 b 计算： $f≤(1/100)×b$，但不大于1.5mm （不等边角钢按长腿宽度计算）	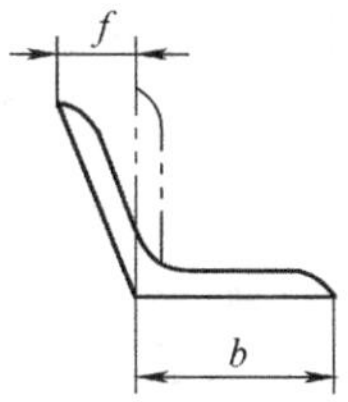
槽钢与工字钢	全长直线度 $f≤(2/1000)×L$	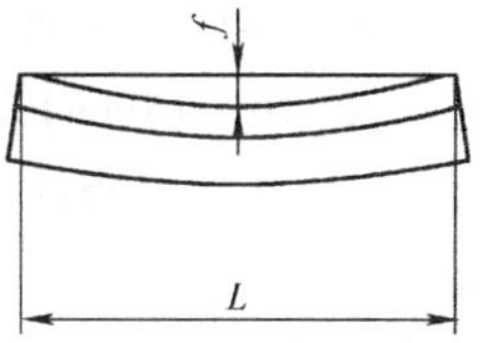

(续)

型钢类别	允差/mm	简 图
槽钢与工字钢	腿宽倾斜度 $f<(1/100)\times b$	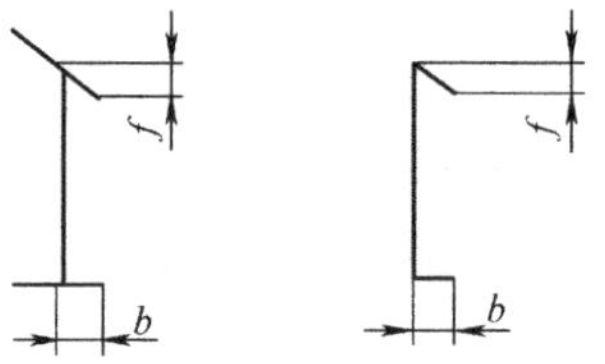
	歪扭度 当 $L\leqslant 1000$mm 时 : $f\leqslant 3$mm 当 $L>1000$mm 时 : $f\leqslant 5$mm	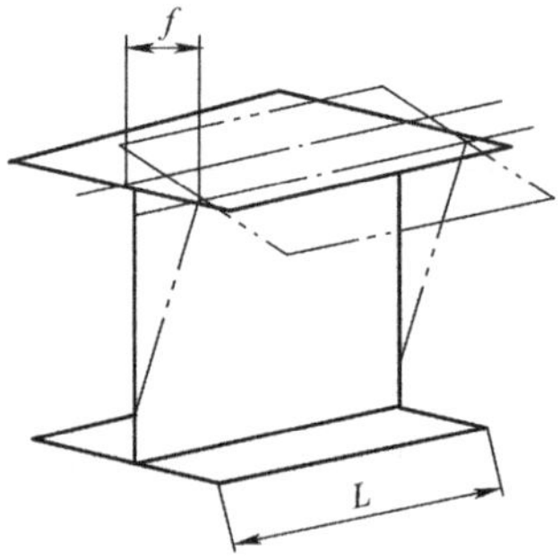

4.1.4 矫正后的钢板与型钢不得有明显的伤痕与锤痕,常用钢材处于外露表面的伤痕深度不大于 0.5mm,处于隐蔽位置的伤痕深度不大于 0.8mm,待加工表面不影响精加工的伤痕可允许存在;重要零部件采用高强度钢板时应严格控制,不允许存在表面伤痕。

4.2 划线与制作要求

气割的零件要考虑割缝的宽度,该宽度根据钢板厚度而定,见表 D-4。

表 D-4 割缝宽度与钢板厚度的关系 （单位:mm）

板厚	8~12	16~36	40~55	60~90	100~110	125~200	200 以上
割缝宽度	2.5	3	3.5	4.5	6	8	10

4.2.1 样板轮廓尺寸偏差应在 ±1mm 范围内,样板上应标出工件号、图号及坡口形式,必要时可加辅助符号。

4.2.2 带有坡口的零件,应在划线时（或在样板上）标出坡口的形式与方位。

4.2.3 凡图样标注需加工或刨边的零件,每边应留 5~10mm 的加工余量（有色金属加工余量每边应留 10~15mm）。

4.2.4 需由多块拼焊的零件,如图样未特殊规定拼接位置时,可按合理套裁原则拼接,但要尽量避免十字交叉焊缝（至少应错开 100mm）,并避免拼焊缝与其他零件重叠（结构需要除外）。凡直径小于 600mm 的法兰原则上不拼焊,应整圆下料。

4.2.5 凡需在成形后再气割或钻孔的零件,应在划线时划出位置,并打上切割样冲眼,该类孔在割后必须进行修磨。

4.2.6 对于三层以上的焊接件,为补偿焊接后整个工件的收缩,应按工艺规定将每层面零件增高。为避免各层之间零件高低参差不齐,要求成批下料再剪成或割成单件。

4.3 剪床下料

4.3.1 按目前的设备状况,剪床下料厚度适用于钢材在25mm以下,有色金属在40mm以下,厚度超过此范围的零件及宽度过窄、在剪切后容易扭曲的零件,应避免用剪床下料,属设计对下料方法有特殊要求的零件应在图样上注明。

4.3.2 剪切面不需加工的零件,剪切面的倾斜度不应超过被剪切零件厚度的1/10,剪切后剪切面上的毛刺应清除。

4.3.3 剪切后的压痕深度不得超过被剪切零件厚度的1/10,且不大于1mm。

4.3.4 剪切件尺寸允许偏差见表D-5。

表D-5 剪切件尺寸允许偏差　　　　　　　　　　　　（单位：mm）

毛坯公称尺寸	钢板厚度						
	1~3	3~6	6~10	10~12	12~16	16~20	20
≤100	±0.5	±0.5	±0.5	±0.5	±0.5	±1.0	±1.0
>100~250	±0.5	±0.8	±1.0	±1.5	±1.8	±2.0	±2.0
>250~650	±1.0	±1.0	±1.5	±1.5	±2.0	±2.0	±2.0
>650~1000	±1.0	±1.2	±1.8	±2.0	±2.3	±2.5	±2.5
>1000~1500	±1.5	±1.5	±2.0	±2.3	±2.5	±2.5	±3.0
>1500~2000	±1.8	±1.8	±2.3	±2.5	±2.8	±3.0	±3.5
>2000~3000	±2.0	±2.0	±2.5	±2.8	±3.0	±3.5	±4.0

4.4 气割下料

4.4.1 由多块拼焊的零件,若难以保证在拼焊后其上的孔或缺口位置的准确性,应在拼焊后再气割。

4.4.2 要求在焊件装配过程中配割轮廓的零件,应在单件气割时留有配割余量。

4.4.3 单件图中有加工符号的孔,凡孔径大于板厚,且加工尺寸直径大于75mm,下料时需预先割出(留出加工余量,单边5~10mm)。

4.4.4 气割表面应清除氧化渣,并检查是否存在重皮等缺陷,必要时应进行修磨。

4.4.5 气割件质量标准见《剪切件与气割件尺寸偏差》。

4.5 成形与弯曲

4.5.1 钢材冷弯成形时,弯曲半径应满足下列要求:

4.5.1.1 钢板 $R/2.5\delta$

R：弯曲内半径　　δ：钢板厚度

4.5.1.2 工字钢：$R/25H$（弯曲为高度方向时）或：$R/25B$（弯曲为翼缘方向时）

H：工字钢高　　B：工字钢翼缘宽

4.5.1.3 槽钢：$R/45B$ 或 $R/25H$（随弯曲方向而定）

H：槽钢高　　B：槽钢腿宽

4.5.1.4 角钢：$R/45B$

B：角钢边宽（对于不等边角钢随弯曲方向而定）

4.5.1.5 钢板成形的筒形件，如果压制成形，在下料时，单边应留 1.5～2 倍钢板厚度的余量；滚制成形，当弯曲半径≥1500mm，钢板宽度≤2500mm 且板厚≤30mm 时，成形前应预先用油压机压头预弯，下料时可不留余量，否则，每边应留 100～150mm，成形后割除。

4.5.2 钢材的加热成形

4.5.2.1 对于碳素钢与普通低合金钢工件，当弯曲半径小于 4.5.1 规定数值或有特殊要求时应加热成形，加热温度为 900～1100℃，成形终止温度不低于 700℃。

4.5.2.2 对于调质钢及特种类别钢材，一般不得热弯成形；如果不得已必须加热，应严格遵守加热规范。

4.5.3 整圆成形的筒体尺寸允差见表 D-6。

表 D-6 筒体尺寸允差 （单位：mm）

筒体外径	外径允差	筒体圆柱度允差		直边弯角
		$\delta \leq 30$	$\delta > 30$	
<1000	±5	<8	<5	<3
>1000～1500	±7	<11	<7	<4
>1500～2000	±9	<14	<9	<4
>2000～2500	±11	<17	<11	<5
>2500～3000	±13	<20	<13	<6
>3000	±15	<23	<15	<6

4.5.4 筒体与筒体、筒体与端盖以及筒体本身的接缝错边量（e）不得大于厚度的 10%，且不得超过 2mm（图 D-1、图 D-2）。

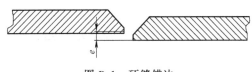

图 D-1 环缝错边

图 D-2 纵缝错边

4.5.5 管子的弯曲成形，应装砂热弯，加热温度为 800～1000℃，弯曲过程中温度不得低于 700℃；冷弯一般在专用的弯管机上进行。管子弯形后按要求进行清理。

4.5.6 管子的弯曲半径（R）一般应大于管子外径（$d_{外}$）的 2.5～3 倍（图 D-3，厚壁管取小值，薄壁管取大值）。对于 $d_{外} \leq 60$mm 的通流管子，弯曲后应进行通球检验。钢球直径 $= 0.8 d_{内}$。

4.5.7 管子的弯曲半径允差、圆度允差及允许的波纹深度应符合表 D-7 的规定。

4.5.8 成形后的工件翘角一般不超过 2mm，局部可为 5mm（但不超过工件长度的 10%）。

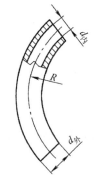

图 D-3 管子的弯曲半径

表 D-7 管子的弯曲半径允差、圆度允差及允许的波纹深度　　（单位：mm）

名称及规格		管子外径 d											示意图
		30	38	50	60	70	83	102	108	127	150	200	
弯曲半径 R 的允差	R=75~125	±2	±2	±3	±3	±4							
	R=160~300	±1	±1	±2	±2	±3							
	R=400	±2	±2	±2	±3	±3	±5	±5	±5	±5	±5	±5	
	R=500~1000	±2	±2	±2	±2	±3	±4	±4	±4	±4	±4	±4	
	R>1000	±2	±2	±2	±2	±2	±3	±3	±3	±3	±3	±3	
弯曲半径处的圆度 (a-b)/2 的最大允许值	R=75	3.0											
	R=100	2.5	3.1										
	R=125	2.3	2.6	3.6									
	R=160	1.7	2.1	3.2									
	R=200		1.7	2.8	3.6								
	R=300		1.6	2.6	3.0	4.6	5.8						
	R=400			2.4	3.8	5.0	7.2	8.1					
	R=500			1.8	3.1	4.2	6.2	7.0	7.6				
	R=600			1.5	2.3	3.4	5.1	5.9	6.5	7.5			
	R=700			1.2	1.9	2.5	3.6	4.4	5.0	6.0	7.0		
弯曲处的波纹深度 L 的最大允许值		—	1.0	1.5	1.5	2.0	3.0	4.0	5.0	6.0	7.0	8.0	

5. 装配

5.1　装配前各零件（包括铸、锻件）应经上道工序检查合格。

5.2　由多块拼焊的零件，须在投入组装前拼焊并校平合格。拼焊零件的校平标准：用 1m 长平尺检查局部波浪度，板厚小于 20mm 时不大于 1.5mm；板厚大于或等于 20mm 时不大于 1mm。整个零件与平台的间隙最大处不得大于 3mm，焊后需加工者除外。

5.3　对接接头的装配错边量最大允许值：板厚小于 16mm 时为 1mm，板厚大于或等于 16mm 时为 2mm。超过规定值时，应采取强制措施（如加压、打楔子、焊螺纹拉板等方法）减小错边量。

5.4　对接环缝形成的棱角度 $E \leqslant 0.1\delta + 2$mm，且不大于 5mm（$\delta$ 为钢板厚度）。

5.5　装配间隙一般不大于 2mm，局部可为 3mm，但不超过总长的 10%，超过此值时，应采取堆焊及修磨措施保证间隙。

5.6　为减小焊接变形，应在容易发生变形部位焊上拉肋或支撑。对于平面度要求较高的焊接件，应尽可能采取两瓣或两件背对组合，组合时在两个相贴零件间每隔 300mm 左右焊上一块搭板。该搭板的尺寸取决于两个相贴零件的厚度值，搭板长度等于两相贴零件的厚度，宽为长的1/2，厚为12mm以上。如两相贴的零件较薄，难以在内外轮廓上焊搭板，此时可将搭板由径向竖立相接改为切向相贴，连接焊缝焊在上下连接端。

5.7 装配定位焊缝应由合格电焊工焊接，且所用焊条应与正式焊接所用焊条一致，要注意仰向定位焊的质量，以保证工件翻转时不发生意外。定位焊缝不得大于该处图样标注的焊缝尺寸，定位焊缝长一般为10～80mm。定位焊缝如有裂纹或密集气孔，应清除重焊，要求预热焊接的钢材应预热定位焊。

5.8 装配时要注意是否有预先组焊项目、边装边焊项目。分瓣部件在合缝处打上字头编号，并做标记。

6. 焊接

6.1 一般要求

6.1.1 各类焊工应经培训具有本工种基本知识和操作技能，才能上岗，对焊工资格有特别要求的产品或焊接方法，焊工必须持有效合格证，严格按工艺规定从事合格项目的焊接工作。

6.1.2 焊接前对焊缝区及两侧（离焊缝区边缘不小于10mm的范围）表面应清除铁锈、铁渣、油垢、油漆等影响焊缝质量的异物。

6.1.3 露天作业时，如遇下雨、下雪、大雾、大风等情况，不得进行焊接。

6.2 焊前预热

焊前预热温度由构件材质、厚度、尺寸、接头形式和刚度大小等因素综合决定。

6.2.1 低碳钢焊件一般可在自然温度下进行焊接，但为避免焊接过程产生裂纹及脆性断裂，对于大厚度、大刚性的重要焊件，应根据工艺要求进行焊前预热和焊后缓冷。

6.2.2 普通低合金钢、马氏体不锈钢制造的焊件，一般厚度在30～40mm以上都应考虑预热焊接。不同材质的预热温度见表D-1。

6.3 拼焊料焊缝

6.3.1 由于受钢材供货尺寸限制或合理套裁而采用拼接料时，焊缝应采用全焊透接头。如不需全焊透时，应在图样上注明。

6.3.2 图样未标注"不许拼料"字样时，可根据正常供料情况进行拼料，接缝位置应满足4.2.4条的规定。

6.3.3 焊工应采用对称焊、退步焊、多道焊、勤翻身等措施，以控制拼焊后的变形。

6.4 焊接顺序

6.4.1 应按工艺规程规定的顺序及措施进行焊接，否则，按如下顺序或原则焊接：

6.4.1.1 各部位在搭焊牢固的前提下进行焊接，一般应先焊肋板焊缝，以增强结构刚度，保证主要零件装配位置的稳定性。若筒类件既有纵缝又有环缝，应先焊纵缝后焊环缝。

6.4.1.2 整体装配后无法施焊的焊缝，应在装配过程中及时焊接、清理与检查。

6.4.1.3 先焊立缝，后焊水平焊缝，焊缝长度大于1000mm应采用分段退步焊。

6.4.1.4 多人施焊时，可采用里外对称、左右对称法施焊，并注意焊量均匀。

6.4.2 双面角焊的拐角位置（立板厚度方向）应用角焊封焊，焊脚尺寸同两侧角焊，如端面平齐，应清理10mm深再封焊。

6.5 清根焊接的范围

6.5.1 图样标注清根的焊缝和图样要求超声波、射线检测或全熔透的焊缝。

6.5.2 焊后要加工的各焊缝端部要用气刨清理至超过加工线10mm以上的深度,然后封焊。

6.6 焊件的焊后热处理

6.6.1 热处理的种类应在图样或有关技术文件中规定。

6.6.2 图样中要求去应力退火(以下简称退火)的焊件,除技术条件有特殊规定外,一般在整体焊完后进行,因工艺需要的中间退火不能替代最终的热处理。

6.6.3 有密闭内腔的焊件,在热处理之前,应留下一段焊缝不焊或钻直径为10mm的孔使内腔与外部相通,热处理后再焊。

6.6.4 对已退火的焊件,若需返修焊补,焊补量超过该焊件总焊量的10%者需重新退火;特殊情况可由工艺采取其他减小残余应力措施。

6.6.5 在退火过程容易产生变形的焊件或分瓣退火件,应在装炉前焊牢拉肋和支承,并用耐火砖垫实。

6.6.6 同炉退火件截面不能相差过于悬殊,薄板部分应避开喷火口,以免产生变形和过烧。

6.6.7 热处理必须按专用的或通用的热处理工艺进行,并要求严格按工艺控制升温、保温、降温、出炉等过程。保存热处理曲线,做好记录以备查。

6.7 焊件清理

6.7.1 焊件不论退火与否,均需对非加工面进行喷丸处理或酸洗处理(除非图样另有要求)。

6.7.2 焊件上所焊的支承、搭板与拉肋等,除运输及吊装需保留者外,其他均应彻底清除。清理后沟槽深度若超过0.5mm,需补焊磨平。

6.7.3 焊缝的飞溅应彻底清除(后续还需机械加工或铲磨的可不清除),空间位置狭窄的部位,应在装配—焊接过程中随焊随清。

6.8 焊接接头的一般要求

6.8.1 T形接头焊缝见图D-4。

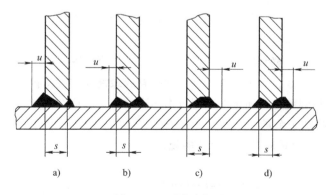

图D-4 T形接头焊缝
a) 单边V形坡口 b) K形坡口 c) J形坡口 d) 双J形坡口

角焊缝加强量 u，图样上标注该尺寸时按图样尺寸要求施焊，如果图样没有标注尺寸，此时对单边 V 形坡口和 J 形坡口 $u=0.3s$，对 K 形坡口和双 J 形坡口 $u=0.25s$（s 为坡口深度）。

6.8.2 需双面焊接的接头，如一侧处于不利于施焊的狭小位置，应采用单边 V 形或 J 形坡口（图 D-4a、c）。

6.8.3 重要件内腔，为防止喷丸处理时钢丸嵌入内腔接头缝隙，须采用连续焊。焊件的封闭腔一般不进行喷丸和涂漆。如果必须对封闭腔进行涂漆，就必须考虑如何除锈处理。为此，图样需做标注。

6.8.4 由低碳钢及 $\sigma_s \leqslant 392\text{MPa}$ 的普通低合金钢组成的焊件允许用火焰矫正。如果不允许，必须标注。

6.8.5 铸件及锻件需焊接时，坡口及其附近 60~100mm 范围内需经检验，不得存在超标疏松、夹渣、裂纹等缺陷。当焊缝需无损检测时，上述范围内的质量不得低于焊缝的要求，对此，焊前毛坯图上需标注清楚。

6.8.6 铸件及锻件上需焊后加工的表面，焊前必须粗加工至 $Ra12.5\mu m$，并留有设计所规定的焊后加工余量。

6.8.7 焊件在焊后的非加工面不准涂漆的部位应在图样的该处标注"不准涂漆"或"不准喷丸涂漆"等标记。

6.8.8 要求无损检测的焊缝原则上在热处理前、后进行两次，并以热处理后最终检测为准。设计图样中应明确检测方法、要求级别和采用标准，并经质检部会签。

6.8.9 钝边 $p \leqslant 2mm$ 适用于全焊透，如不需要全焊透，可适当改变焊缝高度和钝边（具体尺寸由设计确定）。

7. 焊接结构件的公差（略）

8. 焊接质量

8.1 根据载荷的形式不同，可以要求焊缝全焊透，但图样上的有关焊缝必须标注"全焊透"，如果图样上没有标注，也未标明清根，即视为非全焊透焊缝，允许坡口根部最大 4mm 未焊透。例如，图样上坡口深度尺寸为 20mm，则焊缝深度允许最小 16mm。

8.2 无损检测方法必须在图样上标注，并且注明检测标准及检测等级。

8.3 图样上的焊缝标注必须给出焊脚尺寸 K 值。

8.4 所有焊缝高低、宽窄应均匀并平缓过渡，不得有突变。

8.5 焊缝的内部质量，可通过中间焊道的检查或最终无损检测控制。

8.6 如图样中的焊缝外观质量要求超过本标准的规定，应在图样中明确标注和说明。

9. 焊接结构件的加工余量

焊接结构件的加工余量应符合表 D-8 的规定。

10. 检验

10.1 焊缝的形式、尺寸和焊接结构件的形状尺寸应符合图样、工艺文件和本标准的要求。对于大型焊接结构件，应划出水平调整基准线、圆线、合缝面加工线作为加工划线的基准。

表 D-8　焊接结构件的加工余量　　　　　　　　　　（单位：mm）

公称尺寸	余　量	公称尺寸	余　量
≤250	3~4	>4000~7000	12~16
>250~800	4~6	>7000~10000	16~20
>800~2000	6~8	>10000~12000	20~22
>2000~4000	8~12	>12000~25000	22~26

注：1. 设计人员按此表选择加工余量。

2. 检查焊件非加工尺寸偏差时以焊接结构件的公差为准。

10.2　检验单位应提供焊件的检验报告及合格证。

10.3　如图样未作规定，密封性检验按以下规定进行：先在焊件焊缝的外部涂上白粉，待干后，在焊缝内部涂刷煤油。如经过 20~30min 后，涂白粉的焊缝表面若未出现黑色油斑，则此焊缝无渗漏；若与此相反，则应对缺陷部位铲磨后重焊，再进行试验（用煤油试验时，必须在温度不低于 +5℃ 时进行）。

10.4　耐压试验按下列规定进行：

10.4.1　必须在图样或工艺要求规定的压力下进行。

10.4.2　焊缝达到试验压力时如图中未注明试压的时间要求，必须保持 5min 时间，如在焊缝上发生泄漏及潮湿，应将缺陷部位铲除、重焊，再进行试验。

10.4.3　在试验的过程中，容器处于试验压力时，不准敲击焊缝。

10.5　用压缩空气进行检漏试验时，应按下列规定进行：

10.5.1　必须在图样或工艺要求规定的压力下进行。

10.5.2　试验时在焊缝外部涂肥皂水，如焊缝出现气泡，应将缺陷处铲除、重新补焊，并进行反复试验。

10.5.3　容器处于试验压力时，不准敲击、振动及修补缺陷等。

10.6　如图样未作规定，焊缝射线检测应符合 GB/T 3323 的规定。

10.7　需要进行力学性能试验的焊缝，应在图样或工艺文件中注明。焊缝的力学性能试验种类、试样尺寸均按 GB/T 2650~2654 的规定，试件焊后与工件经过相同的热处理，并事先经过外观及无损检测检查。

10.8　必须打印记的焊件，图样中应进行标注，否则制造车间自行规定是否打印记。

11. 安技

11.1　各工序操作者必须严格执行厂安全生产管理制度及铆焊等有关工种的安全操作规程。

11.2　大件翻身前要检查搭板是否具有足够的强度和焊脚。

11.3　对于尺寸较大或较高的工件，为确保操作者上下安全，必须搭临时支撑或脚手架等。

参 考 文 献

[1] 中国机械工程学会焊接学会. 焊接手册:第3卷 焊接结构[M].3版.北京:机械工业出版社,2008.
[2] 王云鹏,戴建树. 焊接结构生产[M]. 北京:机械工业出版社,1998.
[3] 熊腊森. 焊接工程基础[M]. 北京:机械工业出版社,2002.
[4] 贾安东. 焊接结构与生产[M].2版.北京:机械工业出版社,2007.
[5] 邓洪军. 焊接结构生产[M]. 北京:机械工业出版社,2004.
[6] 赵岩. 焊接结构生产与实例[M]. 北京:化学工业出版社,2008.
[7] 王国凡. 钢结构焊接制造[M]. 北京:化学工业出版社,2004.
[8] 陈勇. 工程材料与热加工[M]. 武汉:华中科技大学出版社,2001.
[9] 宗培言. 焊接结构制造技术与装备[M]. 北京:机械工业出版社,2007.
[10] 李莉. 焊接结构生产[M]. 北京:机械工业出版社,2008.
[11] 《压力容器实用技术丛书》编写委员会. 压力容器制造和修理[M]. 北京:化学工业出版社,2004.
[12] 孟广斌. 冷作工工艺学[M]. 北京:中国劳动社会保障出版社,2005.
[13] 王爱珍. 冷作成形技术手册[M]. 北京:机械工业出版社,2006.
[14] 李清国. 冷作工[M]. 北京:中国劳动出版社,1999.